Estriche, Parkett und Bodenbeläge

Harry Timm · Thomas Allmendinger ·
Norbert Strehle

Estriche, Parkett und Bodenbeläge

Arbeitshilfen für die Planung, Ausführung und Beurteilung

6. Auflage

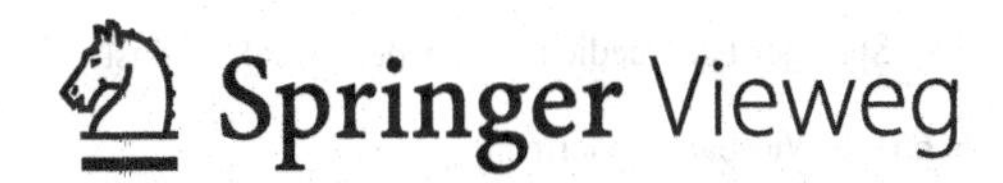

Harry Timm
Seth, Deutschland

Thomas Allmendinger
faktum Fußbodeninstitute
Ellwangen, Deutschland

Norbert Strehle
Institut für Fußbodentechnik
Koblenz, Rheinland-Pfalz, Deutschland

ISBN 978-3-658-25846-7 ISBN 978-3-658-25847-4 (eBook)
https://doi.org/10.1007/978-3-658-25847-4

Die Deutsche Nationalbibliothek verzeichnet diese Publikation in der Deutschen Nationalbibliografie; detaillierte bibliografische Daten sind im Internet über http://dnb.d-nb.de abrufbar.

Springer Vieweg

Springer Vieweg ist ein Imprint der eingetragenen Gesellschaft Springer Fachmedien Wiesbaden GmbH und ist ein Teil von Springer Nature
Die Anschrift der Gesellschaft ist: Abraham-Lincoln-Str. 46, 65189 Wiesbaden, Germany

Vorwort zur 6. Auflage

Das Konzept dieses Fachbuches ist auch in der 6. Auflage unverändert geblieben: Kein Lehrbuch für die Verlegung von Estrichen und Bodenbelägen, sondern eine Hilfe für die Planung, Ausführung und Beurteilung von Estrich-, Fliesen- und Platten-, Parkett- und Bodenbelagarbeiten. Kein Ersatz für ein gründliches Studium von Normen, Regelwerken und weiterführender Fachliteratur, sondern eine Ergänzung und Erläuterung. Keine Sammlung fertiger Details, sondern viele Hinweise aus der Praxis der Sachverständigen.

Wir empfehlen, das Buch zunächst vollständig zu lesen und erst danach zum Nachschlagen zu verwenden. Auf diese Weise erfährt man die Komplexität einer Fußbodenkonstruktion, die von Planern sehr oft unterschätzt wird. Der Fußboden, und hier besonders der Estrich ist nach dem Tragwerk und Dach das wichtigste Bauteil.

Neben einer vollständigen Durchsicht mit entsprechenden Korrekturen wurden viele Kapitel aktualisiert und ergänzt. Neu sind ausführliche Hinweise zu Design-Estrichen, Dröhn-Effekten bei Estrichen auf Dämmschicht und zur Belegreife und deren Feststellung bei Estrichen.

Die Autoren Allmendinger und Strehle widmen diese 6. Auflage dem leider viel zu früh verstorbenen bisherigen Alleinautor Harry Timm (†).

Ellwangen, Koblenz
Mai 2019

Thomas Allmendinger
Norbert Strehle

Inhaltsverzeichnis

Estricharten

1

Mit DIN EN 13318 wurden neue Bezeichnungen für Estricharten eingeführt, die auf der englischen Schreibweise basieren. Die Tabelle enthält die seit 2004 geltenden Kurzbezeichnungen (Tab. 1.1).

DIN EN 13318 hat den Begriff „Estrich" eindeutig definiert. Danach sind Estriche alle Schichten aus Estrichmörtel, die eine vorgegebene Höhenlage erreichen sollen und/oder einen Bodenbelag aufnehmen sollen und/oder unmittelbar genutzt werden.

Da „Estrichmörtel" als Ausgangsmischung definiert wird, die aus dem Bindemittel, einer Gesteinskörnung Wasser und Zusätzen besteht, ist z. B. auch ein Betonboden ein Estrich, wenn dieser kein zum Tragwerk gehörendes Bauteil im Sinne der DIN 1045 ist. Das ist praxisgerecht. Hinsichtlich der Schichtdicke wurden keine Festlegungen getroffen, weshalb jede Mörtelschicht im Bereich zwischen Spachtelmasse, Beschichtung, und Betonboden als Estrich einzuordnen ist. Es wird in der Norm ebenso darauf hingewiesen, dass der deutsche Begriff „Estrich" sowohl für den Mörtel, als auch für das fertige Bauteil gilt.

Neben den normenkonformen Estrichen, werden Estriche verlegt, die wegen der geringen Marktbedeutung bisher keiner Normung unterliegen oder bei denen einzelne Ausgangsstoffe nicht normenkonform sind. Sie werden nach den jeweiligen Angaben der Hersteller hergestellt und verlegt. Zu dieser Gruppe zählen z. B. auch Schnellestriche, beschleunigte Estriche, Fertigteilestriche, Zementestriche mit Hartkorneinstreuungen oder -schichten, deren Hartkorn nicht der DIN 1100 entspricht. Diese Estriche sind auch ohne Normenkonformität uneingeschränkt für den jeweils beschriebenen Zweck gebrauchstauglich. In diesem Kapitel werden Hinweise zu genormten und nicht genormten Estrichen gegeben.

H. Timm et al., *Estriche, Parkett und Bodenbeläge*,
https://doi.org/10.1007/978-3-658-25847-4_1

Tab. 1.1 Kurzbezeichnungen

Kurzzeichen	Bedeutung
CT	Zementestrich (Cementitious screed)
CA (CAF nur national)	Calciumsulfatestrich (Calcium sulfate screed) Anhydritestrich mit Anhydritbinder, früher AE, wird jetzt auch mit CA bezeichnet In DIN 18560 wurde zusätzlich CAF für den Calciumsulfat-Fließestrich eingeführt
MA	Magnesiaestrich (Magnesite screed)
AS	Gussasphaltestrich (Mastic asphalt screed)
SR	Kunstharzestrich (Synthetic resin screed)

1.1 Zementestrich CT (Cementitious screed)

Zementestriche sind in DIN EN 13813 und in DIN 18560 (nationale Norm) genormt. Sie werden aus einem Zement nach DIN EN 197 oder einem geeigneten Zement mit besonderen Eigenschaften, Gesteinskörnungen und Wasser hergestellt. Weitere Zusätze werden bei Bedarf zugesetzt, um die Frisch- und Festmörteleigenschaften zu beeinflussen. Für die Zusammensetzung gibt es keine Vorgaben in Normen oder anderen Regelwerken.

Bisher wurde in der Regel ein Portlandzement CEM I in den Festigkeitsklassen 32,5 bzw. 42,5 verwendet, in besonderen Fällen auch 52,5. Im Zuge der weltweiten Bemühungen um eine CO_2-Reduzierung steht CEM I nur begrenzt zur Verfügung. Mit den neuen Zementen und Compounds müssen Erfahrungen gesammelt werden. Insofern sind die in DIN 18560 geforderten Erstprüfungen von besonderer Bedeutung. Allerdings werden damit mögliche Auswirkungen auf das Schwindverhalten und die Austrocknung nicht erfasst. Zemente mit besonderen Eigenschaften, wie z. B. niedriger Alalireaktivität oder hoher Sulfatbeständigkeit sind bei Bedarf einzusetzen. Gesteinskörnungen sind in der DIN EN 13139, für Beton der DIN EN 12620, geregelt. In Norddeutschland besteht die Gefahr, dass der Kies Anteile an Opalsandstein oder Flint enthält. Diese alkalireaktiven Zuschläge können durch Volumenzunahme Abplatzungen an der Oberfläche und Risse entstehen lassen, was auch für andere quellfähige Bestandteile in Kornform gilt. Mit besonderen Zementen (Kennzeichnung NA) kann die Gefahr hinsichtlich der Alkalireaktivität reduziert werden. Allerdings weist der Kieslieferant nur selten auf diese Gefahr hin, weshalb es immer wieder zu umfangreichen Schäden kommt. Die Schäden entstehen dann sowohl an unbelegten Nutzestrichen, als auch an belegten und beschichteten Estrichen. Die Volumenzunahme führt zu Abplatzungen von Estrichteilen, Spachtelschichten und Beschichtungen. Nicht nur deshalb sollte man vom Lieferanten der Gesteinskörnung eindeutige Aussagen erwarten und ggf. Vereinbarungen über eine erweiterte Haftung treffen. Die Schäden entstehen häufig erst nach einigen Monaten.

Erkennbar sind diese Bestandteile bei der Eingangsprüfung der Gesteinskörnung nicht. Lieferanten berufen sich nicht selten auf die einschlägigen Normen, die begrenzte Anteile an reaktiven oder organischen Körnungen zulassen. Ein Estrich, der aus diesem Grund jedoch Schäden auf seiner Oberfläche aufweist, ist technisch, wahrscheinlich auch rechtlich, mangelhaft. Zweck und Funktion werden nicht erfüllt. Rechtlich wird es hinsichtlich der Haftung nicht helfen, sich auf Normen zu berufen.

Zementestriche mit einer Nenndicke >80 mm müssen gemäß DIN 18560-1 unter Berücksichtigung betontechnologischer Grundsätze in Anlehnung an DIN EN 206:2017-01 hergestellt werden.

Hartstoffestrich ist ein genormter Begriff für hochbeanspruchbare Zementestriche im Industriebau. Hartstoffestriche dürfen nur mit Zuschlagstoffen nach DIN 1100 und nur mit Zementen nach DIN EN 197 bzw. 1164 hergestellt werden. Die Zemente müssen für die Expositionsklassen „Verschleiß" XM 1, XM 2 und XM 3 geeignet sein. Gleichwertige Estriche mit besonders harten Zuschlagstoffen, die jedoch nicht der DIN 1100 entsprechen, dürfen als Hartkorn- aber nicht als Hartstoffestriche bezeichnet werden. Die DIN EN 13318 sieht diese Einschränkung entgegen der nationalen DIN 18560 nicht vor.

Werden Estriche im Außenbereich verlegt, muss der Zuschlagstoff entsprechend frost- und tausalzbeständig sein. Auch das ist bei der Bestellung der Gesteinskörnung explizit zu vereinbaren.

Durch den Zusatz wasseremulgierter Kunststoffe (Polymere) entstehen PCC-Mörtel (Polymer Cement Concrete) bzw. kunststoffmodifizierte Zementestriche (Polymer modified cementitious screed) nach DIN EN 13318, die sehr hohe Biegezugfestigkeiten erreichen können. In der Regel werden hierzu wasseremulgierte Epoxid- oder Acrylharze eingesetzt.

Durch den Zusatz von Fließmitteln mit Stabilisierern, Luftporenbildnern etc. werden Zement- Fließestriche hergestellt. Der Tendenz zu hohem Schwinden, wird auf verschiedene Weise gegengesteuert. Ein deutliches Problem ist jedoch die hohe Dichte, die eine Austrocknung oben schnell und unten ausgesprochen langsam stattfinden lässt. Die Folge ist ein häufig beobachtetes Schüsseln (Hochstellen der Estrichrändern in den Raumecken und an Fugen sowie Rissbildungen).

Additive verschiedener Art sollen u. a.

- Wasser einsparen helfen
- zu einer schnellen Erhärtung führen
- zu einer beschleunigten Austrocknung führen
- lange Arbeitszeiten ermöglichen

u. v. m.

Das Angebot ist unübersehbar. Standardmäßig setzen die Estrichbetriebe plastifizierende Zusatzmittel ein, die helfen, die Wasserzugabe etwas zu reduzieren. Der Planer sollte kein bestimmtes Zusatzmittel vorschreiben, sondern nur die gewünschten Eigenschaften beschreiben. Wenn ein Estrichbetrieb mit einem Additiv bislang keine eigenen

Erfahrungen machen konnte, und ein normenkonformer Estrich gefordert ist, müsste mit diesem Additiv zunächst eine Eingangs- und Konfirmitätsprüfung durchgeführt werden. Hat der Hersteller des Additivs dies durchgeführt, muss dieser Angaben hinsichtlich der Estrichzusammensetzung machen, die der Estrichbetrieb befolgen muss.

Den Vorteilen der Zementbindung

- relativ kostengünstig
- bewährt, einfach und beherrschbar herzustellen
- für fast alle Einsatzbereiche geeignet
- nicht brennbar A 1, frost- und tausalzbeständig herstellbar
- elektrisch ableitfähige Eigenschaften
- Baustellenmischung, Siloware, Sackware
- als Industrieestrich und optisch ansprechend als Terrazzo (siehe Abschn. 2.8) herstellbar, usw.

steht der Nachteil in Form des Schwindens gegenüber. Ab dem Zusammenmischen von Zement und Wasser wird das Wasser in verschiedenen Phasen gebunden. Es entstehen Hydrate. Darüber hinaus wird Wasser in Gelporen und Kapillaren angelagert. Portlandzement allein würde unmittelbar ansteifen und sich verfestigen. Zur Regulierung wird daher Calciumsulfat in geringer Menge werkseitig zugesetzt. Das Sulfat bremst die Reaktion durch einen diffusionsbremsenden Film um die Zementteilchen herum. Diese chemische und physikalische Bindung von Wasser, die als Hydratation bezeichnet wird, führt bereits zu einem ersten Schwinden, da die Reaktionsprodukte weniger Raum einnehmen, als die Ausgangsprodukte.

Man bezeichnet das frühe Schwinden als „chemisches Schwinden", „plastisches Schwinden" oder „Schrumpfen". In der Regel entstehen im Mörtel keine Spannungen, da der relativ frische Mörtel mit seinem geringen E-Modul noch gut verformbar ist.

Eine Ausnahme bilden Mörtel mit einem Wasser/Zement-Wert (w/z) von ca. 0,4 und kleiner, z. B. Hartstoffestriche. Offensichtlich wird hier in der Phase der chemischen Bindung mangels Wasserüberschuss auf das Wasser in den Poren und Kapillaren zurückgegriffen. Ohne Feuchteabgabe nach außen, weshalb auch eine Abdeckung mit Folie nichts nützt, trocknet der Mörtel von allein aus und schwindet. Daraus können Frührisse entstehen, insbesondere, wenn die Oberfläche zugleich einer Abkühlung ausgesetzt ist. Vielleicht liegt hierin die Ursache der frühen Craquele-Rissbildung (Risse mit Netzmuster) mit Risstiefen von wenigen Millimetern bei Hartstoffschichten, die immer mit einem $w/z < 0{,}4$ hergestellt werden.

Wenn man allgemein von „Schwinden" spricht, meint man die Volumenverringerung des Festmörtels durch Austrocknung. Diese ist dreidimensional, wirkt sich jedoch bei plattenförmigen Bauteilen nur als Verkürzung aus. Und diese Verkürzung führt zu erheblichen Problemen, weil bei Behinderungen des Verkürzungsbestrebens Spannungen aufgebaut werden, die sich letztlich durch Rissbildung abbauen.

Diese Spannungen entstehen z. B. durch:

- eine unterschiedliche Austrocknung (oben/unten) mit entsprechend unterschiedlichem Schwinden
- zu dicke Verbundestriche, da auch sie sehr unterschiedlich austrocknen und sich nur oben begrenzt verkürzen können, wodurch oberflächennahe Risse mit geringen Tiefen entstehen
- im Bereich nicht fachgerecht hergestellter Trennschichten oder Randfugen bei Estrichen auf Dämm- und Trennschichten
- zu große Flächen bei Estrichen auf Dämmschichten, weil die Eigenmasse dem Schwinden entgegenwirkt

u. v. m.

Die unterschiedliche Austrocknung führt zudem zu Verformungen. Trocknet die Oberseite schneller als die Unterseite aus, wird die oberseitige Verkürzung zu einer konkaven Verformung (Schüsselung) mit hochgestellten Ecken und Rändern der Estrichplatten führen.

Liegt ein Feuchtegradient in der Form vor, dass die untere Estrichzone noch eine höhere Feuchtigkeit aufweist, während der obere Bereich trockener ist, und werden zu diesem Zeitpunkt starre Bodenbeläge (Fliesen, Naturwerkstein u. Ä.) aufgearbeitet, führt die später dennoch stattfindende Feuchteabgabe bei der Austrocknung dazu, dass die Unterseite nach dem Belegen weiter schwindet. Die Folge ist eine konkave Verwölbung mit nach unten verformten Raumecken (Randabsenkungen). Diesen Effekt, der von den Fliesenlegern lange ignoriert wurde und zu ausgesprochen vielen Schäden geführt hat, versuchte man dadurch zu vermeiden, dass Fliesen bereits nach wenigen Tagen verlegt wurden. Da der Estrich dennoch bis zum Erreichen der Ausgleichsfeuchte schwindet, werden sich durch die Schwindbehinderung Spannungen aufbauen, mit der Folge von Verformungen, Randabsenkungen und Rissbildungen. Der richtige und regelkonforme Weg ist das unbedingte Abwarten, bis der Estrich die Belegreife erreicht hat (max. zulässige Restfeuchte).

Das Schwinden nimmt mit zunehmender Erhöhung des Bindemittelgehalts zu. Bei höherem Zementanteil entsteht mehr Zementstein, dessen Austrocknung die Ursache des Schwindens ist. Bei gleichbleibender Wassermenge führt eine Erhöhung des Zementgehaltes nicht zu einem relevant höheren Schwinden. Behält man aber den Zementanteil bei und erhöht nur die Wassermenge, nimmt das Schwinden sehr stark, bei sinkender Festigkeit, zu. Die Zementarten selbst und deren Mahlfeinheit haben einen vergleichsweise geringen Einfluss auf das Schwinden. Schwinden lässt sich demnach sinnvoll nur über die Zementleimmenge steuern, was mit plastifizierenden Zusatzmitteln oder Fließmitteln (Wassereinsparung), aber vor allem mit Gesteinskörnungen, die einen geringen Wasseranspruch haben, erreicht werden kann. Jede Gesteinskörnung bedingt einen bestimmten Wasseranspruch, um die erforderliche Verarbeitungskonsistenz zu erreichen. Die für Estriche gebräuchlichen Sieblinien liegen heute meistens eher bei B/C8 (feinkörniger, höherer Wasseranspruch) oder C8 (sehr feinkörnig, hoher Wasseranspruch und daher hohe Zementleimmenge mit ungünstigem Schwindverhalten). Einige Zusatzmittel-Hersteller fordern zwingend eine A/B8 Körnung, die in der Realität an vielen Verwendungsorten nicht beschafft werden kann. Die Verwendung feinkörniger Zuschläge hat jedoch eine höhere Schwindung zur Folge. Durch sinnvolle Begrenzung kann die Auswirkung des Schwindens beherrschbar sein.

Grundsätzliche Empfehlungen:

- Zementmenge auf das für die Festigkeit und Verarbeitbarkeit notwendige Maß beschränken.
- Wassermenge durch Zusatzmittel und eine optimierte Gesteinskörnung begrenzen.
- die Temperatur beim Einbau und in den ersten 3 Tagen muss mind. 5 °C betragen.
- Oberfläche möglichst nur abreiben. Glätten nur, wenn unbedingt erforderlich.
- Schutz vor hohen und niedrigen Temperaturen sowie Zugluft mind. in den ersten 7 Tagen.
- Estriche auf Dämm- und Trennschichten sollten in geschlossenen Räumen nicht mit Folie abgedeckt werden. Nach dem Entfernen einer Folie ist bei Luftbewegung oder künstlicher Nachtrocknung in der Regel ein deutlich stärkeres Aufschüsseln festzustellen, als bei Austrocknung ohne Folie. Eine langsame, aber unbehinderte Austrocknung ist sinnvoll.

1.2 Calciumsulfatestrich CA/CAF (Calcium sulfate screed)

Unter dem Begriff Calciumsulfat werden heute eine Vielzahl von unterschiedlichen oder ähnlichen Bindemitteln (Natur-, synthetischer-, Reagips o. a.) mit dem Kurzzeichen CA zusammengefasst. Als Baustellenestriche gelten solche mit der Bezeichnung CA, Fließestriche tragen die Bezeichnung CAF.

Anhydrit	$CaSO_4$	Wasserfreies Calciumsulfat
Branntgips	$CaSO_4 \times ½\ H_2O$	Halbhydrat
		Alpha-Halbhydrat
		Beta-Halbhydrat (Bau-Gips)
Gips	$CaSO_4 \times 2\ H_2O$	Dihydrat, Gips

Anhydrit wird als Naturanhydrit oder als synthetischer Anhydrit (Anfallprodukt bei der chemischen Produktion) verwendet. In Rauchgas-Entschwefelungsanlagen (REA) fällt REA-Gips an, der zu REA-Anhydrit gebrannt wird, ein Produkt mit sehr guten Festigkeitseigenschaften. Alpha-Halbhydrat wird aus Naturgips oder REA-Gips gebrannt.

Als Bindemittel für Estriche werden Anhydrit, REA-Anhydrit oder Alpha-Halbhydrat oder Kombinationen verwendet. Jede Art hat spezielle Eigenschaften in der Kristallisation und in der Reaktionsgeschwindigkeit. Das Reaktionsprodukt ist immer das Calciumsulfatdihydrat, also Gips.

Da Calciumsulfat-Bindemittel sehr träge in der Reaktion sind, werden werkseitig Chemikalien als Anreger zugesetzt. Ansonsten hängt die Reaktionsgeschwindigkeit, also die Schnelligkeit der Kristallbildung, von der Löslichkeit der Ausgangsstoffe und deren spezifischen Oberflächen ab.

Calciumsulfat-Binder sind in DIN EN 13454 genormt.

Die Estriche werden sowohl in einer konventionellen Mörtelkonsistenz als Baustellenestrich hergestellt, wobei die Gesteinskörnung eine gute Qualität aufweisen sollte, als auch unter Zugabe von Verflüssigern in fließfähiger Konsistenz, dann in der Regel als werksgemischte Fahrmischer-, Sack- oder Siloware als Fließestrich (CAF).

Ein wesentlicher Vorteil von CA-Estrich liegt in seiner Raumbeständigkeit. Das Schwinden ist, nach einem anfänglichen leichten Quellen, vernachlässigbar, weshalb in der Regel große Flächen ohne Fugen hergestellt werden können.

Als Nachteil ist die Feuchteempfindlichkeit zu sehen, weshalb diese im Außenbereich nicht geeignet sind. Eine Durchfeuchtung führt immer zu einem deutlichen Festigkeitsabfall und zu erheblichem Quellen. Durch Trocknung baut sich die Festigkeit erneut auf, aber eine Rückbildung des Volumens ist nicht zu erwarten. Dadurch entstehen dann nicht selten Risse. Im trockenen Innenbereich (einschl. des häuslichen Bades mit Badewannen und Duschwannen) können jedoch auch Calciumsulfatestriche verlegt werden. Bei keramischen Belägen kann es sinnvoll sein eine Abdichtungsebene zwischen Estrich und Bodenbelag in Form einer Verbundabdichtung (AIV) mit Rand-Dichtungsstreifen herzustellen. Bei elastischen Bodenbelägen und Parkett den Estrich durch eine Verbundabdichtung zu schützen, weil es vor einer Schädigung des Estrichs zu einer Schädigung dieser Belagausstattung kommen würde (dies gilt sinngemäß auch bei Zementestrichen).

Gelegentlich entstehen bei Fließestrichen sehr spät und spontan noch Risse, die auf eine späte Kristallisation, die auf eine reine Nachreaktion zurückgeführt werden können, besonders wenn der Estrich nicht forciert getrocknet wurde. Verbliebene Anhydrit- oder Halbhydrat-Teile reagieren dann mit einem gegeben falls noch oder wieder vorhandenem Feuchtepotenzial zu Dihydrat. Diese sich spät bildenden Kristalle haben ein großes Volumen, für das im bereits vorhandenen festen Gefüge kaum Platz ist. Der entstehende Druck führt zu einem Spannungsaufbau mit spontaner Rissbildung.

Fließestriche weisen meist eine hohe Biegezugfestigkeit auf. Sie sind sehr dicht und trocknen daher bei großer Dicke verzögert aus. Daher sollte die Estrichdicke auf das nötige Maß begrenzt werden, was aber für alle Estriche gilt.

Bei Fließestrichen werden oft Oberflächenerscheinungen in Form von Sedimentationen, wie durch Aufschwemmungen von Plastifizierern, Hautbildungen aus Calciumcarbonat (Sinterschicht) u. Ä. beobachtet. In diesen Fällen ist oft ein Abtragen von Schichten durch Abschleifen erforderlich. Abschleifen darf nicht mit Anschleifen verwechselt werden. Ein Anschleifen zur Vorbereitung der Verlegung von nachfolgenden Belägen ist immer erforderlich. Mit dem Anschleifen des Estrichs ist kein Schichtabtrag verbunden.

Grundsätzliche Empfehlungen:

- Verlegung nicht unter 5 °C Mörteltemperatur über 3 Tage ab Verlegung.
- 2 Tage vor Zugluft und anderen schädlichen Einwirkungen wie Wärme und Regen schützen, aber nie mit Folie abdecken! Der geschlossene Bau genügt als Schutz!
- Unbehinderte Austrocknung ermöglichen.
- Begehen in der Regel nach 2 Tagen und Belasten nach 5 Tagen möglich! Dabei ist der Festigkeitsaufbau von der Umgebungsfeuchte abhängig!
- Nicht fließfähige Estriche möglichst nur abreiben und nur bei Bedarf glätten.
- Oberfläche immer zur mechanischen Reinigung anschleifen, wenn verklebte Bodenbeläge verlegt werden sollen.

1.3 Magnesiaestrich/Steinholzestrich MA (Magnesite screed)

Magnesiaestriche sind heute mit dem Kurzzeichen MA gekennzeichnet. Sie werden heute als hochfeste Industrieestriche verlegt, selten noch als sehr leichte Steinholzestriche im denkmalgeschützten Bauvorhaben verlegt. In der älteren Literatur findet sich für das Bindemittel Magnesia noch der Begriff „Sorelzement" nach Sorel (1867), dem Begründer dieser Technologie.

Magnesiumoxid MgO reagiert mit einer Lösung aus Magnesiumchlorid $MgCL_2$ zu $Mg_3(OH)_5Cl \times 4H_2O$ und $Mg_2(OH)_3Cl \times 4H_2O$ (wasserunbeständig) und erreicht ausgesprochen hohe Festigkeitswerte. Beide Komponenten MgO und $MgCl_2$ sind in DIN EN 14016 geregelt.

Die Gesteinskörnung bei Industrieestrichen sind hochwertige Quarzkornmischungen, selten in Verbindung mit Anteilen organischer Zuschläge.

Im industriellen Bereich wird der Magnesiamörtel als Fließestrich im Verbund verlegt. Die Vorteile von Magnesiaestrich liegen in der hohen Festigkeit, der guten Durchfärbbarkeit, der Raumbeständigkeit und der hohen praktischen Verschleißfestigkeit.

Magnesiaestriche werden gelegentlich als Sichtestrich auf Estrichen auf Dämm- oder Trennschicht verlegt. Zur Vermeidung von Hohlstellen und nachträglichen Ablösungen sollten solche Magnesiaestriche nicht zu dick (ca. 8–10 mm) hergestellt werden (Abb. 1.1).

Nachteilig ist der korrosive Angriff auf Metalle, die daher mit einem geeigneten Schutzmaterial ausgestattet werden müssen. Dies begründet sich mit dem enthaltenen Magnesiumchlorid. Selbst manche Edelstahlprofile zeigen Korrosionserscheinungen auch wenn die Profile oberseitig mit einer Beschichtung abgedeckt wurden. Edelstahl benötigt Sauerstoff um seinen Korrosionsschutz aufrecht erhalten zu können.

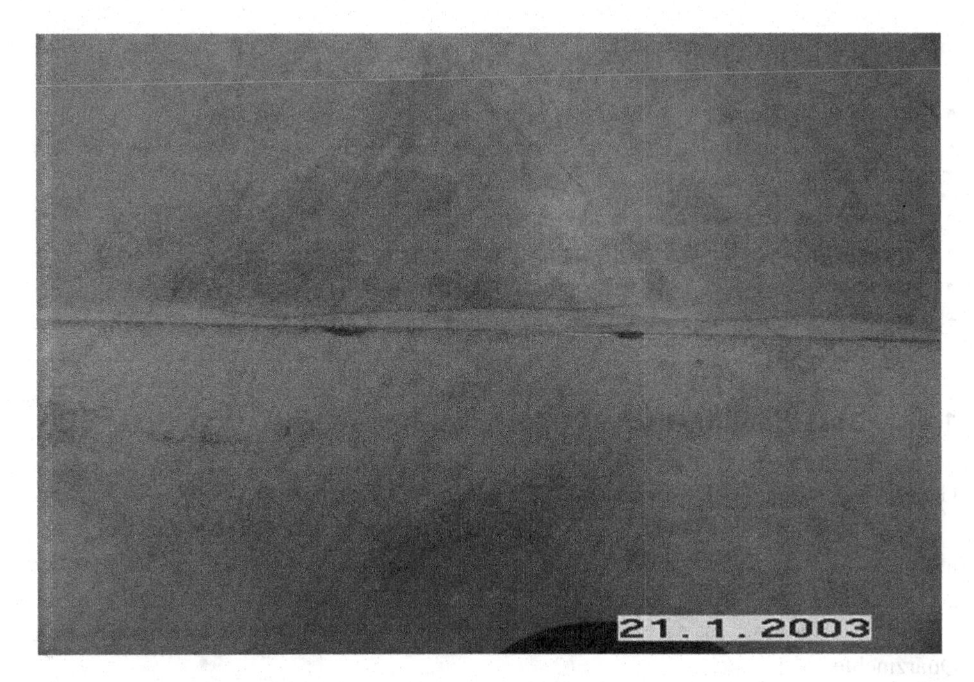

Abb. 1.1 Die beiden dunklen Flecken sind eine beginnende Korrosion an Edelstahlprofilen in einem Magnesiaestrich, die oberseitig mit einer filmbildenden Kunstharzschicht abgedeckt waren

Magnesiaestrich sind empfindlich bei Feuchtebelastung. Dadurch kommt es zu einem deutlichen Festigkeitsverlust und wird schnell durch Beanspruchung zerstört. Oft löst dieser sich bei rückseitiger Durchfeuchtung vom Untergrund. Nachdem eine erneute Trocknung stattfindet baut sich die Festigkeit wieder auf, wobei Verformungen bestehen bleiben. Eine oberflächigere Feuchteeintrag ist dagegen unproblematisch, wenn eine sofort einsetzende Trocknung stattfinden kann. Es muss aber betont werden, dass eine Dauerdurchfeuchtung vorliegen muss, um einen Festigkeitsabfall herbeizuführen. Selbstverständlich kann der Estrich feucht gereinigt werden. Selbst ein ständiger Feuchteeintrag von PKWs auf der Oberfläche, hatte bei einem Autoproduzenten, der ausschließlich Magnesiaestriche verlegen ließ, nur zu einer leichten Verfärbung der Estrichoberfläche geführt.

Die Herstellung von Magnesiaestrichen setzt spezielle Kenntnisse voraus, dies insbesondere bei der Herstellung und Verlegung als Industrieestrichen. Man muss die Reaktion des Materials unter den jeweiligen klimatischen Bedingungen genau kennen, um die richtigen Bearbeitungsschritte zur richtigen Zeit zu tun.

Beachtet bei einer Sanierung alter Magnesiaestriche sollte insbesondere auch werden, dass diese bis in die 80er Jahre auch oftmals Asbestfasern beinhalteten. Dies sollte vor Inangriffnahme irgendwelcher Maßnahmen überprüft werden, um ggf. erforderliche Maßnahmen einzuleiten.

Grundsätzliche Empfehlungen:

- Verlegung nicht unter 5 °C Mörteltemperatur über 3 Tage ab Verlegung.
- 2 Tage vor Zugluft und anderen schädlichen Einwirkungen wie Wärme und Regen schützen, aber nicht mit Folie abdecken! Der geschlossene Bau genügt als Schutz!
- Unbehinderte Austrocknung ermöglichen.
- Nachträglich anhaltende Feuchtebelastungen sind unzulässig.
- Begehen in der Regel nach 2 Tagen und Belasten nach 5 Tagen möglich!
- Oberflächenbehandlung von Industrieestrichen vor der Nutzung ist erforderlich.

1.4 Gussasphaltestrich AS (Mastic asphalt screed)

Gussasphaltestrich werden durch das Kurzzeichen AS bezeichnet.

Das Bindemittel ist Bitumen, wobei Straßenbaubitumen, Hartbitumen und polymermodifizierte Bitumen verwendet werden.

Die Zuschlagstoffe sind in der Regel:

Füller <0,09 mm, in der Regel Kalksteinmehle, im chemisch belasteten Bereich Quarzmehle

Gesteinskörnung (Splitt oder Rundkorn) bis 11 mm (dickenabhängig)

Der Bitumengehalt liegt bei ca. 7 bis 10 Masse-%. Die Einbautemperatur liegt zwischen ca. 220 und 250 °C. Die Verlegung erfolgt im Verbund, auf Trennschicht (Rohglasvlies) und auf hitzebeständigen Dämmschichten. Die Oberfläche ist in der Regel deckend abzusanden. Mit dem Absanden will man Bitumenanreicherungen der Oberfläche füllen, möglicherweise auch die rutschhemmenden Eigenschaften verbessern und eine bessere Haftung von Spachtelmassen ermöglichen. Letzteres kann auch über geeignete Grundierungen ermöglicht werden. Richtig begründet wird das Absanden in den Regelwerken nicht. Ein Fehlen der Absandung dürfte daher in den wenigsten Fällen Zweck und Funktion beeinträchtigen. Ein Schleifen der Oberfläche bei Einsatz einer schleiffähigen Gesteinskörnung führt zu einem terrazzoähnlichen Aussehen.

Die Härteklasse IC 10 bis IC 100 ist hinsichtlich des Temperaturbereichs der späteren Nutzung auszuwählen. Ein zu hart ausgewählter Estrich tendiert bei tiefen Temperaturen zur Rissbildung. Die Verwendung von polymermodifizierten Bitumen (PmB) vergrößert die Spanne des zulässigen Temperaturbereichs am Einsatzort. Die Zugabe von speziellen Wachsen verringert die mögliche Einbautemperatur und damit auch das Freiwerden von Aerosolen in der Heißphase.

Nach DIN 18354 bleibt die Zusammensetzung des Estrichs für den jeweiligen Zweck dem Auftragnehmer überlassen. Diesem müssen daher alle relevanten Fakten, wie z. B. Belastung mechanischer und chemischer Art, Temperatur und -spanne, Verlegeart, Dicke mitgeteilt werden.

Die Vorteile des Estrichs liegen in der frühen Belegbarkeit nach Erkalten (ca. 8 h, das Abkühlen darf nicht forciert werden) und in der geringen Einbaudicke, die eine niedrige Flächenmasse im Sanierungsbereich ermöglicht.

Die thermoplastische Verformbarkeit lässt relativ dünne, aber hoch tragfähige Estriche auf Trennschicht zu, z. B. bei der Sanierung alter Untergründe in Gewerbe und Industrie. Die Beanspruchbarkeit mit vielen Chemikalien ist gegeben, muss aber immer im Einzelfall genau abgeklärt werden. Der Estrich kann mit geeigneten Reaktionsharzen beschichtet werden (Abb. 1.2).

Empfindlich reagiert der Estrich auf Spannungen aus dickeren (ab ca. 2,5 mm) Spachtel- und Nivellierschichten mit Zementbindung. Vereinzelt sind auch Schäden mit gleicher Ursache bei Einsatz von Mittelbettmörteln unter Naturwerksteinbelägen aufgetreten. Es entstehen umfangreiche Trennrisse, manchmal mit hochgewölbten Rissrändern, bei weicher eingestellten Estrichen auch nur Anrisse der oberen Estrichzone. Im Allgemeinen reicht eine durch Wellpappe hergestellte Randfuge aus. Dies gilt für alle Belagausstattungen mit Ausnahme von Parkett- und Holzfußböden. Den von Parkett- und Holzfußböden ausgehenden Quelldrücken folgt der Gussasphaltestrich aufgrund seiner thermoplastischen Eigenschaften, weshalb bei der beabsichtigten Verlegung von Parkett- und Holzfußböden eine breitere Randfuge von mindestens 10–15 mm hergestellt werden muss. Dies ist bereits bei der Planung und Ausschreibung zu berücksichtigen. Auch bei der Überarbeitung von Bestandsgussasphalt muss dieser Sachverhalt dringend

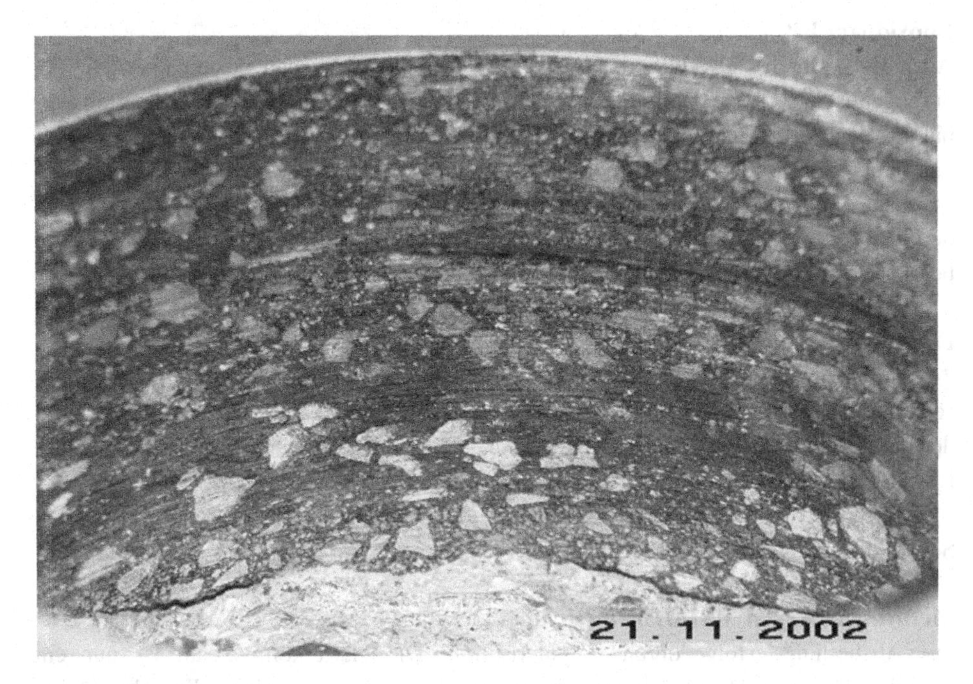

Abb. 1.2 Die Porenfreiheit des Gussasphaltestrichs und die damit verbundene Dichtigkeit, macht ihn relativ dampfdicht und wasserundurchlässig

berücksichtigt werden und erforderlichenfalls die notwendige Randfugenbreite hergestellt werden.

Immer wieder wird eine mögliche Gesundheitsgefahr hinterfragt. Nach derzeitigem Kenntnisstand besteht bei einem erkalteten Estrich für die Bewohner keine Gefahr. Bitumen ist nach den gegenwärtigen Regelungen der EU nicht als krebserzeugend eingestuft. Die bei der Heißverarbeitung entstehenden Dämpfe und Aerosole werden zurzeit in der Kategorie 2 (krebserzeugend im Tierversuch) geführt. Schutzmaßnahmen für das Einbaupersonal sind demnach nach dem Arbeitsschutzgesetz und der MAK-Kommission notwendig und weiter zu verbessern.

1.5 Kunstharzestrich und -beschichtung SR (Synthetic resin screed)

Nach DIN EN 18353 werden Kunstharzestriche mit dem Kurzzeichen SR gekennzeichnet.

Bindemittel sind synthetisches Reaktionsharz, die durch chemische Reaktion (Polyaddition oder Polymerisation) erhärten. Füllstoffe sind in der Regel Quarzmehle und -sande, aber auch Hartstoffe.

Jedes Reaktionsharz hat seine eigenen besonderen Eigenschaften und daher auch typische Einsatzgebiete. Die folgenden Reaktionsharze werden zur Herstellung verwendet:

Epoxidharz EP
Aushärtung durch Polyaddition. Harz und Härter müssen genau dosiert und sehr gut durchgemischt werden, da die Eigenschaften schon von geringen Abweichungen im Verhältnis Harz zu Härter sehr beeinflusst werden. Es ist das universelle Standardharz. Es kann in breitem Bereich mit Zuschlagstoffen gefüllt werden, wobei wenig gefülltes Harz durchaus ein messbares und merkbares Schrumpfen zeigt und hoch gefülltes Harz einen deutlichen Abfall der Festigkeit und des Haftvermögens. In der Verarbeitungsphase sind bei den Verarbeitern allergische Reaktionen bekannt.

Polyurethanharz PUR
2-Komponentenharze härten ebenso durch Polyaddition aus. Sie können in ihren Eigenschaften von fest und spröde bis hin zu gummiartig eingestellt werden. Ausgeführt werden Beschichtungen, aber keine Schichtdicken >5 mm, die bisher den Übergang zum Estrich darstellten.

1-Komponentenharze reagieren mit der Luftfeuchtigkeit und lassen daher nur geringe Schichtdicken, z. B. als Versiegelung, zu.

Methylmethacrylat MMA/Polymethylmethacrylat PMMA
Die Aushärtung erfolgt durch Polymerisation. Die Härterkomponente ist nur ein Reaktionsstarter, weshalb zwar auch möglichst genau dosiert werden sollte, aber kleine Abweichungen in der Härterzugabe unproblematisch sind. Beschichtungen erhärten

ausgesprochen schnell und auch bei niedrigen Temperaturen, benötigen aber einen hohen Reaktionsharzanteil. Nachteilig ist die starke Geruchsentwicklung in der Aushärtungsphase (Abb. 1.3).

Ungesättigtes Polyesterharz UP

Aushärtung durch Polymerisation. Das starke Schrumpfen fordert geringe Schichtdicken oder eine mehrschichtige, ggf. gewebearmierte Einbauweise.

Für alle Reaktionsharzsysteme jeder Schichtdicke und in jedem Anwendungsbereich gilt:

Keine Auswahl und Anwendung ohne eine objektbezogene anwendungstechnische Beratung durch den Hersteller. Die verschiedenen Formulierungen, die Anforderungen an den Untergrund und an die Umgebungsbedingungen sowie die Grenzen der chemischen, thermischen und mechanischen Beanspruchbarkeit der jeweiligen Harze, können nur vom Hersteller richtig zugeordnet werden.

Die Vorteile der Kunstharzestriche liegen sicher in der schnellen Erhärtung und damit frühen Beanspruchbarkeit, ebenso in der Möglichkeit optisch sehr ansprechende und hochbeanspruchbare Flächen herstellen zu können.

Die Nachteile liegen z. B. in der Anfälligkeit gegenüber Feuchte und Temperatur in der Einbauphase, in der Anfälligkeit gegenüber Mischfehlern, in der oberen Temperaturbeanspruchungsgrenze von ca. 50 °C Dauertemperatur und in den hohen Kosten. Zu

Abb. 1.3 Kunstharzbeschichtungen sind häufig kratzempfindlich und dann schwer zu reinigen

erwähnen wäre auch die relativ hohe Kratzempfindlichkeit bei einigen Systemen. Kratzer in glänzenden Beschichtungen, vorwiegend bei dunklen Farben, führen oft zu einem sogenannten „Weißbruch". Gemeint ist damit das fehlende Reflexionsvermögen im Kratzerbereich, wodurch die Kratzer als weißgrau wahrgenommen werden. Matte Versiegelungen zeigen diesen Effekt in der Regel nicht (Abb. 1.4).

Ein immer wieder auftauchendes Erscheinungsbild ist eine Blasenbildung in Beschichtungen. Die Blasen treten bis zu ca. 2 Jahren nach Beschichtung auf und sind meistens, nicht immer, mit einer Flüssigkeit gefüllt, die eine charakteristische Farbe (hellgelb bis dunkelbraun) und einen deutlichen Geruch hat. Sie ist zudem hochalkalisch. Die Blasen entstehen nicht, wie immer noch behauptet wird, durch Dampfdruck. Dampfdruck ist nicht in der Lage einen Druck zu erzeugen, der eine mit mind. 1 N/mm^2 haftende Beschichtung abdrücken kann. Die Blasenbildung erfolgt vielmehr durch osmotische Vorgänge. Dazu ist eine teildurchlässige Membranschicht (Grundierung, Betonhaut o. Ä.) notwendig. Zudem müssen auf der einen Seite der Membran ein Lösemittel (z. B. Wasser im Beton oder Estrich) und auf der anderen Seite ein lösbarer Stoff (z. B. nicht ausgehärtete Bestandteile der Beschichtung) vorhanden sein. Der Unterschied in der Konzentration beiderseits der Membran will sich ausgleichen, weshalb das Lösemittel über die teildurchlässige Membran zu dem zu lösenden Stoff wandert.

Abb. 1.4 Kratzer mit Weißbruch in einer schwarzen Hochglanzbeschichtung

Die Membran darf das Lösemittel durchlassen, aber nicht die Flüssigkeit, die sich auf der anderen Seite aus Lösemittel und gelösten Stoffen gebildet hat. Diese Flüssigkeit dehnt sich bei Erwärmung aus und beansprucht ein sehr großes Volumen. Der entstehende Druck hebt die Haftung der Beschichtung problemlos auf. Sticht man die Blase an, spritzt häufig die Flüssigkeit heraus. Wegen der hohen Alkalität sind Verätzungen möglich. Es wurden bei sehr starren Beschichtungen auch flächige Abhebungen durch Osmose beobachtet. Bei gut verformbaren Kunstharzbeschichtungen sind es aber in der Regel blasenförmige Erscheinungsbilder. Neben der beschriebenen gibt es weitere Theorien zur osmotischen Blasenbildung.

Interessant war der Fall einer Brotfabrik mit durchgehend identischem Fußbodenaufbau, nämlich ein hochfester Betonboden mit einer Reaktionsharz-Beschichtung. Während der kühle Lagerbereich blasenfrei blieb, waren im warmen Produktionsbereich fast vollflächig in engem Abstand flüssigkeitsgefüllte Blasen vorhanden. Warum dieser Unterschied? Eine Erwärmung des Blaseninhalts erhöht den Druck in der Blase. Nach dem van't Hoffschen Gesetz verläuft der osmotische Druck proportional zur absoluten Temperatur. In einem anderen Fall zeigte eine PU-Beschichtung osmotische Blasen, aber nur dort, wo der Betonboden direkt beschichtet wurde. Eine Teilfläche wies einen zusätzlichen Hartstoffestrich von 8 bis 10 mm Dicke unter der Beschichtung auf. Dort entstanden die Blasen erst mit ca. 2-jähriger Verzögerung und nur im unmittelbaren Randbereich eines Durchgangs zum Außengelände.

Osmotische Blasenbildung ist nicht mit letzter Sicherheit vermeidbar. Das Auftreten ist auch nicht vorhersehbar. Auftragnehmer sollten daher, analog dem geforderten Hinweis bei Teppich-Shading, ihren Auftraggeber auf die mögliche Gefahr hinweisen, um das Haftungsrisiko zu mindern. In der Tendenz sind beschichtete Estriche nicht oder sehr selten betroffen, hochwertige Betonuntergründe jedoch häufiger. Dennoch ist Osmose bei beschichteten Estrichen nicht auszuschließen. In einer beheizten Geflügelhalle (Brüterei) hatte man einen ca. 100 mm dicken Zementestrich auf Dämmschicht verlegt, diesen nachvollziehbar austrocknen lassen und dann beschichtet. Nach einigen Monaten traten in großer Zahl osmotische Blasen auf. Der Feuchtegehalt des Estrichs war erheblich. Letztlich haben die Untersuchungen gezeigt, dass mehrmals täglich die mit Fliesen bekleideten Wände mit einem Wasserstrahl unter Druck gereinigt wurden. Das Wasser lief hinter den Fliesen nach unten und durchfeuchtete wegen weiterer Fehler im Anschlussbereich den Estrich. Und ein weiterer Fall mit einem Estrich: In der Tiefgarage einer Villa sollten Oldtimer eingestellt werden. Der Bauherr ließ einen ca. 90 mm dicken Zement-Heizestrich der Bauart A ausführen. Nach Erreichen der Belegreife wurde der Estrich ca. 8 mm dick mit einem Epoxidharzestrich beschichtet. Nach wenigen Monaten sah man auch in dieser dicken Beschichtung eine große Anzahl osmotischer Blasen. Ebenso wies der Estrich eine hohe Feuchte auf. Es gab eine gerade lange Zufahrt zur Tiefgarage. Regenwasser lief dort hinunter und sollte von einer Rinne am Fuß der Rampe aufgenommen werden. Die Rinne hatte eine zu geringe Breite und wurde seitlich vom Wasser umlaufen. Der Estrich selbst war im Anschlussbereich zur Rinne überhaupt nicht abgedichtet worden.

1.6 Fertigteilestrich

Fertigteilestriche, auch Trockenestriche genannt, sind alle Estriche, bei deren Herstellung und Einbau kein Wasser austrocknen muss und die im Werk in Plattenform hergestellt werden. Es sind ungeregelte Sonderbauweisen. Die Hersteller prüfen ihre Produkte nach eigenen Prüfgrundsätzen und beschreiben darauf aufbauend die Einsatzbereiche mit den zulässigen Flächen- und Einzellasten. Daher sind die Vorgaben der Hersteller, besonders die zur zugelassenen Dämmschicht, zwingend. Das Zusammenfügen zu der Lastverteilungsschicht muss vor Ort genau nach den Vorgaben der Hersteller erfolgen. Derartige Estriche sind (ohne Anspruch auf Vollständigkeit):

- Platten auf Basis Gipskarton oder Gipsfaser, ein- oder mehrschichtig
- Holzspanplatten, auch zementgebunden
- Vorgefertigte Platten aus Zementestrich, Ziegeln o. Ä.
- Hohlbodensysteme, die ohne weitere Lastverteilungsschicht belegt werden können

Für alle Estriche auf Basis vorgefertigter Platten gilt u. a.:

- Genau prüfen, ob der vorgesehene Estrich wirklich zum Einsatzbereich passt!
- Untergründe müssen eben sein bzw. benötigen meist einen entsprechenden Ausgleich!
- Bei Ausgleichschüttungen einen Rieselschutz einplanen und auf Hohlraumfreiheit achten (Nachrieseln)!
- Nur vom Hersteller zugelassene Dämmschichten einbauen!
- Da die üblichen Regelwerke für Estriche hier nicht oder nur begrenzt anwendbar sind, haben die Ausführungsregeln der Hersteller Vorrang!

Gipskarton GK/Gipsfaser GF
In der Regel sind es einschichtige Elemente mit Dicken von ca. 18 bis 25 mm oder zwei- bzw. dreischichtige Elemente mit je 10 oder 12,5 mm Schichtdicke. Sie werden über Nut/Feder-, Nut/Dübel- oder Stufenfalzanbindungen miteinander verklebt und häufig auch zusätzlich verschraubt oder verklammert (Abb. 1.5).

In der ein- und zweischichtigen Variante sind sie in der Regel für Verkehrslasten im Wohnungsbau bis hin zu Büros und Arztpraxen mit geringen Lasten hinreichend dimensioniert. Durch vollflächiges Aufkleben einer weiteren Platte oder durch den Einsatz dreischichtiger Elemente kann die Tragfähigkeit deutlich erhöht und dem Einsatzbereich angepasst werden. Die dritte Platte muss mit einem speziellen Kleber des Herstellers (Kartuschenkleber, PVA-Weißleim) genau nach dessen Angaben mit dem unteren Element verklebt werden. Das neben dem Kleben erforderliche Klammern oder Verschrauben erzeugt nur den vorübergehend notwendigen Anpressdruck. Ein reines Verklammern oder Verschrauben genügt nicht.

Abb. 1.5 Die Verlegung der GK-Platten erfolgte mangelhaft mit großen Abständen zur Zarge

Mit werkseitig, unterseitig kaschierten Dämmschichten können bereits geringe Anforderungen an den Trittschallschutz erfüllt werden, was im Einzelfall allerdings genau geprüft werden muss. Im Zweifel ist die separate Verlegung einer vom Hersteller zugelassenen Trittschalldämmschicht vorzuziehen (Abb. 1.6).

Diffusionstechnisch darf es zu keiner Feuchteanreicherung in den Platten kommen, da der Festigkeitsabfall dann praktisch zu einer Zerstörung des Fußbodens führt.

Holzspanplatten

Die Plattendicke, in der Regel 19 bis 25 mm, richtet sich nach der gewünschten Belastbarkeit und nach der Verlegart (Unterkonstruktion mit Latten oder auf Dämmschicht). Die Nut/Feder-Verbindungen werden verleimt oder mit einem PUR-Kleber verklebt.

Spanplatten wurden in DIN EN 13986 genormt. Für den Fußboden kommen die folgenden Typen zum Einsatz:

- Flachpress-Spanplatten P4 und P5 nach DIN EN 312
- OSB/2 bis OSB/4 nach DIN EN 300
- Andere Platten mit einem Verwendbarkeitsnachweis (Abb. 1.7)

Abb. 1.6 Der Flachdübel in der Nut der Fertigteilestrichelemente sollte eigentlich so eingebaut werden, dass die beiden angrenzenden Platten in der Fuge gestützt werden. So wie der Dübel lag, entstanden deutliche vertikale Bewegungen, die einen Rückbau erforderten

Ebenso ist die Konstruktion diffusionstechnisch zu überprüfen. In der Regel sind dampfdurchgangsbegrenzende Schichten unter der Platte vorzusehen. Eine Feuchteanreicherung im Laufe der Zeit würde zu Quellvorgängen und Verwölbungen führen.

Zementgebundene Spachtelmassen sollten, wenn möglich, nicht eingesetzt werden. Sie können eine Spanplatte auf Dämm- oder Trennschicht konkav verwölben (Schüsseln), auch jede einzelne im Verband verleimte Platte. Nur ausgesprochen schwindarme Massen sind geeignet.

Spanplatten auf Lattenkonstruktionen müssen mit den Latten verschraubt werden. Eine Nagelverbindung, auch eine Schraubnagel- oder Rillennagelverbindung, führt nicht selten später beim Begehen zu Knarrgeräuschen. Der Lattenabstand richtet sich nach der einwirkenden Nutz- und Einzellast und nach der Dicke der Spanplatte. Das ist mit dem Hersteller der Spanplatte zu klären.

Abb. 1.7 Der Fertigteilestrich brach jeweils genau über den weichummantelten Rohren in der Schüttung

1.7 Estrich als Designelement

Hierzu ist ein neues BEB-Merkblatt erschienen, welches wertvolle Hinweise gibt (www.beb.de). Estrichen in industriellen Bereichen schrieb man in der Regel keine besonderen Anforderungen an die Optik zu. Diese Estriche sollten vorwiegend hoch beanspruchbar sein. Vor ungefähr 25 Jahren wurde im Foyer einer Musik- und Konzerthalle, also in einem Bereich der durchaus einen repräsentativen Charakter aufwies, ein Industrieestrich, in diesem Fall ein Magnesiaestrich, eingebaut. Dieser Estrich ist auch heute noch vorzeigbar und weist nur Flecken von verschütteten Getränken auf. Seither sind Industrieestriche verstärkt Designelemente in Objektbereichen bis hin zu Wohnungen. Seitens der Estrichbetriebe wurde dabei oft verdrängt, dass der Auftraggeber zwar den industriellen Charakter möchte, aber nicht die vielen Unregelmäßigkeiten, die bei einer gewerblichen Nutzung einfach als unvermeidbar hingenommen wurden. Wer hier seine Hinweispflichten vor Ausführung vernachlässigt, haftet möglicherweise, wenn das Werk zwar wie ein typischer Industrieestrich aussieht, aber nicht der Erwartungshaltung des Bestellers entspricht. Der nachträgliche Verweis auf fehlende optische Anforderungen an Industrieestriche dürfte rechtlich keinen Bestand haben. Feststellbar ist oftmals jedoch auch, dass Planer nicht in der Lage sind, die Erwartungshaltung in eine Leistungsbeschreibung umzusetzen.

Estriche mit Anforderungen an die Optik werden umgangssprachlich auch als Sichtestriche bezeichnet, analog dem Sichtbeton, aber auch als Designestriche. Designestriche werden aus verschiedenen Bindemitteln mit geeigneten Gesteinskörnungen vor Ort gemischt oder aus Werksmischungen hergestellt. Die vielen Erscheinungsbilder von Oberflächen können hier nicht dargestellt werden. Neben dem Magnesiaestrich, sind es oft geschliffene Estriche, wozu auch der klassische Terrazzo gehört. Dann sind es Oberflächen, die eher einer Ausgleichsmasse ähneln. Geschliffene Betonböden gehören ebenso zu den Designestrichen. Die Produktpalette ist groß, ebenso groß die Möglichkeiten eine mangelhafte Oberfläche herzustellen.

Der Auftraggeber bzw. dessen Planer muss Zweck, Funktion und seine Erwartungshaltung sehr genau beschreiben. Er muss beschreiben was er will und was er keinesfalls will. Er kann ein Muster verlangen und eine Ausführung nach Muster vertraglich vereinbaren. Er muss wissen, dass jeder Designestrich ein Unikat ist und sich daher einem Muster nur annähern kann. Wenn möglich, sollte man sich Referenzflächen ansehen.

Der Auftragnehmer muss zunächst über ausgesprochen umfangreiche Erfahrungen und ein sehr geschultes Personal verfügen. Er muss wissen, dass es niemals nur um eine Standardausführung geht, sondern um höchste Sorgfalt bei der Ausführung. Er muss genau wissen, wie sich das Endprodukt verändert, wenn sich Abweichungen der Ausgangsstoffe, bauliche Umgebungsbedingungen, kleine Sorgfaltsverletzungen u. v. m.

Abb. 1.8 Auf dem Estrich ließ man den Flügelglätter stehen und erzeugte einen bleibenden Mangel in dem Sichtestrich einer Ladenfläche

auswirken. Daraus muss er die mögliche Bandbreite der Beschaffenheit seines Werks ableiten und so beschreiben, dass diese nachvollziehbar sind. Auch wenn ein Muster ausgeführt wird, muss dem Auftraggeber deutlich gemacht werden, dass der ausgeführte Estrich sich dem Muster nur annähern kann, aber ein Unikat bleibt. Das Endprodukt wird vom Muster demnach in der zu beschreibenden Bandbreite abweichen können. Es gibt also vor Ausführung eine Vielzahl von Hinweispflichten. Diese in ganz besonderem Umfang, wenn der Auftraggeber sich nicht durch einen fachkundigen Architekten unterstützen lässt (Abb. 1.8).

Letztlich kann das Werk nur gelingen, wenn auch die örtliche Bauleitung alle Forderungen des Auftragnehmers erfüllt, von der Baufreiheit, dem Verzicht auf zeitlichen Druck, über bauliche Bedingungen (Klima, Luftbewegung), bis hin zur Sperrung für Fremdgewerke.

Verlegearten

2

Mit der Auswahl der Verlegeart lassen sich Estriche für bestimmte Zwecke gezielt einsetzen. Eigentlich gibt es nur die Grundarten, die nach der Art der Auflagerung bzw. Bettung unterschieden werden, nämlich auf Dämmschicht, auf Trennschicht und im Verbund. Wir haben uns für eine weitere Unterteilung entschieden, da sich so die Eigenschaften und Eigenheiten besser beschreiben lassen. Die folgende Aufstellung benennt die jeweilige Haupteigenschaft der einzelnen Art:

Estrich auf Dämmschicht	Bei Anforderungen an den Schall- und Wärmeschutz
Estrich auf Trennschicht	Keine aufwendige Untergrundvorbereitung und Möglichkeit zur Vermeidung rückseitiger Feuchtebelastungen
Verbundestrich	Hohe Beanspruchbarkeit
Heizestrich	Flächenheizung
Ausgleichestrich	Gefälleausbildung, Ausgleich von Erhebungen, Einbettung von Rohren, Kabeln, Heizelementen u. Ä.
Systemböden	Verlegung von Technik unter dem Fußboden
Terrazzo	Hochwertige Optik, hohe Beanspruchbarkeit.

2.1 Estrich auf Dämmschicht

Estriche auf Dämmschichten nach DIN 18560-2 werden zur Verbesserung der Wärme- und Trittschalldämmung eingesetzt. Der Estrich auf Dämmschicht ist die Gesamtkonstruktion aus:

- Dämmstoff (siehe Kap. 4) mit Abdeckung
- Lastverteilungsschicht nach DIN 18560

H. Timm et al., *Estriche, Parkett und Bodenbeläge*,
https://doi.org/10.1007/978-3-658-25847-4_2

Nicht genormte Dämmstoffe dürfen bei Vorliegen geeigneter Prüfzeugnisse verwendet werden. Die Dämmschicht muss für die vorgegebene Nutzlast zugelassen bzw. nachgewiesen sein. Die Eigenmasse der Fußbodenkonstruktion ist bei der Belastbarkeit der Dämmschicht zu berücksichtigen. Es werden auch Trennschichten mit trittschallmindernder Wirkung eingesetzt. Diese sind keine Dämmschichten, es sei denn, sie sind als solche zugelassen oder die Eignung wurde nachgewiesen. Bei diesen Schaumfolien wird in der Regel die Dauerlast angegeben. Die Dauerlast ist die Summe aus Eigenlast der Konstruktion und vorgesehener Verkehrslast. Bei Überlastung reduziert sich die Dicke um mehrere Millimeter, da die Luft aus den Zellen des Schaums entweicht.

Dämmschichten sollen dicht gestoßen und möglichst im Verband verlegt werden. Mehrlagige Dämmschichten sollen mit versetzten Stößen verlegt werden. Trittschalldämmschichten dürfen nicht unterbrochen werden. Kabel, Rohre o. Ä. sollen nicht auf dem Untergrund verlegt sein, was heute allerdings üblich ist. Diese Rohre u. Ä. sind dann jedoch zunächst in eine Ausgleichsschicht einzubetten. Erst hierauf wird die Trittschalldämmschicht gelegt. Die notwendige Konstruktionshöhe muss bereits bei der Rohbauplanung berücksichtigt werden. Als Ausgleichsschichten sind Leichtmörtel oder gebundene Schüttungen geeignet. Dabei kann es sich um gebundene oder mechanisch verzahnende Schüttungen handeln.

Wärmedämmstoffe Typ DEO dg bis dx sind zwar prinzipiell ebenso als Ausgleichschicht einsetzbar, aber nur bei einzelnen Rohren. Sie können bei vielen Rohren nur unzureichend oder mit sehr hohem Zeit- und Kostenaufwand (Das Anpassen ist eine besonders zu vergütende Leistung) angepasst werden (Abb. 2.1).

Zur Verfüllung der Aussparungen im Bereich der Rohre darf nur gebundenes Material verwendet werden. Loses Material würde möglicherweise unter die Ausgleichsschicht gelangen und die Platten anheben. Die Folgen wären eine lokal geringere Estrichdicke und Hohlräume unter der Dämmschicht, mit der Möglichkeit späterer Verformungen. DIN 18560-2 fordert zwar eine gebundene Schüttung, aber es bleibt unklar, ob sich die Forderung auf Flächenschüttungen oder auf die Verfüllung von Rohr-/Kabeltrassen bezieht. Die Ausgleichsschicht muss mind. bis zur Oberkante der höchsten Erhebung reichen.

Dämmschichten dürfen niemals auf Kabel oder andere dünne Erhebungen gelegt werden. Die Dämmschicht liegt dann zunächst auf der Erhebung. Diese drückt sich im Laufe der Zeit durch die hohe Pressung in die Dämmschicht. Estrich und Belag folgen durch Verformung. Das ist auch eine der möglichen Ursachen für Absenkungen in Randbereichen, da gerade entlang der Wand häufig Kabel verlegt werden. Generell müssen bei Ausgleichsschichten aus Platten die Kabel/Rohre mit einem ausreichenden Abstand von ca. 25 bis 30 cm zu aufgehenden Bauteilen verlegt werden. Zwischen Wand und Kabel/Rohr muss immer die Dämmung als Auflage für den weiteren Estrich liegen können (Abb. 2.2, 2.3, 2.4, 2.5 und 2.6).

Liegen vor der aufgehenden Wand Mörtelreste oder Kabel, kann die Dämmschicht keinesfalls fachgerecht verlegt werden. Entweder entsteht ein Abstand der unteren Schicht zur Wand, oder die Dämmschicht liegt zunächst nicht voll auf. In beiden Fällen können Absenkungen des Fußbodens in den kommenden Monaten und Jahren durch Verformungen der Dämmschicht die Folge sein.

Abb. 2.1 So nicht! Die Schüttung hat die Dämmschicht hochgedrückt und die Estrichdicke verringert

Abb. 2.2 Kein geeigneter Untergrund für eine Dämmschichtverlegung

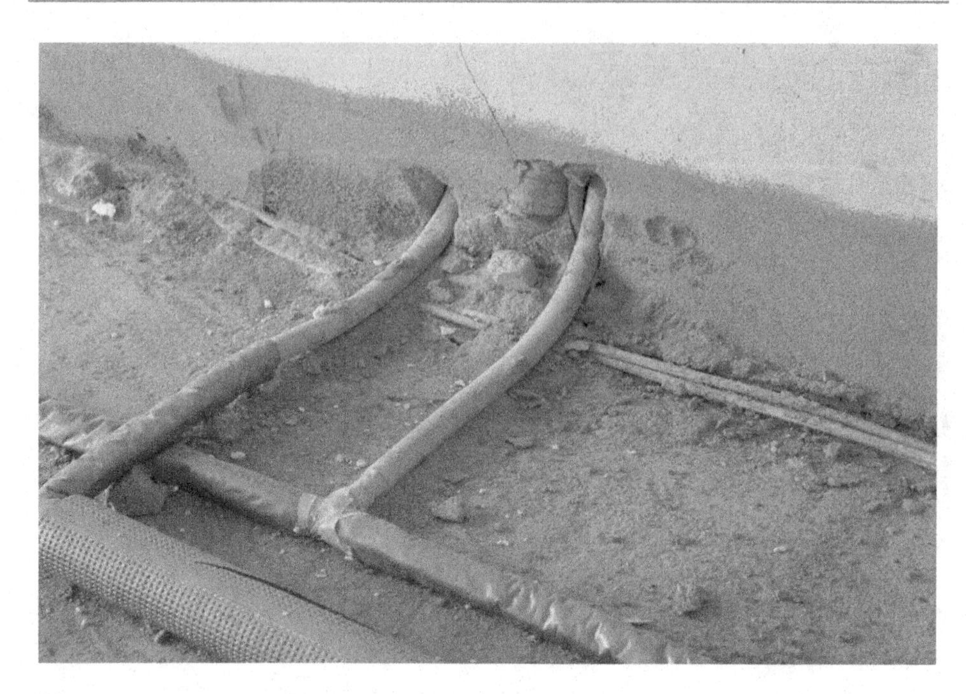

Abb. 2.3 Kein geeigneter Verlegeuntergrund für Dämmschichten

Abb. 2.4 Mangelhaft verlegte Ausgleichsschicht mit Lücken und ohne versetzte Stöße

Abb. 2.5 Entsorgung von EPS-Reststücken in der Ausgleichsschicht. Mangelhaft!

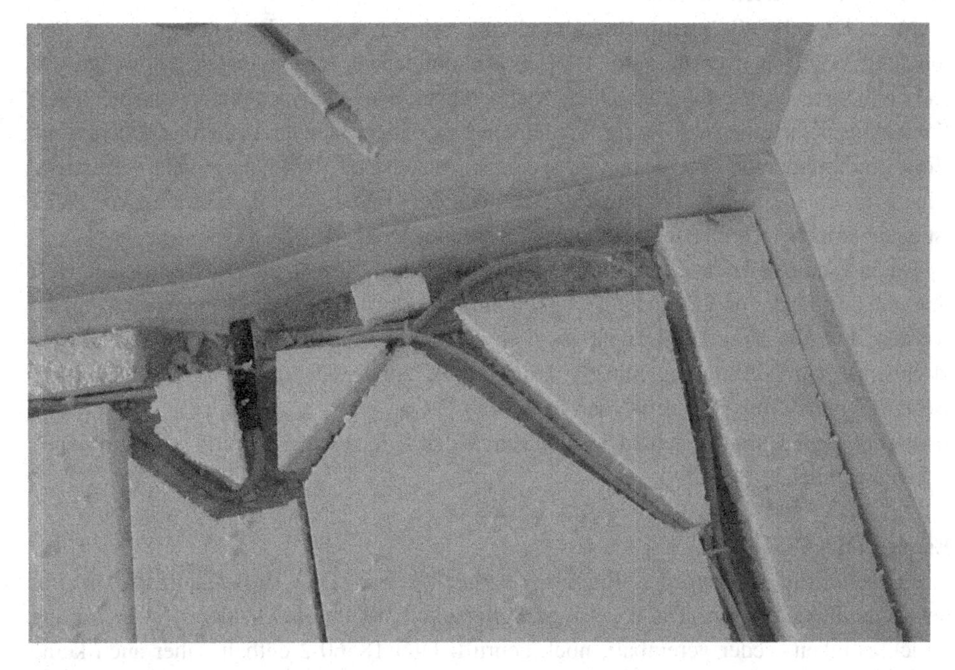

Abb. 2.6 Kabelverlegung und Ausgleichsschicht mangelhaft. Die Kabelverlegung erfordert vom Estrichbetrieb zeitaufwändige Anpassungen, die der Auftraggeber als „Besondere Leistung“ nach VOB/C vergüten muss

Die Dämmschicht wird mit einer PE-Folie von mind. 0,15 mm Dicke abgedeckt. Andere Abdeckungsstoffe sind normativ zulässig, wenn sie gleichwertige Eigenschaften haben. Zwar weist DIN 18560-2 ausdrücklich darauf hin, dass die Abdeckung kein Schutz gegen Feuchte ist. Aufgabe der Dämmschutzabdeckung ist die Verhinderung von Eindringen von Wasser und Bindemittel in die Dämmstoffe. Der Dämmstoffabdeckung kommt keine Funktion zur Begrenzung der Dampfdiffusion zu.

Ein Estrich auf Dämmschicht ist von allen aufgehenden und durchdringenden Bauteilen mit einer Bewegungsfuge, die hier als Randfuge bezeichnet wird, zu trennen. Die Dämmschichtabdeckung ist wannenartig bis zur Oberkante des Randstreifens hochzuführen, es sei denn, der Randstreifen selbst kann von seiner Beschaffenheit her die Funktion als Sperre gegen Bindemittelleim oder Fließmörtel übernehmen.

Unterbrechungen der Randfuge, die zu lokalen Verbindungen von Estrichplatte und anderen Bauteilen führen, behindern das Längenänderungsbestreben von Heizestrichen. In der Regel entstehen dann Spannungen, die sich in Form von Rissen abbauen. Der Randstreifen muss bis mind. Oberkante Belag reichen, zumindest aber bis zum Abschluss der Spachtelarbeiten vorhanden sein.

Der Überstand des Randstreifens wird erst nach dem Spachteln, nach dem Verfugen von Fliesen bzw. Platten oder nach der Parkettverlegung abgeschnitten. Bis zu diesem Zeitpunkt sichert der Überstand die Ausbildung einer fachgerechten Randfuge.

Zementestriche müssen aufgrund der bindemittelabhängigen Schwindprozesse durch Scheinfugen unterteilt werden.

Nach DIN 18560-2 wird eine Bewehrung schwimmender Zementestriche zur Vermeidung von Höhenversätzen im Bereich vorkommender Rissbildungen empfohlen. Da jedoch bereits dir Rissbildung einen Mangel begründet, welchen durch entsprechende Sanierungsmaßnahmen abgeholfen werden muss macht eine solche Armierung keinen Sinn. Eine Armierung kann eine warum auch immer entstehende Rissbildung nicht verhindern. Eine Armierung erhöht weder die Festigkeit noch die Tragfähigkeit des Estrichs. Von daher ist eine Estrichbewehrung Technisch nicht notwendig.

Da in einem Estrich auf Dämmschicht unter Last Biegespannungen wirksam werden, müssen Dicke und Biegezugfestigkeit auf die erforderliche Verkehrslast abgestimmt werden. Für die Tragfähigkeit ist letztlich die am verlegten Estrich erreichte Biegezugfestigkeit in Verbindung mit der Estrichdicke entscheidend, die im Rahmen einer Bestätigungsprüfung geprüft werden kann (Tab. 2.1).

Estriche auf Dämmschichten werden durch das Kurzzeichen „S“ für „schwimmend“ gekennzeichnet, z. B. ist

Estrich DIN 18560 CA – F 4 – S 40
ein Calciumsulfatestrich der Biegezugfestigkeitsklasse F 4 auf Dämmschicht mit der Nenndicke 40 mm. Da die Biegezugfestigkeit allein entscheidend ist, wird die Druckfestigkeit weder vereinbart, noch geprüft. DIN 18560-2 enthält daher auch keine Soll-Werte für die Druckfestigkeit.

Estrich auf Dämmschicht im erdberührten Bereich (Beispiel)
Siehe Tab. 2.1 und Abb. 2.7.

Tab. 2.1 Estrich auf Dämmschicht – Biegezugfestigkeit – Bestätigungsprüfung

Klasse der Biegezugfestigkeit	Mittlere Biegezugfestigkeit in N/mm^2 (Mindestwerte)	Kleinster zulässiger Einzelwert der Biegezugfestigkeit in N/mm^2
F 4 Fließestrich CAF	4,0	3,5
F 5 Fließestrich CAF	5,0	4,5
F 7 Fließestrich CAF	7,0	6,5
F 4	2,5	2,0
F 5	3,5	2,5
F 7	4,5	3,5
F 7 Kunstharzestrich SR	5,5	4,5
F 10 Kunstharzestrich SR	7,0	6,5

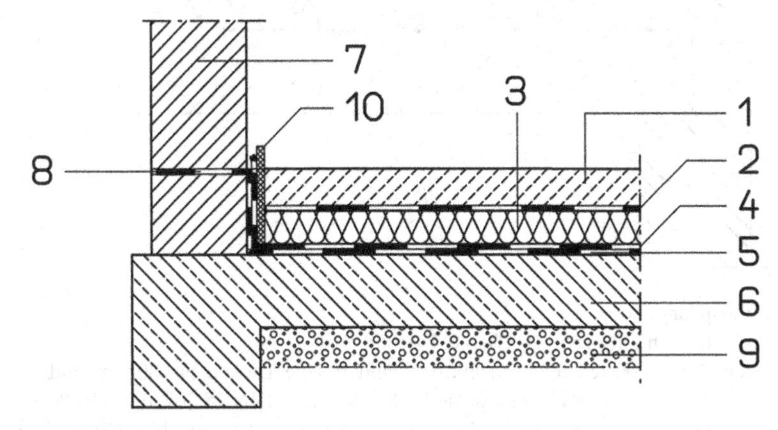

Abb. 2.7 Prinzipdarstellung.

1 zum Beispiel Estrich DIN 18560 – CT – F 4 – S 50.
Bei höheren Verkehrslasten und Einzellasten sind höhere Dicken bis 80 mm und/oder auch höhere Biegezugfestigkeitsklassen zu planen; Ebenheit nach DIN 18 202 Tab. 3 Zeile 3.
Bei einem Nutzestrich: Nennwert Verschleißwiderstand A max. $22\ cm^3/50\ cm^2$ (an die Nutzungsart bzw. Estrichart anpassen), Oberfläche glätten.
Bei Bodenbelägen: Oberfläche ansatzfrei und gratfrei reiben. Bei Parkett oder Holzpflaster: Oberfläche nicht ritzbar.
Bei Kunstharzbeschichtung: Oberflächenzugfestigkeit mind. 1 N/mm2, bei befahrenen Flächen mind. 1,5 N/mm2.

2 Abdeckung der Dämmschicht mit PE-Folie mit einer Überlappung von mind. 20 cm und mind. 0,15 mm Dicke oder mit Material mit vergleichbaren Eigenschaften.

3 Dämmstoff, ein- oder mehrlagig; evtl. in Verbindung mit einem Ausgleichestrich für Rohre, Kabel u. Ä.; der Dämmstoff muss für die vorgesehenen Lasten geeignet sein;

4 Trennschicht zur Vermeidung von Wechselwirkungen zwischen Ausgleichestrich/Dämmstoff und Abdichtungsbahn;

5 Bauwerksabdichtung oder Begrenzung der Dampfdiffusion;

6 Betonsohle, Ebenheit nach DIN 18 202 Tab. 3 Zeile 2, besenrein, keine Putz- oder Mörtelreste sowie Kabel/Rohre in der Wandkehle bzw. dicht an der Wand;

7 Wand;

8 Abdichtung im Wandbereich, ggf. mit Anschluss- oder Heranführungsmöglichkeit nach DIN 18533;

9 Erdreich;

10 Randdämmstreifen mind. bis OK Bodenbelag

Estrich auf Dämmschicht auf Geschossdecken (Beispiel)
Siehe Abb. 2.8.

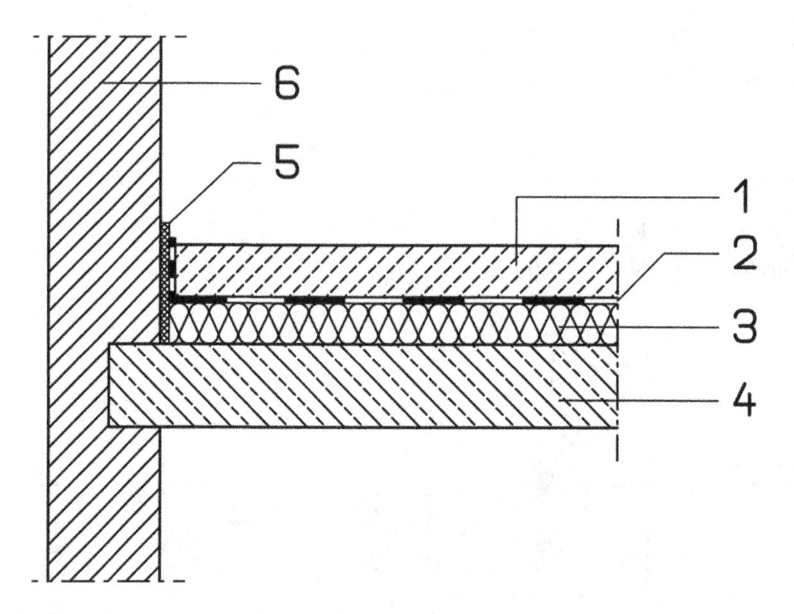

Abb. 2.8 Prinzipdarstellung.

1 zum Beispiel Estrich DIN 18560 – CT – F 4 – S 50.
Bei höheren Verkehrslasten und Einzellasten sind höhere Dicken bis 80 mm und/oder auch höhere Biegezugfestigkeitsklassen zu planen; Ebenheit nach DIN 18 202 Tab. 3 Zeile 3.
Bei einem Nutzestrich: Nennwert Verschleißwiderstand A max. 2 cm3/50 cm2 (an die Nutzungsart bzw. Estrichart anpassen), Oberfläche glätten.
Bei Bodenbelägen: Oberfläche ansatzfrei und gratfrei reiben. Bei Parkett oder Holzpflaster: Oberfläche nicht ritzbar.
Bei Kunstharzbeschichtung: Oberflächenzugfestigkeit mind. 1 N/mm2, bei befahrenen Flächen mind. 1,5 N/mm2;

2 Abdeckung der Dämmschicht mit PE-Folie mit einer Überlappung von mind. 20 cm und mind. 0,15 mm Dicke oder mit Material mit vergleichbaren Eigenschaften.

3 Dämmstoff, ein- oder mehrlagig nach Anforderungen des Schall- und Wärmeschutz; evtl. in Verbindung mit einem Ausgleichestrich für Rohre, Kabel u. Ä.; der Dämmstoff muss für die vorgesehenen Lasten geeignet sein;

4 Betondecke, Ebenheit nach DIN 18 202 Tab. 3 Zeile 2, besenrein, keine Putz- oder Mörtelreste sowie Kabel/Rohre in der Wandkehle bzw. dicht an der Wand; die Decke ist ggf. mit einer Dampfbremse auszustatten, falls dies erforderlich ist. Dies ist vom Planverfasser festzulegen.

5 Randdämmstreifen mind. bis Oberkante Bodenbelag;

6 Wand

2.2 Estrich auf Trennschicht

Der Estrich auf Trennschicht nach DIN 18560-4 sollte immer dort eingesetzt werden, wo keine schalltechnischen Anforderungen bestehen und eine Verbundverlegung wegen geringer Lasteinwirkungen unnötig ist. Estriche auf Trennschicht sind für Fahrbeanspruchungen nur begrenzt geeignet.

Trennschichten sind dünne Lagen aus Papier oder Folien. DIN 18560-4 nennt Beispiele für geeignete Materialien. Bei Trennschichten mit trittschallmindernder Wirkung (Schaumfolien) ist die begrenzte Belastbarkeit zu berücksichtigen. Grundsätzlich wird eine 2-lagige Verlegung der Trennschicht empfohlen bzw. in der Norm gefordert, um die Reibung am Untergrund zu verringern und um Festpunkte durch Verschieben der Trennschicht in der Einbauphase zu verhindern. Derartige Festpunkte können zur Rissbildung führen.

Auch Abdichtungsbahnen sind Trennschichten, bzw. bereits eine Lage der Trennschicht. Der Estrich darf niemals direkt auf eine Abdichtung gelegt werden, sondern nur unter Zwischenschaltung einer weiteren Trennschicht. Bewegungen des Estrichs durch Schwindprozesse und/oder thermische Einflüsse könnten andernfalls die Abdichtung zerstören. Abdichtungsbahnen und Trennschichten dürfen keine chemischen Wechselwirkungen eingehen, die eine Zerstörung der Abdichtungsbahn zur Folge hätten. Hier sind jeweils die Empfehlungen des Herstellers zu berücksichtigen.

Bei Abdichtungsbahnen gibt es seit der Neufassung der DIN 18560-4:2012-06 zwei weitere Besonderheiten. Ab Flächenlasten von 3 kN/m^2 und/oder Einzellasten von 2 kN sollen Abdichtungsbahnen aus nicht zusammendrückbaren Materialien geringer Dicke (ca. 1 mm) verwendet werden. Ab 3 mm Dicke einer beliebigen Abdichtungsbahn muss der Estrich ab den vorgenannten Lasten sogar eine Dicke nach DIN 18560-2 wie ein Estrich auf Dämmschicht aufweisen.

Da die Herstellung von Verbundestrichen sehr anspruchsvoll ist, ist eine sehr sorgfältige Untergrundvorbereitung erforderlich. Die meist kostenaufwendige Vorbereitung des Betonuntergrunds kann im Falle der Verlegung des Estrichs auf Trennschicht entfallen. Dafür entstehen dann Kosten für das Schließen notwendiger Scheinfugen.

Der Untergrund darf keine punktförmigen Erhebungen, Rohrleitungen o. Ä. aufweisen. Andernfalls sind vor der Verlegung der Trennschicht Ausgleichsarbeiten zur Herstellung einer ebenen Oberfläche erforderlich.

Sehr wichtig ist die Vollständigkeit von Trennschicht (Gleitschicht) und Randfuge. Festpunkte durch ein Verrutschen von Trennschicht und/oder Randstreifen führen oft zur Rissbildung, weil das Längenänderungsbestreben durch erhöhte Reibung behindert wird.

Da in einem Estrich auf Trennschicht unter Last Biegespannungen wirksam werden, müssen Dicke und Biegezugfestigkeit auf die vorgesehene Belastung abgestimmt werden. Für die Tragfähigkeit ist letztlich die am verlegten Estrich erreichte Biegezugfestigkeit entscheidend, die im Rahmen einer Bestätigungsprüfung geprüft werden kann. Die Festlegung der Werte für die Bestätigungsprüfung ist in Din 18560-4 geregelt. Auch bei CAF-Estrichen auf Trennschicht gibt es nunmehr keinen Unterschied zwischen Erstprüfung und Bestätigungsprüfung. Nach wie vor technisch nicht nachvollziehbar ist die Tatsache, dass an die Biegezugfestigkeit des Estrichs auf Trennschicht höhere Anforderungen gestellt werden, als an einen Estrich auf Dämmschicht. Bei einem CT-F4 werden z. B. in der Bestätigungsprüfung 2,8 N/mm^2 auf Trennschicht, aber nur 2,5 N/mm^2 auf Dämmschicht gefordert, und das trotz der steiferen Bettung auf Trennschicht (Tab. 2.2).

Estriche auf Trennschicht erhalten das Kurzzeichen „T", z. B. ist

Estrich DIN 18560 – CT – F 4 – T 50 benennt einen Zementestrich der Biegezugfestigkeitsklasse F4 auf Trennschicht mit einer Nenndicke von 50 mm. Die Druckfestigkeit wird weder vereinbart, noch geprüft. DIN 18560-4 enthält keine Soll-Werte der Druckfestigkeit, da diese nicht relevant ist.

DIN 18560-4 enthält die Tab. 1, in der für jede Biegezugfestigkeitsklasse für verschiedene Flächen- und Einzellasten die Mindest-Nenndicken der Estriche zugeordnet sind. Sowie dies in DIN 18560-2 mit den Tabellen 1 bis 4 der Fall ist. Dies stellt für Planer eine große Hilfe dar, zumindest bis 5 kN/m^2 bei max. 4 kN Einzellast. Bei höheren Flächenlasten und/oder höheren Einzellasten und/oder einer Fahrbeanspruchung müssen Planer zusätzliche Überlegungen anstellen. Ganz grob liegen die erforderlichen Dicken von Estrichen auf Trennschicht ca. 5 mm unter den Dicken bei Verlegung auf Dämmschicht.

DIN 18560-4 fordert, dass sich Estriche möglichst wenig verformen sollen, was nur teils im Verantwortungsbereich des Estrichlegers liegt. Die Norm fordert darüber hinaus, dass verformte Estriche erst nach Rückverformung voll belastet werden dürfen. Diese Forderung hat es in sich. Wann ist ein Estrich denn wirklich rückverformt? Wie stellt man das fest? Gibt es Prüfgrundsätze oder entscheidet man aus dem Bauch heraus und wenn ja, wer? Bei Schüsselungen wird es nicht nur Streit über die Verantwortlichkeit geben, sondern auch darüber, wer für den Schaden aus der zeitlich verzögerten Nutzung

Tab. 2.2 Estrich auf Trennschicht – Biegezugfestigkeit – Bestätigungsprüfung

Klasse der Biegezugfestigkeit	Mittlere Biegezugfestigkeit in N/mm^2 (Mindestwerte)	Kleinster zulässiger Einzelwert der Biegezugfestigkeit in N/mm^2
F 4 Fließestrich CAF	4,0	3,5
F 5 Fließestrich CAF	5,0	4,5
F 7 Fließestrich CAF	7,0	6,5
F 4 CA + CT	2,8	2,4
F 5 CA + CT	3,5	3,0
F 7 CA	4,9	4,2
F 7 Kunstharzestrich SR	4,9	4,2
F 10 Kunstharzestrich SR	7,0	6,5

aufkommt. Schüsselungen in Raumecken bilden sich häufig zurück, aber an Scheinfugen verhindert, dass die Verzahnung im unteren Bereich. Schneidet man also die Fugen nach, um die Rückbildung zu ermöglichen? Wer muss diese Kosten tragen? Und bei Verlegung auf einer Abdichtung scheidet das Nachschneiden aus, wenn man die Abdichtung nicht schädigen will. Oder darf man wegen dieser Forderung nur noch schwindfreie bzw. wirklich schwindarme Estriche verlegen, die sich nicht verformen?

Die Neufassung der DIN 18560, Teil 1 und 4 haben eine weitere Besonderheit zu bieten. Diese Normen enthalten Festlegungen zur Bestimmung der Restfeuchte im Estrich mittels CM-Verfahren. Die Intention einer solchen Festlegung wird nicht deutlich, weil Estrichleger sehr selten die Estrichfeuchte messen.

Estrich auf Trennschicht (Beispiel)

Siehe Abb. 2.9.

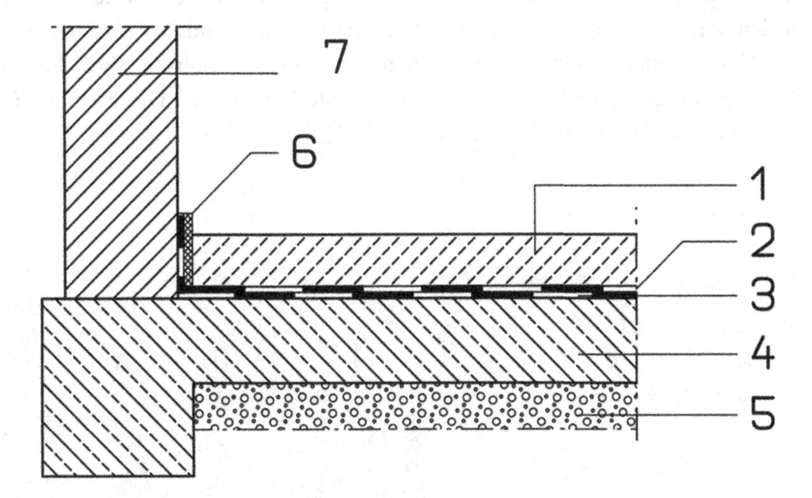

Abb. 2.9 Prinzipdarstellung.

1 Estrich DIN 18 560 – CT – F 4 – T 40.
Bei höheren Verkehrslasten und Einzellasten und/oder bestimmten Abdichtungsbahnen sind höhere Dicken bis 80 mm und/oder auch höhere Biegezugfestigkeitsklassen auszuschreiben; Ebenheit nach DIN 18 202 Tab. 3 Zeile 3.
Bei einem Nutzestrich: Nennwert Verschleißwiderstand A max. 22 cm3/50 cm2 (an die Nutzungsart bzw. Estrichart anpassen), Oberfläche glätten.
Bei Bodenbelägen: Oberfläche ansatzfrei und gratfrei reiben.
Bei Parkett oder Holzpflaster: Oberfläche nicht ritzbar.
Bei Kunstharzbeschichtung: Oberflächenzugfestigkeit mind. 1 N/mm2, bei befahrenen Flächen mind. 1,5 N/mm2;
2 Trennschicht, zweite Lage;
3 Trennschicht, erste Lage oder Abdichtungsbahn bzw. Dampfbremse;
4 Betonsohle, Zustand besenrein, Ebenheit nach DIN 18 202 Tab. 3 Zeile 2, keine punktförmigen Erhebungen, keine Kabel, Rohre o. Ä., keine Putz- bzw. Mörtelreste in der Wandkehle;
5 Erdreich;
6 Randtrennstreifen bis OK Belag;
7 Wand

2.3 Verbundestrich

Aus Schallschutzgründen verbietet sich die Verlegung von Verbundestrichen für die Aufnahme von Bodenbelägen verschiedenster Art grundsätzlich. Dennoch können Verbundestriche z. B. in Garagen und Nebengebäuden sinnvoll sein.

An den Untergrund werden sehr hohe Anforderungen gestellt. Er muss fest, sauber, frei von Rissen und losen Bestandteilen wie z. B. Mörtelresten und Schlämpeteilen sein. Feinstteilanreicherungen, Betonzusatzmittel und Nachbehandlungsmittel dürfen den Verbund nicht beeinträchtigen. Daher sind ausnahmslos besondere Vorbereitungsarbeiten wie Fräsen oder Strahlen notwendig. Bei Rissen und Fugen im Untergrund kommt es später zwangsläufig an gleicher Stelle zu Rissen im Estrich.

Nach DIN 18560-3 dürfen Rohrleitungen und Kabel nicht auf dem Untergrund verlegt sein. In einem weiteren Absatz dieser Norm werden diese Rohre dann doch zugelassen, wenn zunächst ein Ausgleichestrich hergestellt wird, der wieder als Untergrund für den Verbundestrich geeignet ist. Derartige Lösungen müssen aber die absolute Ausnahme bleiben, da über Rohren, wegen der Dickeneinschnürung, bei Zementestrichen stets mit Rissen zu rechnen ist, auch in Ausgleichestrichen. Diese Risse können sich dann auf den Verbundestrich übertragen (Abb. 2.10).

Abb. 2.10 Innerhalb einer Fläche ein ausgezeichneter Verbund mit Bruch ca. 20 mm tief im Beton (links) und eine Hohllage wegen einer fehlerhaft hergestellten Haftbrücke (rechts)

DIN 18560-3 lässt im Prinzip die Verlegung von Verbundestrichen ohne Haftbrücke zu. Dies entspricht jedoch heute nicht mehr der Praxisrealität. Grundsätzlich ist eine Haftbrücke zur Herstellung des Verbundes erforderlich und auszuschreiben. Lediglich bei der „frisch in frisch"-Verlegung, wenn der Estrich unmittelbar auf den frischen Betonuntergrund aufgebracht wird, ist keine Haftbrücke erforderlich. Allerdings ist diese Ausführungsart nicht gebräuchlich.

Verbundestriche sollten nicht bewehrt werden. Die Einbettung einer Bewehrung in derart dünne Estriche kann zu Verbundstörungen und Rissbildungen führen! Außerdem erhöht eine Bewehrung weder die Tragfestigkeit noch die Festigkeit.

Verbundestriche erhalten das Kurzzeichen „V", z. B. bedeutet:

Estrich DIN 18560 – CT – C 35 – A 15 – V 25 bedeutet, dass es sich um einen Zementestrich der Druckfestigkeitsklasse C 35 mit dem Verschleißwiderstand A 15 und einer Nenndicke von 25 mm im Verbund handelt.

Die ausgeschriebene Nennfestigkeit, die ja unter definierten Bedingungen erreicht und ermittelt wird, muss der verlegte Estrich nicht aufweisen. Die bei einer Bestätigungsprüfung gewonnenen Werte dürfen unter der Nennfestigkeit liegen.

Bei Verbundestrichen mit einer Nenndicke bis 40 mm ist eine Biegezugfestigkeit zu fordern, da nur diese in der Bestätigungsprüfung geprüft wird. Das ist praktischer Sicht Umsetzung in der Umsetzung höchst problematisch. Es ist sehr schwierig, entsprechende plattenförmige Prüfkörper aus dem Verbundestrich zu entnehmen. Um überhaupt die Biegezugfestigkeit prüfen zu können, hat DIN 18560-3 die Stützweite bei der Prüfung auf 3 × d (d = Estrichdicke) festgelegt. So können Bohrkerne von ca. 150 mm Durchmesser entnommen werden, aus denen im Labor je Bohrkern ein Prüfkörper geschnitten werden kann.

Auslegungsfähig bleibt in DIN 18560-3: Wann wird Biegezug und wann Druck geprüft? Gilt die tatsächlich vorhandene Dicke oder die vereinbarte Nenndicke? Die Norm spricht von Nenndicke. Wurde also eine Nenndicke von 35 mm im Vertrag vereinbart, aber vor Ort durchweg in einer Dicke von 50 mm eingebaut, dann ist der Wert der Biegezugfestigkeit entscheidend. Liegt die Nenndicke bei 45 mm, aber die tatsächliche Dicke bei 35 mm, müsste die Druckfestigkeit geprüft werden. Das hätte man in der Norm deutlicher formulieren müssen. Wir tendieren zu der Auslegung, dass die tatsächlich ausgeführte Dicke das Prüfverfahren bestimmt, auch weil man wegen der Dicke zwei Prüfverfahren benötigt. An dünnen Estrichen kann die Druckfestigkeit nur mit sehr großen Streuungen ermittelt werden. Im Zweifel sollten Druck- und Biegezugfestigkeit geprüft werden.

Wurden die Festigkeitsklassen von Estrichen früher nach der niedrigsten zulässigen Druckfestigkeit bezeichnet (ZE 20 = 20 N/mm^2 als kleinster zulässiger Einzelwert), so entspricht die Bezeichnung der Druckfestigkeitsklassen der neuen Norm dem zumindest zu erreichenden Mittelwert einer Prüfserie (ZE 20 entspricht CT – C 25). In der Bestätigungsprüfung sind Festigkeitswerte unterhalb der Nennfestigkeit zulässig.

Die Festlegung der Werte für die Bestätigungsprüfung eines CAF in DIN 18560-3 ist fachlich jedoch nicht nachvollziehbar und fehlerhaft. Während der Estrich CAF bei Verlegung auf Dämm- und Trennschicht nach DIN 18560-2 bzw. –4 auch in der Bestätigungsprüfung 100 % der Biegezugfestigkeitsklasse aufweisen muss, sind bei einem CAF im Verbund 80 % zulässig. Die Sonderbehandlung des CAF im Teil 2 hätte auch in den Normenteil 3 übernommen werden müssen. Dieser Fehler war bisher auch im Teil 4 vorhanden, wurde bei der Neufassung korrigiert. Gemäß Norm werden nunmehr an den CAF auf Dämm- und Trennschicht die höchsten Anforderungen gestellt Die Festigkeitsanforderungen für die Bestätigungsprüfung der Druck- und Biegezugfestigkeit, die sich so nicht in den Normen finden, sind in der Tab. 2.3 und 2.4 dargestellt

Bei Verbundestrichen empfiehlt sich folgendes:

- Fräsen des Untergrundes allenfalls als zusätzliche – aber nicht alleinige – vorbereitende Maßnahme zur Entfernung von Sentimentationsschichten und groben Verunreinigungen, wie z. B. Mörtelresten. Dabei ist dem Kugelstrahlen gegenüber dem Fräsen vorzuziehen
- Kugelstrahlen als Standard zur Untergrundvorbereitung

Tab. 2.3 Verbundestrich ab 45 mm Nenndicke – Druckfestigkeit – Bestätigungsprüfung

Klasse der Druckfestigkeit	Mittlere Druckfestigkeit in N/mm² (Mindestwerte)	Kleinster zulässiger Einzelwert der Druckfestigkeit in N/mm²
C 16	11,2	9,6
C 25	17,5	15,0
C 35	24,5	21,0
C 45	31,5	27,0
C 55	38,5	33,0

Tab. 2.4 Verbundestrich bis 40 mm Nenndicke – Biegezugfestigkeit – Bestätigungsprüfung

Klasse der Biegezugfestigkeit	Mittlere Biegezugfestigkeit in N/mm² (Mindestwerte)	Kleinster zulässiger Einzelwert der Biegezugfestigkeit in N/mm²
F 3	2,4	2,1
F 4	3,2	2,8
F 5	4,0	3,5
F 6	4,8	4,2
F 7	5,6	4,9
CAF 4	4,0 (3,2)	3,5 (2,8)
CAF 5	5,0 (4,0)	4,5 (3,5)
CAF 7	7,0 (5,6)	6,5 (4,9)

- Mechanische Bearbeitung von Randflächen an Stützen und aufgehenden anderen Bauteilen, da hier in der Regel nicht gestrahlt wird (werden kann), aber die einwirkenden Scherkräfte aus dem Schwinden auf die Haftzone am größten sind (Feldrand!)
- Oberflächenzugfestigkeit des Untergrundes nach Vorbereitung im Mittel ca. 1,5 N/mm^2, mind. ca. 1 N/mm^2, sofern eine Beschichtung vorgesehen ist muss die Haftzugfestigkeit der Oberfläche des Untergrunds nach Vorbereitung in mittel ca. 1,5 N/mm^2 mind. 1 N/mm^2
- Werksgemischte Haftbrücken mit hoher Sicherheit in der Anwendung
- Abstimmung der Flächengröße der aufgebrachten Haftbrücke auf die Verlegeleistung des folgenden Estrichs (Eine abgetrocknete Haftbrücke ist unwirksam!)
- Arbeitsfugen in der Anzahl gering halten und keine Scheinfugen
- Bei Einsatz von Bewegungsfugenprofilen aus Metall, sollte der Bereich beiderseits des Profils nicht mit Estrich, sondern später mit einem Reaktionsharzmörtel verfüllt werden, da der Estrich auf dem Profilschenkel nicht haftet. Es bilden sich in der Regel Risse im Estrich über dem Schenkel oder am Rand des Schenkels. Alternativ hat sich ein Grundieren mit Reaktionsharz und Absanden der Schenkel bewährt. Hierauf kann dann der Estrich mit der üblichen Haftbrücke verlegt werden.
- Vermeidung größerer Estrichdicken (ggf. Zweilagig arbeiten)
- Abstimmung der Konsistenz auf die Einbaudicke
- Schutz vor Zugluft und weiterer zu schneller Austrocknung

Die Aufzählung ist nicht vollständig, sondern zeigt die Positionen, die häufig Ursache von Verbundunterbrechungen (Hohllagen) sind. Hauptursache von Hohllagen sind Fehler im Bereich der Haftbrücke, gefolgt von Mörtelauflockerungen in der unteren Estrichzone bei Dicken >40 mm, gefolgt von einer unzureichenden Untergrundvorbereitung.

Bei Verbundestrichen sichert der Verbund mit dem Untergrund die Tragfähigkeit, die daher nur von der Gesamtkonstruktion Estrich/Betonsohle bzw. -decke begrenzt wird. Die Dicke von Verbundestrichen ist ohne Bedeutung für die Tragfähigkeit. Dicken über 40 mm sind daher technisch unsinnig. DIN 18560-3 empfiehlt eine maximale Dicke von 50 mm. Dicken >50 mm bergen ein hohes Risiko in Form von Gefügeauflockerungen und oberflächennahen Rissbildungen in sich.

Im Bereich von Hohllagen entsteht jedoch eine Belastungssituation, die einer Verlegung auf Trennschicht ähnelt. Es entstehen im Estrich im Bereich der Hohllage unter Last Biegespannungen. Hohllagen sind daher nicht zulässig, es sei denn, der Estrich ist im Bereich der Hohllage nach Ausdehnung der Hohllage, Dicke und Biegezugfestigkeit so beschaffen, dass er den vorgesehenen Belastungen standhält. Das kann nur ein erfahrener Sachverständiger beurteilen. Auch DIN 18560-3 fordert keinen vollflächigen Verbund, sondern einen für die Lastabtragung ausreichenden Verbund. Nach Norm sichert zwar der Verbund die Abtragung der Lasten, aber das schließt das Vorhandensein von Hohllagen nicht zwangsläufig aus. Die immer wieder auftauchende Behauptung, es seien Hohllagen bis zu einem bestimmten Durchmesser oder gar bis zu einem gewissen prozentualen Anteil zulässig, ist unrichtig und sinnfrei. Tatsächlich sind mir Hohllagen von knapp 100 cm Durchmesser bei Betrieb mit Flurförderfahrzeugen ohne bisherige Schäden bekannt, aber auch Hohllagen von 20 cm Durchmesser, die unter der Last eines Handhubwagens einbrachen. Jeder Einzelfall muss für sich beurteilt werden (Abb. 2.11).

Hohllagen können in der Regel mittels verschiedener Verfahren so nachgebessert werden, dass die hinreichende Tragfähigkeit wieder gegeben ist. Bei Hinterfüllungen mit Reaktionsharz darf der Einpressdruck nicht zu hoch sein, da sich der Estrich dann nicht selten im Randbereich der Hohllage weiter ablöst und zu einer flächigen Ausdehnung der Hohllage führt. Sind die Einzellasten nicht zu hoch, kann ein Verdübeln mit dem Untergrund ausreichen. Auch ein Verbleiben der Hohllage unter alleinigem Festlegen möglicher Risse im Bereich der Hohllage kann in Einzelfällen ausreichend sein.

Vermutlich auf Wunsch der Fliesen- und Plattenleger wird in DIN 18560-3 darauf hingewiesen, dass das Mörtelbett unter Fliesen und Platten bei einer Verbundverlegung nicht unter die Bestimmungen der DIN 18560-3 fällt. Dies ist wenig sinnvoll, weil das Mörtelbett natürlich ein Estrich ist. Man hätte auf gewünschte Abweichungen und Besonderheiten hinweisen, aber sich nicht länger an die Mörtel der Mauerwerksnorm DIN 1053 klammern sollen.

Abb. 2.11 Hier sollte eine Hohllage mit einem Reaktionsharz hinterfüllt werden, jedoch hat das Harz nur das Bohrloch verschlossen und die Hohllage nicht erreicht

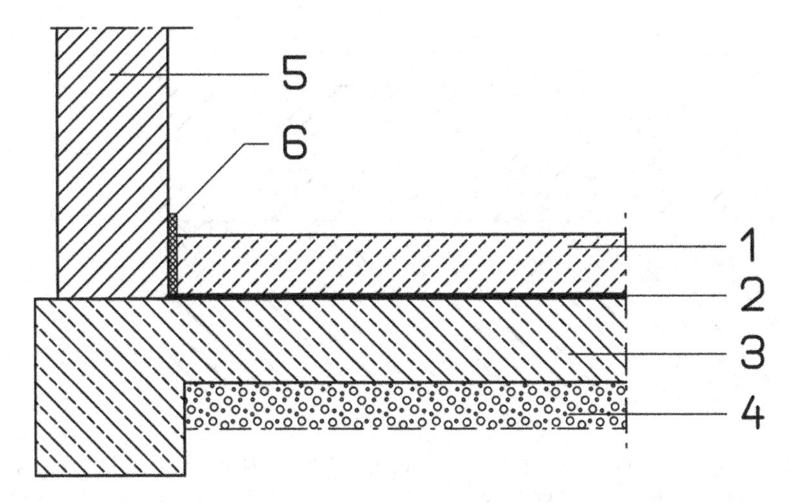

Abb. 2.12 Prinzipdarstellung.
1 Estrich DIN 18 560 – CT – C 25 – F 4 – V 40 oder CT – C 25 – V 50.
Bis 40 mm Nenndicke muss auch eine Biegezugfestigkeitsklasse ausgeschrieben werden; Dicke max. 50 mm, möglichst aber dünner;
2 Haftbrücke, möglichst werksgemischt;
3 Betonsohle, mechanische Untergrundvorbereitung immer erforderlich; Ebenheit nach DIN 18 202 Tab. 3 Zeile 2;
4 Erdreich;
5 Wand;
6 Randtrennstreifen nur an aufgehenden Bauteilen mit eigenem Fundament, z. B. Stützen

Estrich im Verbund (Beispiel)
Siehe Abb. 2.12.

2.4 Heizestrich

Es werden drei Bauarten unterschieden (Abb. 2.13):

Bauart A Die Heizelemente werden direkt in den Estrichmörtel eingebunden und liegen im unteren Drittel des Estrichs. Die Heizelemente werden an Grundelementen oder Trägermatten befestigt und dann mit Estrichmörtel abgedeckt.

Bauart B Hinsichtlich der Fugenausbildung ist die Bauart jedoch nachteilig. Besonders Naturwerksteinbeläge benötigen in der Fläche etwas mehr Bewegungsfugen. Da Bewegungsfugen nur von zwei Elementen (Rohren) gekreuzt werden dürfen, müssen sich die Heizkreise nach den notwendigen Fugen richten, nicht umgekehrt! Später sind keine Änderungen, bzw. nur mit sehr hohem Aufwand, möglich. Ein weiterer Nachteil ist die hohe erforderliche Estrichdicke. Da das Heizrohr den Estrich im unteren Bereich schwächt, muss es hinreichend mit Estrich überdeckt werden (Abb. 2.14).

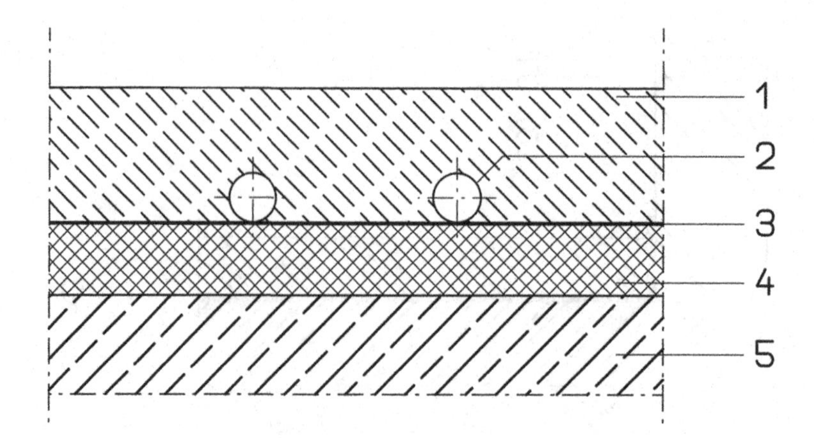

Abb. 2.13 Heizestrich Bauart A: *1* Lastverteilungsschicht, *2* Heizelemente, *3* Dämmschichtabdeckung, *4* Dämmschicht, *5* Untergrund

Bei Bauart B liegt das Heizelement in besonders profilierten Platten, in der Regel wärmeleitend abgedeckt, unter dem Estrich. Die Variante ist wegen der speziellen Systemplatten etwas teurer, bietet jedoch die Möglichkeit, Heizkreise unabhängig von der Fugeneinteilung im Estrich anzulegen. Selbst spätere Fugenänderungen sind wesentlich einfacher auszuführen. Auch der seltene Fall, einen misslungenen Estrich zu

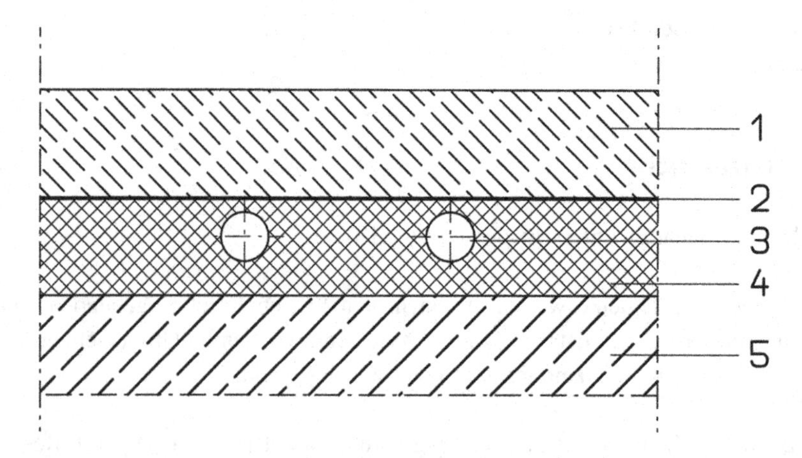

Abb. 2.14 Heizestrich Bauart B: *1* Lastverteilungsschicht, *2* Dämmschichtabdeckung, *3* Heizelemente mit oberseitigem Kontakt zum Estrich liegen in der Regel in einer wärmeverteilenden Schicht, *4* Profilierte Dämmschicht zur Aufnahme der Heizelemente, *5* Untergrund

erneuern, lässt sich ohne Schäden an den Heizelementen realisieren. Die Dicke des Estrichs beschränkt sich auf die für die Tragfähigkeit notwendige Mindestdicke.

Bauart C Bei Bauart C werden die Heizelemente zunächst in einen Ausgleichestrich eingebettet. Dieser wird nach hinreichender Austrocknung (Calciumsulfatestriche müssen auf max. 0,3 CM-% ausgetrocknet sein), die mit der Heizung forciert werden kann, mit einer zweilagigen Folie als Gleitschicht abgedeckt. Auf der Gleitschicht wird dann der Estrich in der für die vorgesehenen Lasten notwendigen Dicke verlegt. An den Ausgleichestrich sind keine Anforderungen hinsichtlich Tragfähigkeit und Belastbarkeit gestellt. Diese müssen unter Berücksichtigung der Estrichdicke und Festigkeitsklasse durch die Lastverteilungsschicht sichergestellt sein was bereits bei der Planung berücksichtigt werden muss. bei. Die Lastverteilungsschicht liegt auf der Gleitschicht und muss auf die einwirkenden Lasten nach Dicke und Festigkeit abgestimmt werden. Auch bei dieser Bauart können die Fugen unabhängig von den Heizkreisen und nur in der Lastverteilungsschicht (Estrich) und im Belag ausgebildet werden. Der Ausgleichestrich schützt die Heizelemente während der Bauphase. Er darf daher reißen und wird es in der Regel auch. Die Flächenheizung kann so bereits ohne Lastverteilungsschicht betrieben werden (Abb. 2.15).

Die Estrichdicken von Heizestrichen liegen allgemein etwas oberhalb der Dicken für unbeheizte Estriche. Die Überdeckung von Heizelementen bzw. die Dicken bei der Bauart B und C dürfen jedoch bis auf 35 mm Nenndicke (30 mm Mindestdicke) reduziert werden, wenn in einer speziellen Eignungsprüfung gemäß DIN 18560-2 nachgewiesen wurde, dass dieser dünnere Estrich ebenso tragfähig ist und eine definierte Durchbiegung nicht überschritten wird (Tab. 2.5).

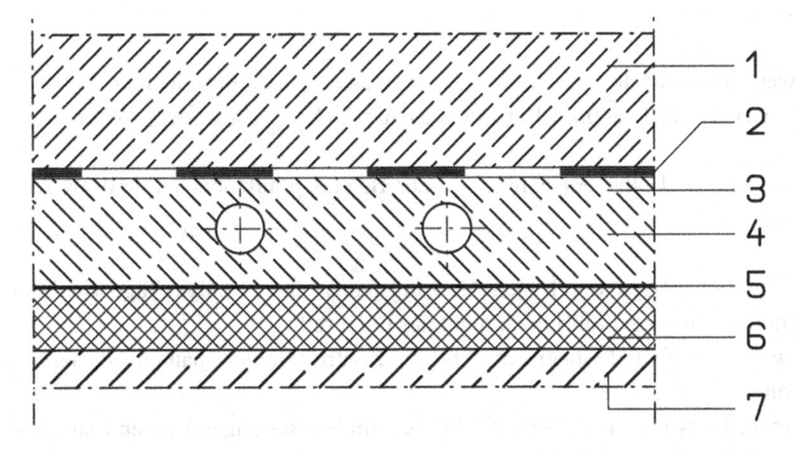

Abb. 2.15 Heizestrich Bauart C: *1* Lastverteilungsschicht, *2* Gleitschicht, *3* Ausgleichestrich zur Einbettung der Heizelemente, *4* Heizelemente, *5* Dämmschichtabdeckung, *6* Dämmschicht

Tab. 2.5 Mindest-Nenndicken von Heizestrichen für flächige Nutzlasten bis 2 kN/m²

Bauart	Estrichart	Nenndicke
A	CAF – F 4	Mind. 40 mm Heizelementüberdeckung
	CAF – F 5 + F 7	35 mm + Heizelementdurchmesser
	CA – F 4	Mind. 45 mm Heizelementüberdeckung
	CA – F 5	40 mm + Heizelementdurchmesser
	CA – F 7	35 mm + Heizelementdurchmesser
	MA	Wie CA
	CT – F 4	Mind. 45 mm Heizelementüberdeckung
	CT – F 5	40 mm + Heizelementdurchmesser
B und C	CAF – F 4	40 mm
	CAF – F 5 + F 7	35 mm
	CA + CT – F 4	45 mm
	CA + CT – F 5	40 mm
	CA – F 7	35 mm
	MA	Wie CA

Dicken bei Heizestrichen

Für Nutzlasten bis 5 kN/m² sind die Dicken um 35 mm (F 4), 30 mm (F 5) bzw. 25 mm (F 7) anzuheben. Weitere Werte für andere Nutzlasten sind den Tabellen 1 bis 4 der DIN 18560-2 zu entnehmen.

Aufheizen

Der c-Wert (theoretische Zusammendrückbarkeit) von Dämmschichten ist grundsätzlich auf max. 5 mm begrenzt. Bei Nutzlasten >3 kN/m² sollte der c-Wert max. 3 mm betragen.

Heizestriche sind ohne Ausnahme vor der Belegung aufzuheizen, und zwar aus drei Gründen:

- Das Funktionsheizen durch den Heizungsbauer über wenige Tage dient nur der Funktionsprüfung und führt noch nicht zur Belegreife.
- Das weitere Auf- und Abheizen dient der Kontrolle einer spannungsfreien Längenänderung.
- Vorrangig muss jedoch die Restfeuchte bei mit Wasser angemischten Estrichen reduziert werden (Trocknungsheizen oder Belegreifheizen) um die Belegreife (siehe Abschn. 7.6) zu erreichen.

Folgende Fehler und Probleme treten immer wieder nach der Estrichverlegung auf:

- Funktionsheizen und Belegreifeheizen werden nicht protokolliert
- Protokolle werden mit Standardwerten erstellt und nicht mit Werten, die individuell auf der Baustelle gewonnen wurden
- Protokolle werden nicht von der Bauleitung oder dem Architekten unterzeichnet, was sie weniger beweiskräftig macht
- Häufig wird nur das Funktionsheizen durchgeführt und um das Belegreifeheizen kümmert sich niemand, weil es besonders beauftragt werden muss
- Das Belegreifeheizen wird mit zu geringen Temperaturen durchgeführt, was zu einer Stagnation oder zumindest zu einer deutlichen Verzögerung der Austrocknung führt
- Das erste Aufheizen und/oder das Belegreifeheizen wird zu schnell mit zu hohen Temperaturen durchgeführt, auch weil manchmal Regeleinrichtungen noch nicht funktionieren, was zu Verwölbungen des Heizestrichs an Fugen führen kann
- Heizelementfreie Stellen zur Probenentnahme für die Feuchtemessung werden nicht markiert, was zum Risiko einer Elementbeschädigung führt, sodass die Probe zu weit oben genommen wird. Die dann attestierte Belegreife ist real nicht gegeben, weil die maßgebliche Feuchte in der unteren Estrichhälfte vorliegt
- Überstände von Randstreifen werden vor der Durchführung der Folgearbeiten abgeschnitten, obwohl diese gewährleisten müssen, dass die Randfuge bis Oberkante Belag auszubilden sind.
- Festzulegende Scheinfugen oder Risse werden noch vor Erreichen der Belegreife kraftschlüssig geschlossen, was zu einem erneuten Aufreißen der Fuge oder zur Rissbildung in der Fläche führt
- Estriche werden nach dem Festlegen von Scheinfugen geschliffen, wobei die Absandung des Reaktionsharzes im Fugenbereich abgeschliffen wird, mit der Folge einer Haftungsminderung der Spachtelmasse bzw. des Belages
- Für einen nicht die Belegreife erreichenden Estrich wird der Estrichleger verantwortlich gemacht, was technisch nicht nachvollziehbar ist. Die Austrocknung ist ein komplexer Vorgang, der vom Estrichleger nicht beeinflusst werden kann. Alle notwendigen Maßnahmen zur Trocknungsbeschleunigung (Trocknungsheizen, künstliche Trocknung usw.) können und müssen vom bauleitenden Architekten erkannt und angeordnet werden. Dies gilt für konventionelle Estriche mit Ausnahme von Estrichen mit einer vertraglich vereinbarten Trockenzeit (Schnellestriche oder beschleunigte Systeme).

Die von den Fachverbänden entwickelten „Schnittstellenkoordinationen“ sind eine gute Grundlage für Planung, Ausführung und Ablaufsteuerung. Darin finden sich auch Angaben zum Funktions- und Belegreifheizen einschl. zu erstellender Protokolle.

2.5 Ausgleichestrich – Gefälleestrich

Ausgleichestriche werden nicht direkt genutzt und auch nicht mit Bodenbelägen belegt. Sie sind keine Lastverteilungsschichten und von ihrer Konzeption her nicht unmittelbar belastbar. Während man noch bis etwa Mitte 1980 kaum Rohre, allenfalls Kanäle, auf dem Rohfußboden vorfand, ist es heute leider üblich, Heizrohre, Wasserrohre, Elektrokabel, Auslassdosen, Kanäle und sogar Abwasserrohre auf dem Rohfußboden zu verlegen. Man tat das häufig (sogar bis in die heutige Zeit), ohne die dafür nötige Konstruktionshöhe zur Verfügung zu planen. Alle diese Rohre sollten irgendwo in der Dämmschicht des Estrichs untergebracht werden. Die Folge waren Schallbrücken und Rissbildungen über Rohren mit zu geringer Estrichüberdeckung. Leider ist es heute überwiegend so, dass der Rohfußboden die Installationsebene zahlreicher Ver- und Entsorgungsleitungen (Heizung, Wasser, Elektro, Lüftung, Kommunikation) bildet. Dies setzt jedoch voraus, dass diese Leitungssysteme in eine Ausgleichsschicht integriert sind und erst darüber die Konstruktionshöhe der Estrich – und Fußbodenhöhe vorhanden sein muss.

Nach DIN 18560-2 sollten Rohre und Kabel eigentlich die Ausnahme sein. Die Regel ist jedoch eine Andere. Die Norm fordert dann auch einlenkend, dass zunächst ein Ausgleich bis Oberkante Rohr/Kabel/Erhebung geschaffen werden muss. Darauf wird die schalltechnisch wirksame Dämmschicht unterbrechungsfrei verlegt. Leider wird dieser Ausgleich meistens mit Wärmedämmschichten Typ DEO ausgeführt. Das mag bei einzelnen Rohren und geradem Verlauf funktionieren. Sind es aber viele Rohre, mit unregelmäßiger Anordnung und unterschiedlicher Höhe, ist ein „Hineinmodellieren" von Wärmedämmstoffen kaum mehr als fachgerechte Lösung zu bezeichnen. Wenn dann noch Zwischenräume mit losen Schüttungen verfüllt werden, „verkrümeln" sich diese Schüttungen bzw. Teile davon gerne seitlich unter die Dämmschicht und heben diese an. Die Folge ist eine lokal geringere Estrichdicke (Abb. 2.16, 2.17, 2.18 und 2.19).

Wer eine bunte Mischung aus Rohren und Kabeln plant, muss auch zum Ausgleich einen Ausgleichestrich planen. Man erhält einen ebenen Untergrund zur Aufnahme des eigentlichen Estrichs mit Dämmschicht. Diese Ausgleichestriche bestehen oft aus körnigem Recycling-Polystyrol, das mit einem speziellen Bindemittel locker gebunden wird.

Weitere Anwendungen von Ausgleichestrichen:

- Einbettung von Heizelementen bei Heizestrichen Bauart C
- Ausgleich von großen Unebenheiten und Neigungen
- Auffüllen von Untergründen
- Ausbildung von Gefällestrecken unter Abdichtungen

Da Ausgleichestriche nur mit verteilter Last beansprucht werden, sind auch keine hohen Festigkeiten erforderlich. Dennoch ist die erforderliche Festigkeit stets zu planen, da in Sonderfällen, z. B. bei direktem Aufkleben von Abdichtungsbahnen u. U. eine höhere Oberflächenzugfestigkeit erforderlich ist.

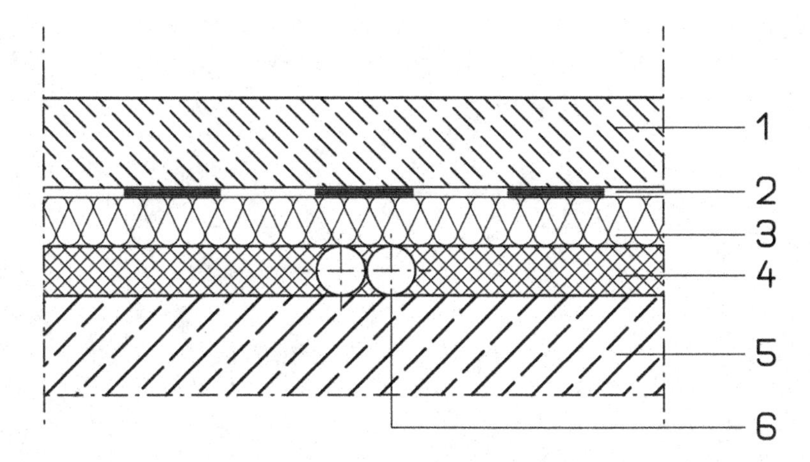

Abb. 2.16 Prinzipdarstellung einer Ausgleichschicht: *1* Lastverteilungsschicht, *2* Dämmschichtabdeckung, *3* (Trittschall-)Dämmschicht, *4* Ausgleichschicht oder Ausgleichestrich, *5* Untergrund, *6* Rohre, Kabel, Kanäle o. Ä

Abb. 2.17 Ein typischer Fall, der nur mit einem Ausgleichestrich bewältigt werden kann

Abb. 2.18 Hier kann mit einer Wärmedämmschicht ausgeglichen werden, besser mit Ausgleichestrich

Mit Wasser hergestellte Ausgleichestriche müssen von feuchteempfindlichen Bauteilen mit Folien o. Ä. getrennt werden. Beispiel: Ein ca. 20 cm dicker zementgebundener Ausgleichestrich wurde in einer Wohnung mit Wänden aus GK-Platten verlegt. Der Estrich wurde ohne Trennung an die GK-Platten herangeführt. Mehr zufällig wurde nach einigen Monaten festgestellt, dass der Innenraum aller Wände ca. 50 cm

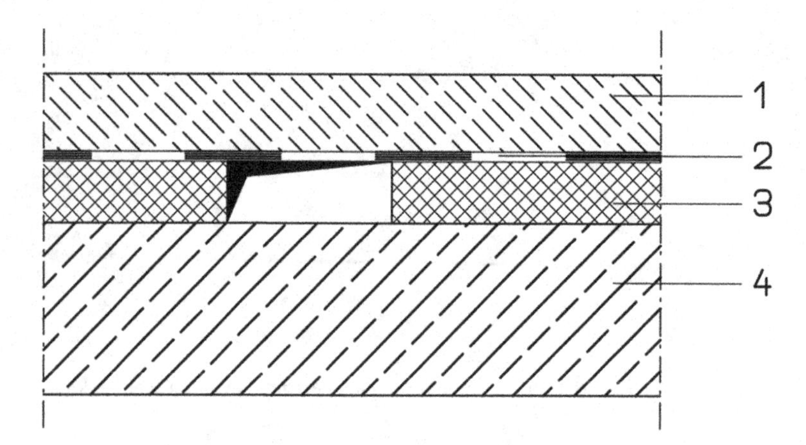

Abb. 2.19 Prinzipdarstellung einer Ausgleichschicht bei Unterflurkanälen o. Ä.: *1* Lastverteilungsschicht, *2* Gleitschicht, *3* Ausgleichschicht oder Ausgleichestrich, *4* Untergrund

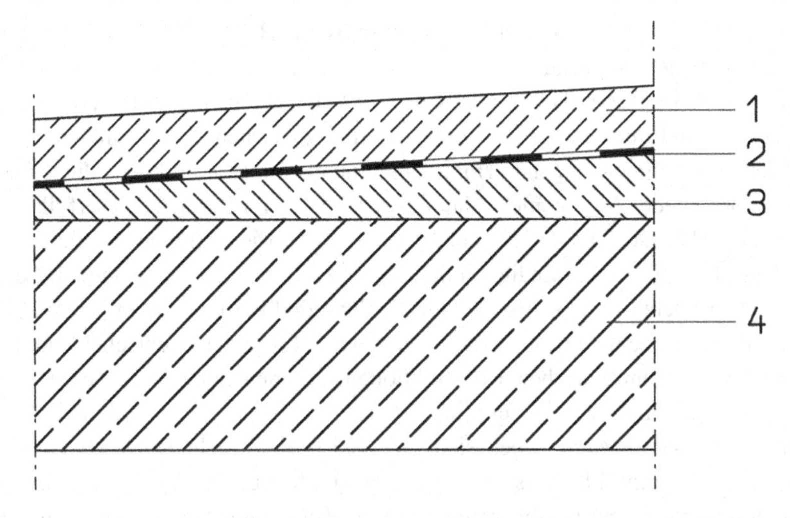

Abb. 2.20 Prinzipdarstellung eines Ausgleichestrichs zur Gefälleausbildung: *1* Lastverteilungsschicht in gleichmäßiger Dicke, *2* Trennschicht, Abdichtung o. Ä., *3* Ausgleichestrich zur Gefälleausbildung, *4* Untergrund

hoch mit schwarzem Schimmel befallen war. GK-Platten nehmen begierig Feuchte auf. Außen erfolgte eine Abtrocknung. Im warmen Wandinnenraum waren gute Verhältnisse für ein Pilzwachstum gegeben (Abb. 2.20).

2.6 Systemböden

Eine vorwiegend im Büro- und Laborbereich eingesetzte Technik, Kabel u. Ä. in den Fußboden zu integrieren und eine Zugriffsmöglichkeit zu ermöglichen, kann mit Systemböden realisiert werden. Grundsätzlich wird hier zwischen Doppelböden und Hohlböden unterschieden.

Doppelböden bestehen aus auf Stützen gelagerten Trägerplatten (meist 600×600 m^2) die entweder werkseitig mit Bodenbelägen ausgestattet sind oder aber mit weiterem Baufortschritt mit geeigneten aufnahmefähigen Belägen ausgestattet werden. Doppelböden werden meist durch Fachfirmen aus dem Bereich Trocken- oder Systembau installiert, sodass dieses Gewerk weniger dem Estrichlegerhandwerk zuzuordnen ist.

Anders ist dies bei Hohlböden bei denen die Lastverteilungsschichten in aller Regel aus CAF-Estrichen oder Trockenestrichplatten bestehen.

Der die Instalationsebenen bildende Hohlraum wird durch sehr unterschiedliche Unterkonstruktionen, auf denen die Lastverteilungsschichten oft unterbrechungsfrei auf großen Flächen aufgebracht wird, hergestellt.

Früher wurden auch so bezeichnete monolithische Hohlböden, heute meist mehrschichtige Hohlböden eingebaut.

Bei dem monolithischen Hohlboden wird ein Schalungselement als verlorene Schalung aufgestellt und mit einem Fließestrich verfüllt. Zwischen den Tragfüßen der Schalung entstehen zusammenhängende Hohlräume, die als Installationsebene dienen. Streng normenkonform ist der Aufbau nicht, da die Estrichdicke im Bereich der verfüllten Tragfüße relevant höher ist. DIN 18353 und 18560-1 fordern jedoch eine möglichst gleichmäßige Estrichdicke. In Verbindung mit diffusionsoffenen Bodenbelägen haben sich jedoch keine Probleme gezeigt. Bei dichten Belägen und bei Holz ist in jedem Fall eine Messung der Restfeuchte in den Tragfüßen durchzuführen und entscheidend für die Belegreife. Diese monolithischen Konstruktionen kommen heute nur noch selten, um nicht zu sagen nicht mehr zur Ausführung.

Durchgesetzt und bewährt haben sich zwischenzeitlich mehrschichtige Hohlböden. Dabei wir zunächst eine Flächenschalung auf verstellbaren Tragfüßen aufgestellt. Hierauf wird, durch eine Trennschicht getrennt, der Estrich verlegt, der dadurch eine gleichmäßige Dicke aufweist (Abb. 2.21).

Die Tragfähigkeit derartiger Konstruktionen wird mit Einzellasten geprüft und ist vom Hersteller zu erfragen. Sie ist in Klassen 1 (Büros mit geringer Frequentierung) bis 6 (Böden in Industrie und Werkstatt, Tresorräume, Flurförderfahrzeugbetrieb) unterteilt.

Als Estrich werden in der Regel Calciumsulfat-Fließestrich, aber auch Trockenestrichelemente, eingesetzt. Er kann wegen seiner guten Raumbeständigkeit großflächig fugenlos verlegt werden und weist eine hohe Biegezugfestigkeit auf (hohe Tragfähigkeit bei geringer Dicke).

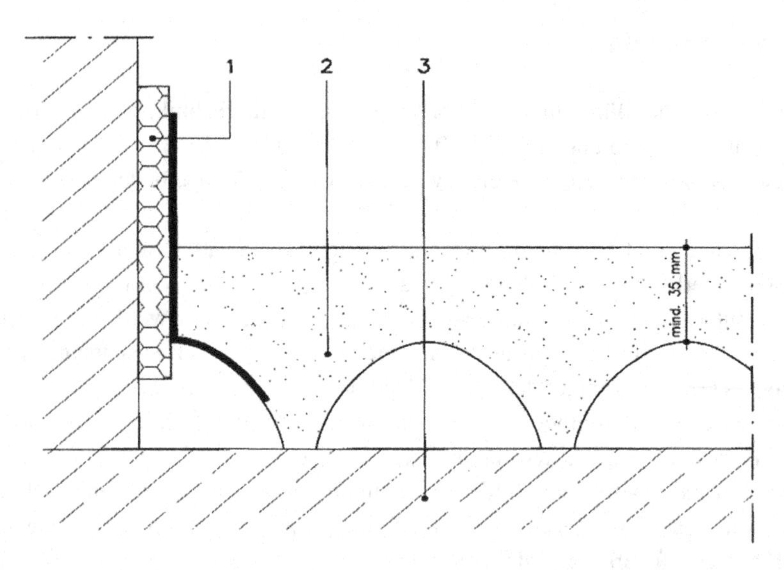

Abb. 2.21 Monolithischer Hohlboden, *1* Randstreifen mit Folienlappen, der in die Schalung eingelegt werden muss, *2* Fließestrich CAF, *3* Untergrund. (Quelle Weber-Maxit Deutschland)

Bei neueren Entwicklungen liegt eine plattenförmige Lastverteilungsschicht (Fertigteilestrich) direkt auf den tragenden Stützen.

Werden Trennwände auf den unter der Wand durchgehenden Hohlboden gestellt, ist mit einer Minderung des Luft- und Trittschallschutzes zwischen den Räumen in horizontaler Richtung zu rechnen. Die Prüfzeugnisse der Hersteller sind bei der Planung zu berücksichtigen. Der vertikale Trittschallschutz kann durch weiche, aber hinsichtlich der Tragfähigkeit hinreichend feste, Unterlagen unter den Tragfüßen deutlich verbessert werden, wodurch auch Hartbeläge einsetzbar sind.

2.7 Terrazzo

Der Terrazzo ist wohl einer der ältesten Estriche. Er ist prinzipiell hinsichtlich der Herstellung und Schichtung einer Betonwerksteinplatte ähnlich, die nach aktuellem Normungsstand daher jetzt auch Terrazzoplatte heißt. Terrazzo wird in DIN 18353 seit vielen Jahren erwähnt und ist vom Aufbau her ein typischer Estrich. Zugestehen muss man, dass ein „normaler" Estrichbetrieb nicht in der Lage sein wird, einen Terrazzo herzustellen, was aber ebenso für die Herstellung von Gussasphaltestrichen, Magnesiaestrichen und Fertigteilestrichen gilt.

Das Bindemittel ist ein grauer oder weißer Portlandzement. Eine farbige Pigmentierung ist möglich. Die Zuschlagstoffe haben in der Regel ein Größtkorn von 16 mm. Da sie später ein Teil der Gesamtoptik sind, werden sie nach optischen Gesichtspunkten ausgewählt und zusammengestellt, wobei auch die Gleichmäßigkeit der Kornverteilung und die gute Schleifbarkeit wichtig sind.

Der Mörtel (Vorsatzschicht) wird auf eine Unterschicht (CT – C 35 – F 5) frisch-in-frisch aufgebracht und zur Erzielung einer hohen Dichte gewalzt. Der Einsatz von Fließterrazzo ist möglich. Die Flächen werden mit schleifbaren Profilen, die auch in die Unterschicht gedrückt werden und diese einschneiden, in kleinere Felder unterteilt, um die Schwindspannungen gering zu halten.

Bei 16 mm Größtkorn wird die Schichtdicke ca. 35 mm betragen (bei kleinerem Korn mind. 15 mm), wovon später ca. 5 mm abgeschliffen werden. Da nach dem Schleifen kleine Poren sichtbar werden, wird gespachtelt und erneut geschliffen, ggf. mehrmals. Nicht fachgerechtes Schleifen führt sehr häufig zu Beanstandungen. Intensive Reinigungen zwischen den Schleif- und Spachtelvorgängen sind ebenso erforderlich, wie eine abschließende Einpflegung mit geeigneten Polymeren, Wachsen oder Ölen (Abb. 2.22 und 2.23).

Der Vorteil dieses Estrichs, der früher fast Standard in jedem Haus in Küche, Flur und Bad war, liegt sicher in der manchmal begeisternden Optik, in der hohen Beanspruchbarkeit und in der Pflegeleichtigkeit. Der wesentliche Nachteil liegt im Kostenniveau.

Risse werden relativ häufig beobachtet, da es ein spannungsreicher Mörtel ist. Bei einem neuen Terrazzo mag man sich daran stören, bei einem alten Terrazzo werden Risse als fast typisches Merkmal hingenommen.

Abb. 2.22 Die Baumscheiben wurden im Werk, der Fußboden vor Ort hergestellt. Deutliche Unterschiede in Kornverteilung und Farbgebung

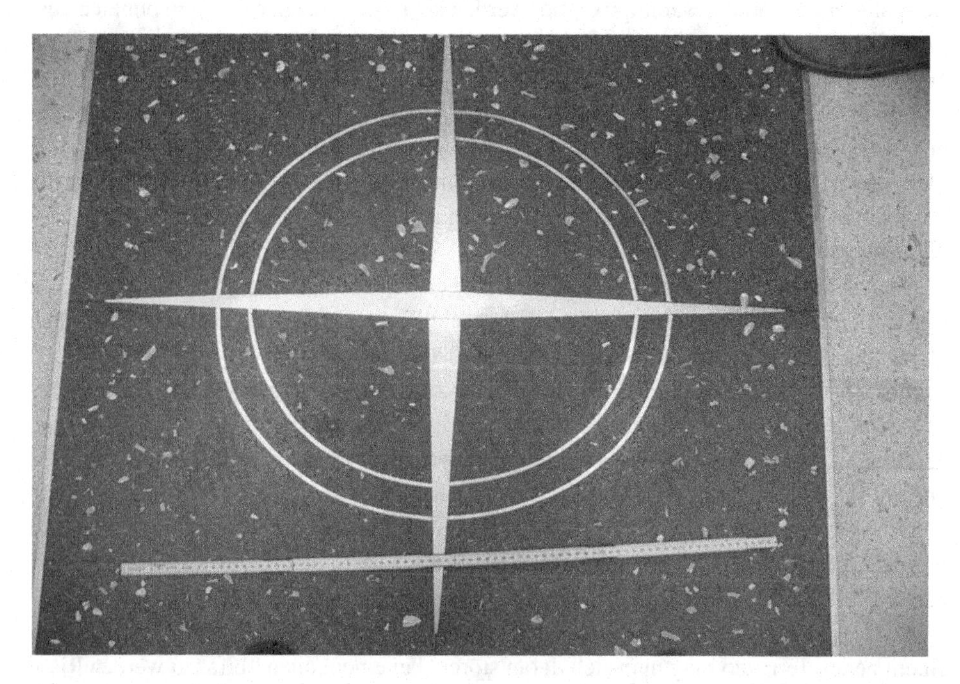

Abb. 2.23 Auch das ist mit Terrazzo möglich, hier allerdings mit einer „verbogenen" Messing-Windrose völlig inakzeptabel

2.8 Lastverteilungsschichten unter Fliesen und Platten

Fliesen werden gelegentlich bei kleinen Flächen und Platten mit einer Kontaktschicht in einem frischen Mörtelbett verlegt. Erfolgt dies unmittelbar auf einer Dämm- oder Trennschicht, ist dieses Mörtelbett, das auch als Dickbett bezeichnet wird, eine Lastverteilungsschicht und damit ein Estrich. Das Mörtelbett muss daher den Anforderungen der DIN EN 13813 bzw. DIN 18560 hinsichtlich der Dicke und Festigkeit entsprechen.

So sollten früher z. B. Terrazzoplatten auf Dämmschicht mit einem Mörtel der Gruppe III a nach DIN 1053 verlegt werden. Dieser Mörtel entspricht knapp der alten Festigkeitsklasse ZE 20 bzw. der heutigen Druckfestigkeitsklasse CT – C 25. Die eigentlich entscheidende Biegezugfestigkeit wurde damals nicht definiert, dürfte aber im verlegten Zustand bei ca. 2 N/mm^2 liegen. Gemessen habe ich in der Bestätigungsprüfung häufig eine Druckfestigkeit zwischen 10 und 15 N/mm^2. Die Neufassung der DIN 18333 Betonwerksteinarbeiten VOB/C macht jedoch keine Angaben mehr zur Art des Verlegemörtels.

Daraus wird deutlich, dass man im Wohnungsbau mit den üblichen Dicken um 50 mm hinreichend dimensioniert, aber bei hohen Nutz- und Einzellasten muss die Dicke des Mörtelbetts derartig erhöht werden, dass es technisch kaum mehr umsetzbar ist. Daher ist die Verlegeart keramischer Fliesen. Und Platten bei schwimmenden Konstruktionen im Dickbett höchst risikoreich und bis auf Kleinflächen nicht mehr zu empfehlen.

Vielmehr ist zunächst eine Lastverteilungsschicht zu bemessen und auszuführen, die bei Bedarf auch Heizelemente aufnehmen kann. Der Belag wird dann auf der ausgehärteten und belegreifen Lastverteilungsschicht in einer üblichen Mörtelbettdicke, wie sie für Verbundverlegung vorgesehen ist, verlegt. Kalibrierte Platten und Fliesen können dann natürlich auch im Dünn- oder Mittelbett verlegt werden.

Das Problem bei diesen dicken Lastverteilungsschichten ist die lange Austrocknungszeit bis zur Belegreife. Daher sollten bei hohen Lasten, z. B. in Supermärkten, Baumärkten usw., möglichst Verbundverlegungen geplant werden.

Die Regelwerke der Fliesenleger beziehen sich bereits auf die Anforderungen der DIN 18560.

Prinzipaufbau von oben nach unten:

- Fliesen, Platten im Mörtelbett, Mittelbett oder Dünnbett
- Lastverteilungsschicht nach DIN 18560, abgestimmt auf die Lasten
- Dämm- oder Trennschicht, bei Bedarf auf einer Ausgleichschicht
- Untergrund.

3 Fugen – Risse

Fugen gehören zu den unerwünschten, aber nicht immer vermeidbaren Details einer Fußbodenkonstruktion. Man unterscheidet zwischen den dauerhaft erforderlichen Fugen, zu denen die Bewegungsfugen und die Rand- bzw. Raumfugen gehören und den Fugen mit zeitlich begrenzter Funktion, die auch als Scheinfugen bezeichnet werden. Daneben gibt es Scheinfugen, die dauerhaft verbleiben, weil gelegentlich Zugkräfte, in der Regel durch Abkühlen, auftreten. Über die Anordnung und Ausbildung von Bewegungsfugen muss, von Scheinfugen kann, der Planer einen Fugenplan erstellen. Das kann er nicht dem Auftragnehmer überlassen, da jede Fuge nicht nur Kosten (Verfüllen, Festlegen, Profile) verursacht, sondern auch Auswirkungen auf die Optik und Nutzung eines Fußbodens hat. Zudem dürfen Fugen nicht irgendwo und irgendwie angeordnet werden. Lage und Art sind nach thermischen, schalltechnischen, optischen und/oder belastungstechnischen Erfordernissen zu planen. Bindemittel und Belagsart haben ebenso einen relevanten Einfluss auf die Fugenausbildung.

Arbeitsfugen entstehen bei unvermeidlichen Arbeitsunterbrechungen und bedürfen keiner Planung. Der Auftragnehmer bildet sie nach Erfordernis aus, was auch für Scheinfugen mit zeitlich begrenzter Funktion gilt, sofern hierfür kein Fugenplan erstellt wurde.

Risse werden manchmal als Spontanfugen bezeichnet. Tatsächlich erzeugt ein Estrich möglicherweise spontan dort einen wilden Riss, wo man das Anlegen einer Fuge versäumt oder diese nicht korrekt ausgebildet hat. Fugen sind jedoch bewusst angelegte Unterbrechungen oder Schwächungen (Abb. 3.1).

H. Timm et al., *Estriche, Parkett und Bodenbeläge*,
https://doi.org/10.1007/978-3-658-25847-4_3

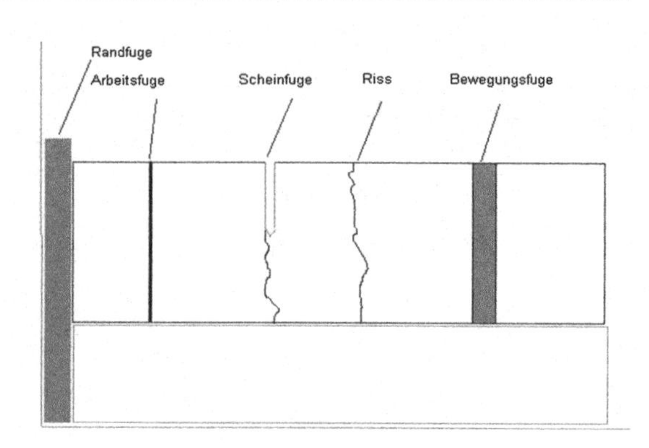

Abb. 3.1 Fugenarten – Prinzipdarstellung

3.1 Scheinfugen – Arbeitsfugen

Scheinfugen haben in der Regel nur eine zeitlich begrenzte Bedeutung bzw. Funktion in der Schwindphase des Estrichs bzw. der Lastverteilungsschicht. Sie werden in Zementestrichen auf Trenn- und Dämmschicht **(Nicht in Verbundestrichen!)** ausgebildet, in dem der frische Estrichmörtel oder der erhärtete Estrich (dann aber unmittelbar nach Begehbarkeit) eingeschnitten wird. Der Schnitt sollte etwa eine Tiefe von min. 1/3 bis max. 1/2 der Estrichdicke haben. Bei Betonböden müssen Scheinfugen möglichst früh geschnitten werden, bestenfalls gleich ab Begehbarkeit. Bei Mattenbewehrungen ist dabei die obere Lage zu durchtrennen, weil die Fugen sonst nicht funktionieren können.

Statt den Estrich einzuschneiden, können Profile eingebaut werden, die den Estrichquerschnitt gewollt schwächen. Diese Variante wird bei Zement-Fließestrichen gewählt, da ein Einschneiden des frischen Mörtels nicht möglich und ein nachträgliches Schneiden nach Begehbarkeit in der Regel zu spät ist. Voraussetzung ist dabei, dass die Schwindfugenprofile im unteren Bereich des Estrichs vorliegen, damit eine kraftschlüssige Verharzung im oberen Bereich möglich ist.

Scheinfugen sind Sollriss-Stellen. Sie werden in DIN 18560-2 als Sollbruchstellen bezeichnet, aber als Bruch wird von einem Bauherrn in der Regel etwas verstanden, was nicht eintreten soll. Es ist eine unglückliche Bezeichnung, die auch dem Zweck nicht gerecht wird. Da wilde Schwindrisse in der Fläche nicht sehr beliebt sind, gibt man den Rissbereich durch das Einschneiden oder das Profil vor und erhält gerade Risse, die sich leichter nach dem Erreichen der Belegreife festlegen lassen. Man wird also Scheinfugen dort anlegen, wo das Schwinden sonst Risse entstehen lassen würde, z. B.

- bei Flächeneinschnürungen (Türdurchgänge)
- bei Flächenversprüngen (L-Form, Vorsprünge usw.)
- bei Aussparungen (Auslassdosen, Abläufe usw.)
- an Stützen, Säulen u. Ä.
- zur Unterteilung großer Flächen
- zur Unterteilung schmaler Flächen mit ungünstigem Seitenverhältnis 1:ca. >2

In Estrichen mit dem Bindemittel Zement sind Scheinfugen zwingend erforderlich.

Zur Notwendigkeit in Calciumsulfat-Fließestrichen muss der jeweilige Mörtellieferant Angaben machen. In der Regel sind bei Calciumsulfatestrichen keine Scheinfugen erforderlich.

Scheinfugen werden nach dem Erreichen der Belegreife (Zeitpunkt des Erreichens einer für die Belegung hinreichend niedrigen Restfeuchte und eines unkritischen Restschwindmaßes) Kraft übertragend festgelegt. Werden Scheinfugen bei Zementestrichen vor Erreichen der Belegreife festgelegt, führt das Restschwinden zu einem erneuten Aufreißen, nicht selten neben der festgelegten Scheinfuge.

Zur Art und Weise des Festlegens gibt es keine festen Regeln. Während das Festlegen in Rissfolge obligatorisch ist, kann eine Querverdübelung mit Einschnitten quer zur Fuge in ca. 10 bis 15 cm Abstand und in der Tiefe bis zu etwa 2/3 Drittel der Estrichdicke erfolgen. Die Einschnitte sind auszusaugen. In die Einschnitte werden gewellte Überbinder o. glw. in einem Reaktionsharz eingebettet (Querdübel). Dazu erst Harz in die Einschnitte geben, dann den Überbinder in das Harz zur Einbettung eindrücken und dann oben auffüllen. Überschüssiges Harz wird sofort aufgenommen. Das gesamte Harz wird deckend zur Herstellung eines mineralischen Untergrundes abgesandet.

Bei Estrichen, die vor Belegung geschliffen werden müssen, darf das Festlegen von Fugen erst nach dem Schleifen erfolgen. Das Schleifen würde sonst auch die Absandung in der Wirksamkeit herabsetzen.

Es gibt Fachbetriebe, die grundsätzlich nach einer Erweiterung der Fuge nur längs vergießen. Es darf jedoch vermutet werden, dass Fugen und Risse mit Querdübeln höhere Biegezugspannungen aufnehmen können, da hinsichtlich der Tragfähigkeit der unverfüllte untere Bereich nicht herangezogen werden kann. Letztlich ist der Erfolg in Form einer kraftübertragenden Verbindung beider Estrichteile geschuldet. Im Fugen- bzw. Rissbereich darf es nach dem Festlegen nicht zu einer reduzierten Tragfähigkeit kommen. Die Fläche muss so tragfähig sein, als hätte es nie eine Fuge gegeben. Bei der Wahl des Harzes ist auf eine Verträglichkeit mit der Dämmschicht und deren Abdeckung, ggf. auch mit Heizrohren, zu achten! Aus den durch die Fugen entstandenen Teilflächen soll nutzungstechnisch wieder eine Fläche werden (Abb. 3.2).

Wird die Scheinfuge nicht festgelegt, muss die Fuge deckungsgleich im Belag als Fuge übernommen und ausgebildet werden. Das wird manchmal bei Heizestrichen in Türdurchgängen der Fall sein. Man glaubt, damit eine Pseudo-Bewegungsfuge für die Zugkräfte zu schaffen, die in der Abkühlphase entstehen. Da Estriche im Scheinfugenbereich noch etwas verzahnt sind, können bei nicht festgelegten Scheinfugen unter Wechsellast, z. B. durch Begehen, Geräusche entstehen, wenn die Estrichteile aneinander reiben. Die geschnittenen Scheinfugen in Betonfußböden werden ebenso nicht festgelegt, da das Schwinden ungleich – im Vergleich mit Estrichen – länger andauert. In unbeheizten Hallen müssen sie dauerhaft als Pseudo-Bewegungsfuge verbleiben, während sie in relativ gleichmäßig beheizten Hallen in der Regel ca. 2 bis 3 Jahre nach Herstellung starr ausgefüllt werden können, wenn sich daraus Vorteile ableiten lassen. Denn eine derart alte Fuge ist verschmutzt und muss aufwendig vorbereitet werden. Sonst haftet das zum Verfüllen verwendete Reaktionsharz nicht an den Flanken der Fuge (Abb. 3.3).

Abb. 3.2 Funktioniert eine Scheinfuge nicht auf voller Länge, entsteht ein wilder Riss neben der Fuge

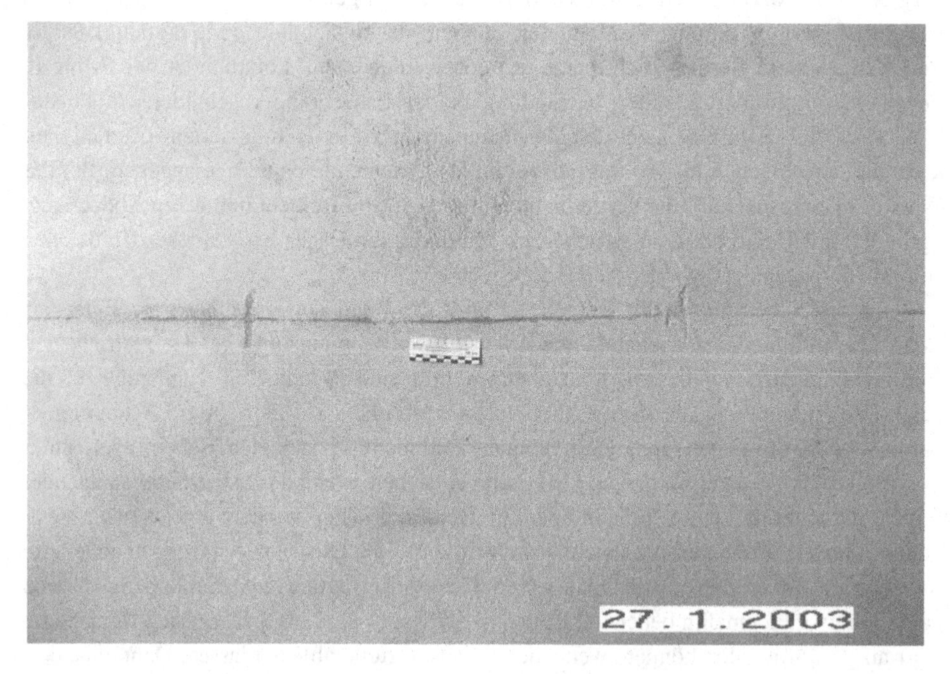

Abb. 3.3 Der Abstand der Querdübel wurde hier viel zu groß gewählt

Bodenleger, Fliesenleger u. a. müssen bei Zementestrichen davon ausgehen, dass in Türdurchgängen Scheinfugen vorhanden sind. Leider werden die Einschnitte sehr häufig vom Estrichleger im Zuge der Oberflächenbearbeitung zugeglättet. Sie sind dann in der Regel nur noch an den Enden im Bereich der Laibung erkennbar (Abb. 3.4 und 3.5).

Sind bei Zementestrichen Scheinfugen in Türdurchgängen nicht zu erkennen, sollte der Auftraggeber bzw. Bauleiter/Planer das scheinbare Fehlen erforderlicher Fugen beanstanden. Eine Fuge könnte trotz Unerkennbarkeit dennoch vorhanden sein und den Estrich im Querschnitt schwächen. Würde ein Folgegewerk hier verlegen, könnte der Riss erst später entstehen die sich dann in der Belagausstattung zeigen.

Wenn der Mörtel sehr plastisch ist, verbinden sich beide Estrichteile nach dem Einschnitt erneut und die Fuge wird nicht funktionieren. Die Folge sind häufig bogenförmige Risse neben der Scheinfuge. Werden große Flächen durch Scheinfugen in kleinere Felder aufgeteilt und wurden einzelne Fugen nicht korrekt ausgebildet, kommt es zu einem sogenannten Paketreißen. Die nicht korrekt ausgebildeten Scheinfugen öffnen sich nicht und das gesamte Schwinden mehrerer Felder wirkt sich in einer Fuge mit breitem Aufreißen aus.

Abb. 3.4 Diese kleinen Nägel sind als Querdübel zum Festlegen nicht geeignet

Abb. 3.5 Dieser Wellverbinder wäre geeignet gewesen, wenn er in Kunstharz eingebettet und tiefer im Estrichquerschnitt angeordnet worden wäre

An Ecken, Pfeilern, Vorsprüngen, Aussparungen usw. werden häufig kurze Einschnitte diagonal in die Fläche laufend ausgeführt. Das ist nicht empfehlenswert, da dieser Einschnitt unter Ausbildung einer Kerbspannung in der Regel einen wilden Riss am Ende des Einschnitts erzeugt. Die Fugen sollten immer im rechten Winkel bis zur gegenüber liegenden Wand ausgebildet werden.

In Verbundestrichen sollte auf Scheinfugen verzichtet werden, in Übereinstimmung mit DIN 18 560-3 auch über Pressfugen im Untergrund. Der dann möglicherweise über Pressfugen des Untergrundes im Estrich entstehende Riss widersteht rollenden Beanspruchungen besser, als eine eingeschnittene Fuge. Zudem verlaufen Fugen im Beton selten so, dass sie deckungsgleich im Estrich übernommen werden könnten. Wenn eine Fuge aber nicht deckungsgleich ausgebildet wird, entsteht neben der Estrichfuge bereichsweise ein Riss über der Pressfuge.

Wann und wo diese ausgebildet werden, entscheidet nach DIN 18 560-2 zunächst allein der vom Planer zu erstellende Fugenplan:

> Über die Anordnung der Fugen ist ein Fugenplan zu erstellen, aus dem Art und Anordnung der Fugen zu entnehmen sind. Der Fugenplan ist vom Bauwerksplaner zu erstellen und als Bestandteil der Leistungsbeschreibung dem Ausführenden vorzulegen.

Das gilt für alle Fugenarten, außer für Randfugen und Scheinfugen!

In der Praxis wird jeder Estrichleger oder Fliesenleger Scheinfugen nach Erfahrung und den vorgenannten Grundsätzen anordnen. Da das Verfüllen von Scheinfugen jedoch eine „Besondere Leistung“ nach DIN 18353 VOB/C und als solche gesondert zu vergüten ist, ergeben sich bisweilen abrechnungstechnische Probleme bzw. Streitigkeiten über die Notwendigkeit einzelner Fugen, wenn kein Fugenplan besteht (Abb. 3.6).

Über Feldgrößen von durch Scheinfugen abzugrenzenden Flächen, wird ebenso diskutiert. Feste Regeln gibt es nicht. Entscheidend sind die Mörtelbeschaffenheit und die baulichen Bedingungen. Es empfehlen sich Feldgrößen von ca. 40 m^2 bei Zementestrichen nicht wesentlich zu überschreiten. Bei Faserbewehrungen mögen geringfügig größere Felder möglich sein, ebenso bei schwindkompensierten Mörteln. Bei widrigen Umständen hinsichtlich klimatischer Einwirkungen und/oder Luftbewegungen können wesentlich kleinere Felder erforderlich werden, ebenso grundrissbedingt. Bei nicht normenkonformen Sonderkonstruktionen, z. B. bei hohen Dickenänderungen zur Gefälleausbildung, sind wesentlich mehr Scheinfugen anzuordnen. Ebenso sollten schmale Flächen so unterteilt werden, dass das Seitenverhältnis der Felder nicht ungünstiger als ca. 1:2 wird. So sind in langen bzw. schmalen Fluren entsprechend umfangreich Scheinfugen anzuordnen (Abb. 3.7).

Abb. 3.6 Typische Rissbildung, wenn die geschnittene Fuge und die Pressfuge im Untergrund nicht deckungsgleich verlaufen

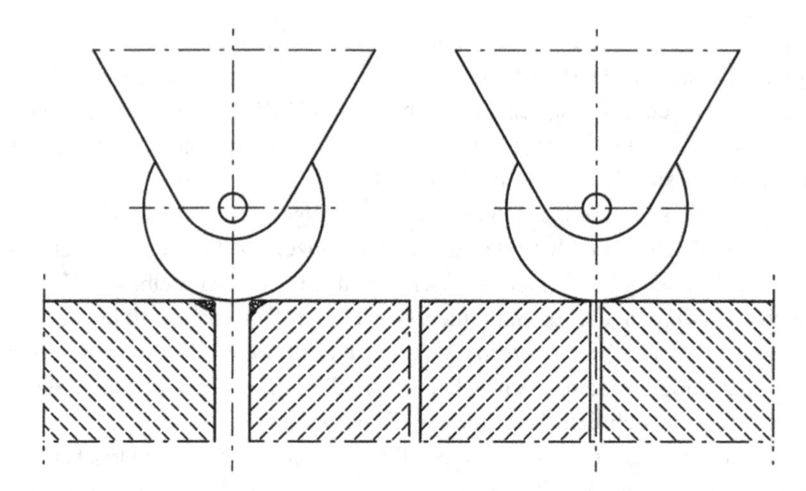

Abb. 3.7 Öffnen sich Fugen, z. B. wegen eines Paketreißens sehr breit, so sind Kantenschäden durch die Verkehrsbeanspruchung unausweichlich. Schmale Fugen und Risse sind weniger anfällig

Arbeitsfugen entstehen bei Arbeitsunterbrechungen, so z. B. bei großen Flächen, die die Verlegeleistung eines Tages übersteigen oder wenn zunächst z. B. die Räume und später die Flure verlegt werden. Sie sollten möglichst durch Abstellen des Feldes hergestellt werden. Abgeschrägte Feldränder, auf deren Abschrägung dann später die anzuarbeitende Schicht aufgebracht wird, sind hinsichtlich der Anhaftung und damit der Tragfähigkeit äußerst fragwürdig und zu vermeiden. Auch sollten Mörtelreste aus dem ersten Feld nicht auf dem Untergrund verbleiben. Bei Verbundestrichen sind dann Hohllagen vorprogrammiert, bei Estrichen auf Dämm- und Trennschichten Gefügeauflockerungen und manchmal eine eingeschränkte Tragfähigkeit.

Bei Gussasphaltestrichen können Arbeitsfugen durch eine thermische Replastifizierung nachträglich als besondere Leistung so hergestellt werden, dass sie optisch kaum noch auffällig sind.

3.2 Bewegungsfugen

Bewegungsfugen werden oft auch als Dehnungsfugen bezeichnet. Aber in der Regel sollen allgemein Längenänderungen (Dehnung, Stauchung) und vertikale Bewegungen aufgenommen werden. Sie trennen stets den gesamten Querschnitt des Estrichs einschl. Bodenbelag.

Auch schalltechnische Fugen werden wie z. B. Bewegungsfugen ausgeführt. Sie trennen z. B. laute Flurbereich von schutzbedürftigen Arbeits- oder Schlafräumen.

Bewegungsfugen können und dürfen niemals von dem ausführenden Unternehmer ohne einen genauen Fugenplan, der im Detail Angaben zur Lage und Ausführung enthält, angeordnet werden. Bewegungsfugen müssen genau auf den Verwendungszweck hinsichtlich der Lage, der Breite, der Verfüllung und der Ausbildung in einem Bodenbelag abgestimmt und geplant werden (Abb. 3.8).

Grundsätzlich sind Bewegungsfugen in Fußböden über Bewegungsfugen im Baukörper (Bauwerksfugen) deckungsgleich und in gleicher Breite anzuordnen, und zwar in allen Schichten (Abb. 3.9).

Abb. 3.8 Metallprofile mit geringer Estrich-Überdeckung führen zu diesen Schäden

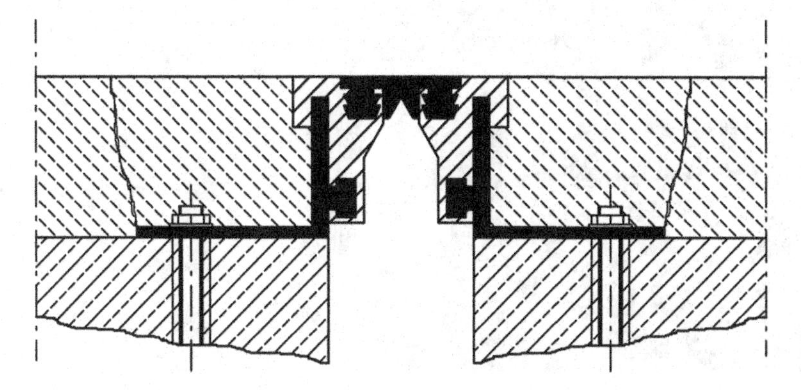

Abb. 3.9 Am Ende der unteren Profilschenkel entstehen häufig Risse, weil der Estrich nicht auf dem Profil haftet. Risse entstehen parallel zum Profil, aber häufig im rechten Winkel

Zumindest bei befahrenen Flächen und breiten Fugen sind die Fugenkanten des Estrichs oder Belags mit geeigneten Profilen zu schützen. Die Profile müssen so verankert werden, dass sie sich nicht von den zu schützenden Flanken lösen. Estriche sind in der Regel nicht zur Aufnahme von Profilschenkeln geeignet, da sich die Schenkel nicht mit dem Estrich verbinden. Nicht selten entstehen hier Risse und Ausbrüche. Ein im Estrichquerschnitt verankertes Profil ist ein Fremdkörper und ein Schwachpunkt (Abb. 3.10).

Bei Verbundestrichen werden gerne stabile Stahl- oder Aluminium-Profile eingesetzt. Auf den Schenkeln, die mit dem Untergrund verdübelt werden, entstehen Hohllagen mit meist rechtwinklig zum Profil abgehenden Rissen. Mineralische Estriche haften nicht oder nur mäßig auf dem Metallschenkel. Zugleich wirken dort aber hohe Kräfte auf die Haftzone ein (Feldrand). Entweder müssen die Schenkel vor der Estrichverlegung mit einem Reaktionsharzhaftbrücke ausgestattet werden und deckend abgesandet werden, oder der Estrich wird zunächst beiderseits des Profils ausgespart. Später werden diese Streifen mit einem Reaktionsharzmörtel verfüllt (Abb. 3.11).

Bei Estrichen auf Dämm- und Trennschicht im Außenbereich oder in Bereichen mit großen Temperaturänderungen (Sonneneinstrahlung, unbeheizte Hallen u. Ä.) müssen Bewegungsfugen zur Herstellung kleiner Felder angeordnet werden. Auch hier darf nur nach einem detaillierten Fugenplan ausgeführt werden. Die Feldgrößen müssen auf die zu erwartenden Längenänderungen abgestimmt werden, was u. U. zu Feldgrößen geringerer Fläche führt (Abb. 3.12).

Abb. 3.10 Metallprofile dieser Art sind als Abgrenzung mit 8 mm Überdeckung aus Estrich ungeeignet

Abb. 3.11 Typisches Rissbild, wenn der Verbundestrich auf den Schenkeln des Profils nicht haftet

Abb. 3.12 Eine BauwerksfugeBauwerksfuge wurde im Estrich als Bewegungsfuge ausgebildet, aber vom Fliesenleger ignoriert. Hier hätte im Fliesenbelag ein geeignetes Bewegungsfugen-Profil eingebaut werden müssen

Abb. 3.13 Über Fugen im Untergrund mit Bewegungen muss auch im Bodenbelag eine Fuge ausgebildet werden. Hier riss der Bodenbelag wegen der fehlenden Fuge im Belag ein

Beispiel: Eine Dachterrasse im Spätherbst mit dunklen Fliesen auf einem Estrich auf Dämmschicht. In der Nacht kühlt sich der Fußboden auf −10 °C ab. Am Tag erwärmt die Sonne den Fliesenbelag auf 40 °C. Der Temperaturunterschied von 50 K wird bei einem mittleren Temperaturausdehnungskoeffizienten von 0,01 mm je m und K zu einer Längenänderung von 0,5 mm je m Feldlänge führen. Daher wird man die Feldlänge in Außenbereichen auf max. 5 m, eher auf 2 bis 4 m begrenzen. Die Fugenbreite und der Füllstoff sind anzupassen (Abb. 3.13).

3.3 Randfugen – Raumfugen

Randfugen trennen den Estrich einschl. Belag von allen aufgehenden und hindurchführenden Bauteilen. Bei Estrichen auf Dämmschicht sind Randfugen Bewegungsfugen und schalltechnische Fugen zugleich.

Werden sie nicht durchgängig und frei von festen Verbindungen ausgeführt

- kann Trittschall in andere Bauteile eingeleitet werden
- wird das Verkürzungsbestreben in der Schwindphase behindert, mit der Folge einer Rissbildung
- wird das Längenänderungsbestreben von Heizestrichen und anderen thermisch beanspruchten Fußböden behindert, mit der Folge von Rissbildungen

Randfugen müssen im Fugenplan nicht besonders berücksichtigt werden. Sie müssen bei Estrichen auf Dämm- und Trennschicht grundsätzlich ausgeführt werden. Die Art des zur Ausbildung von Randfugen benötigten Randstreifens ist allerdings vom Planer vorzugeben, da die Dicke auf mögliche Längenänderungen und die Höhe auf die Höhe des Fußbodens einschl. Belag abzustimmen ist (Abb. 3.14).

Bei Heizestrichen muss der Randstreifen mind. 8 mm dick sein. Das genügt bis zu Feldlängen von ca. 8 m. Die erforderliche Dicke bei längeren Feldern, kann über eine Abschätzung nach Abschn. 3.4 ermittelt werden (Abb. 3.15).

Abb. 3.14 Auch Heizkörperkonsolen sind mit Randfugen zu trennen und nicht wie hier, fest einzubinden

Abb. 3.15 Links überbrückt die Fliese die Randfuge des Estrichs. Der Randstreifen ist unterbrochen und der Estrich hat Wandkontakt, auch unten weil ein Kabel direkt vor der Wand liegt. Beide Gewerke wurden mangelhaft ausgeführt

Beispiel für Heizestrich-Randfugen:

Feldlänge bis 8 m	Randstreifendicke mind. 8 mm
Feldlänge >8 m bis 12 m	Randstreifendicke mind. 8 bis 10 mm
Feldlänge >12 m bis 15 m	Randstreifendicke mind. 10 bis 12

Werden bei Heizestrichen in den Türdurchgängen nur Scheinfugen – unverfüllt oder verfüllt – ausgebildet (siehe Abschn. 3.4)**, so entspricht die anzusetzende Feldlänge der Länge der gesamten Estrichfläche über die Fugen hinweg, da sich die Ausdehnung der einzelnen Felder theoretisch addiert. Auch unverfüllte Scheinfugen sind keine echten Bewegungsfugen.**

Randstreifen müssen mind. bis Oberkante Belag reichen. Überstände dürfen erst nach dem Spachteln, nach dem Verfugen von Fliesen/Naturwerkstein bzw. nach der Verlegung von Holzbelägen und Laminat abgeschnitten werden. Stört der Überstand beim Tapezieren, ist er so abzuschneiden, dass er noch mind. in Belagsdicke verbleibt. Hierzu gibt es verstellbare Messer (Abb. 3.16 und 3.17).

Abb. 3.16 Die fehlende Randfuge zum Kamin führte hier zu einer Rissbildung im beheizten Calciumsulfat-Fließestrich. Der Riss entstand erst in der Phase des Belegreif-Heizens

Abb. 3.17 Die fehlende Raumfuge an der Stütze führte zur Rissbildung

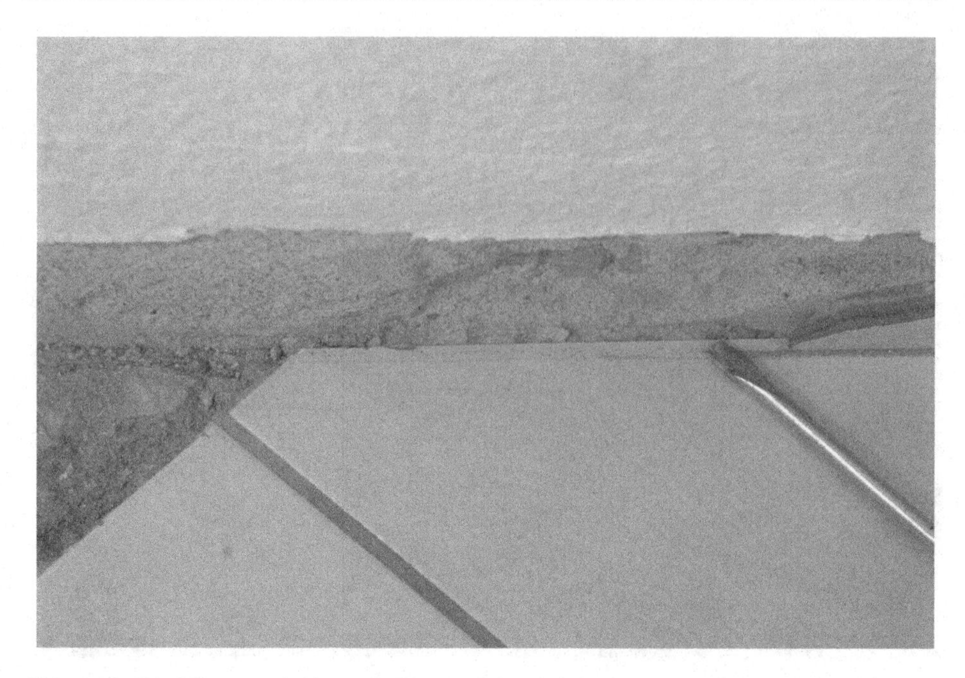

Abb. 3.18 Die Fliese wurde bis an die Wand geführt und überbrückte die Randfuge des Estrichs

Auch Estriche auf Trennschicht sind generell von allen aufgehenden Bauteilen mit Randdämmstreifen zu trennen. Die Trennung von Betonsohlen/Betonfußböden/Industrieböden von Stützen mit Einzelfundamenten und/oder Wänden mit eigenem Fundament, wird ebenso mit Randstreifen von ca. 15 mm Dicke ausgeführt. Diese Randfugen werden als Raumfugen bezeichnet und müssen auch in möglicherweise darauf zu verlegenden Industrieestrichen deckungsgleich und in gleicher Breite ausgebildet werden (Abb. 3.18).

3.4 Fugen in Heizestrichen

Hier gilt ohne Einschränkungen:

Keine Ausführung ohne den in DIN 18560-2 vorgeschriebenen Fugenplan!
Warum?

- **Nur der Planer kennt die spätere Nutzung und deren Besonderheiten.**
  Beispiel: In einem großen Raum werden mehrere Heizkreise angeordnet. Bereits in der Planungsphase steht fest, dass in der Regel nur eine Teilfläche beheizt werden soll. Nur in besonderen Temperatursituationen sollen weitere Heizkreise hinzu geschaltet werden. Dieses Heizverhalten hat einen Einfluss auf die Fugenanordnung, da jetzt die einzelnen Heizkreise grundsätzlich mit Bewegungsfugen getrennt werden sollten.

Grundsätzlich gilt jedoch nach den einschlägigen Fußbodenheizungsnormen (DIN EN 1264), dass alle Heizkreise eines Raumes durch Raumthermostat gesteuert und mit gleichmäßiger Temperatur betrieben werden müssen.

- **Nur der Planer hat die Abstimmungsmöglichkeiten von Belag, Estrich und Beheizung.**
  Beispiel: Es wurden zunächst mit dem Planer der Haustechnik die Heizkreise festgelegt. Der Estrichleger wusste, dass nach DIN 18560-2 Bewegungsfugen nur zwischen den Heizkreisen angeordnet werden dürfen. Die Fugen dürfen nur von zwei Anbinderohren gekreuzt werden. Da kein Fugenplan bestand, ordnete er die Bewegungsfugen entsprechend den Heizkreisen an. Nach Fertigstellung passten diese Bewegungsfugen nicht in das Raster der Fliesen.
- **Nur der Planer kann gestalterische Erfordernisse berücksichtigen.**
  Beispiel: In einer L-förmigen Fläche eines Wohnraumes ordnete der Estrichleger in klassischer Weise eine Bewegungsfuge so an, dass ein Schenkel der Fläche getrennt wurde. Die Heizkreise waren ebenso angeordnet worden. Die Fliesen sollten diagonal verlegt werden. Die Bewegungsfuge wurde im Belag deckungsgleich übernommen. Der Bauherr war über die optisch unbefriedigenden Anschnitte der Fliesen nicht gerade begeistert.

Normen und Merkblätter sagen bei der beabsichtigten Belegung keramischer Beläge und Naturstein zur Feldaufteilung folgendes:

- eine möglichst maximale Feldgröße von ca. 40 m^2, abgegrenzt durch Bewegungsfugen oder unverfüllt (nicht kraftübertragend festgelegte) bleibende Scheinfugen
- eine maximale Feldlänge, abgegrenzt durch Bewegungsfugen oder unverfüllt (nicht kraftübertragend festgelegte) bleibende Scheinfugen, von 8 m (Fachverband Fliesen und Naturstein: 6,5 m)
- gedrungene Felder mit einem Seitenverhältnis von max. 1:2, abgegrenzt durch Bewegungsfugen oder unverfüllt (nicht kraftübertragend festgelegte) bleibende Scheinfugen.
- Eine Randfugenbreite, die eine Bewegung von mind. 5 mm zulässt, also mind. 8 mm
- Bei der beabsichtigten Verlegung elastischer und textiler Beläge, Parkett und Beschichtungen können davon abweichend andere Entscheidungen zur Anordnung von Fugen, mit meist deutlich größerer Estrichfeldern und geringerer Fugenanzahl entschieden werden. Dies ist Sache der Planverfassung (Fugenplanung setzt mit der Fugenvermeidung ein!)

In Türdurchgängen sollen in der Regel Bewegungsfugen angeordnet werden, sofern Keramik- oder Steinbeläge verlegt werden. Auch Scheinfugen sind in diesem Fall ausführbar, sollen dann aber unverfüllt bleiben und im Belag deckungsgleich als Bewegungsfuge ausgebildet werden. Sofern das Heizrohr oder -kabel bei Heizestrichen der Bauart A nach DIN 18560-2 im Estrich eingebettet ist, darf eine Bewegungsfuge nicht von Heizelementen gekreuzt werden. Kreuzen Anbinderohre für Vor- und Rücklauf die Bewegungsfuge, so sind die Rohre mit einer Schutzhülse zu versehen. Bewegungsfugen sollen mit Querdübeln gegen Höhenversatz gesichert werden, eine Festlegung, deren Nutzen zu bezweifeln ist.

Hinsichtlich der Feldgrößen, bezieht sich die Beschränkung in den Regelwerken der Fachverbände auf ca. 40 m^2 Feldgröße hauptsächlich auf Fußböden mit Fliesen oder Naturwerkstein und hier wegen der verschiedenen thermischen Ausdehnungskoeffizienten. So liegt der Koeffizient eines konventionellen Calciumsulfatestrichs mit Anhydritbinder CA (0,008 mm je m und K Temperaturänderung) relativ nahe bei dem einer Fliese (0,006). Aber es gibt unter den Fließestrichen CAF auch Typen, die mit 0,016 mm je m und K einen sehr ungünstigen Koeffizienten haben. Calciumsulfat-Fließestriche haben Koeffizienten zwischen ca. 0,010 und 0,016. Zementestriche können mit ca. 0,012 angesetzt werden. Der Planer wird also darauf achten müssen, dass die Koeffizienten von Estrich und Keramik bzw. Steinbelag möglichst nahe beieinander liegen.

Die in der Fachliteratur genannten Temperaturausdehnungskoeffizienten sind sehr theoretischer Natur. Sie gelten für unbehinderte Längenänderungen, die in der Praxis nicht vorhanden sind. Der Estrich liegt nämlich auf der Dämmschichtabdeckung. Die Reibung behindert die Längenänderung, was zum Spannungsaufbau führt. Das gilt auch für eingebettete Heizrohre. Keramik- und Naturwerksteinbeläge behindern ebenso die Längenänderungen des Estrichs, genau wie der Estrich die Längenänderungen dieser Beläge behindert. Auch dabei bauen sich Spannungen und Verwölbungskräfte auf. Niemand kann daher berechnen, um welchen Betrag sich der Fußboden jeweils ausdehnt. Die Annahme der unbehinderten Längenänderungen stellt daher stets den „worst case“ dar. Und tatsächlich beobachten wir niemals Ausdehnungen in der berechneten Größenordnung, wohl aber die Auswirkungen von Verwölbungskräften bei den genannten starren Belägen (Bi-Material-Effekt). Man muss sich demnach bei Keramik und Naturwerkstein durchaus Gedanken über Feldgrößen machen, aber nicht bei textilen und elastischen Belägen, ebenso nicht bei Holzbelägen, wenn die Flächen in typischen Wohnungsgrößen liegen.

Für den Planer bedeutet die Einhaltung dieser Regeln mit Empfehlungscharakter, dass

- er „von oben nach unten“ planen muss: Belag und Estrich müssen aufeinander abgestimmt sein und bestimmen Art und Anordnung der Fugen. Die Heizkreisanordnung muss sich an diesen Planungsvorgaben orientieren.
- dass der Auftraggeberseite die Konsequenzen der Diagonalverlegung von Fliesen und Naturwerkstein in Räumen >40 m^2 aufzeigt werden. In solchen Fällen ist es unerlässlich Bewegungsfugen sowohl im Estrich, als auch im Belag herzustellen, die dann die einzelnen keramischen Platten diagonal durchschneiden.
- dass bei großen Flächen mit elastischen oder textilen Belägen eine Vielzahl von optisch unbefriedigenden und mechanisch anfälligen Bewegungsfugen vermieden werden können. Oft reichen Scheinfugen aus, die nach dem Belgreifheizen dauerhaft kraftschlüssig geschlossen werden können.

- er in langen Fluren von z. B. Altenheimen und Krankenhäusern eine Vielzahl von Fugen bekommt, die befahren werden und entsprechend im Belag ausgebildet werden müssen. Dabei ist die Anzahl, die Lage und der Verlauf sorgfältig zu planen und auf das notwendige Minimum zu begrenzen.

Diese Liste kann weiter fortgeführt werden. Die Praxis zeigt jedoch, dass man sehr große Felder (z. B. Sporthallen) ohne Bewegungsfugen ausführen kann, wenn alle Heizkreise gleichmäßig beheizt werden und die Randfugenbreite entsprechend dimensioniert wird. Das gilt für elastische/textile Bodenbeläge und Holzbeläge, aber auch für beheizte Industrieböden.

Warum sollte eine fast quadratische Fläche Heizestrich von ca. 8×8 m mit Fliesen weiter mit Bewegungsfugen unterteilt werden? Nur weil es 64 m^2 sind? Kann man das „ca." der „40 m^2" der Regelwerke noch auf die Differenz zwischen 40 und 64 m^2 anwenden? 24 m^2 Differenz hört sich viel an, aber in der Seitenlänge sind es nur 1,7 m Überschreitung, in der Diagonalen nur 2,37 m. Daher sollen die Empfehlungen zur Feldgröße weitgehend beachtet, jedoch nicht als starre Regel gesehen werden.

Die Praxis ist jedoch, dass meist auch Feldgrößen >40 m^2 möglich sind, wenn es sich um gedrungene Felder handelt und die Ausdehnungskoeffizienten von Fliese bzw. Naturwerkstein und Estrich nicht zu sehr auseinander liegen. Dass diese großen Felder bis zum Erreichen der Belegreife bei Zementestrichen mit weiteren Scheinfugen unterteilt werden, muss nicht betont werden. Diese zusätzlichen Scheinfugen können aber vor dem Belegen Kraft übertragend festgelegt werden. Sie werden im Belag dann nicht übernommen. Unverfüllte Scheinfugen, die im Fliesen- bzw. Plattenbelag als Fuge ausgebildet werden, sind in der Fläche nicht sinnvoll, weil es dem Estrichleger niemals gelingen wird, die Fugen genau im Fliesenraster passend auszubilden.

Früher gab es z. B. bei Einsatz von elastischen und textilen Belägen und Parkett keine Festlegungen zur Feldgröße. Das war vernünftig und hat auch in der Praxis keine nachteiligen Folgen gehabt. Regelwerke müssen Grenzwerte vorgeben, wenn durch Untersuchungen aufgezeigt werden konnte, dass Bauteile bei Grenzüberschreitungen zunehmend versagen. Bei elastischen Belägen, Teppichbelägen und Parkett ist es auch bei sehr großen Feldern nie zu einem Versagen in Form von Rissbildungen gekommen. Sinnvoll wäre in den Regelwerken eine differenziertere Festlegung gewesen, die mehr auf Erfahrungen aufbaut. „40 m^2" sollten nicht dogmatisiert werden, da die Praxiserfahrungen anderes zeigt und auch größere Felder möglich sind.

In dem Merkblatt des Fachverbandes Fliesen und Naturstein im ZDB „Beläge auf Zementestrich" vom Juni 2007 ist zwar auch eine maximale Größe von ca. 40 m^2 bei max. 6,5 m Feldlänge gefordert, dann steht jedoch unter Ziffer 3.2:

> Feldgrößen können entsprechend den Eigenschaften der Belagstoffe in begründeten Fällen abgeändert werden.

Ganz offensichtlich ist also der Belag eine sehr entscheidende Größe. Genauer gesagt, kommt es auf das Zusammenwirken von Estrich/Mörtelbett und Belag an. Dieses „Bi-Material" im Verbund, beschert uns bei Temperaturänderungen wegen der differierenden Temperaturausdehnungskoeffizienten Verwölbungen. Das ist bei elastischen und textilen Belägen und Parkett nicht von Bedeutung, aber bei Keramik und Naturwerkstein.

Die behaupteten Temperaturunterschiede von bis zu 40 °K gibt es in der Realität nicht. Tatsächlich liegen die Temperaturunterschiede zwischen Sommer und Winter sowie Tag und Nacht in aller Regel max. bei 10 °K.

Die Diagonale des ungünstigsten regelkonformen Feldes von 6,5 m × 6,5 m beträgt 9,2 m.

Der ungünstigste Calciumsulfat-Fließestrich hat einen Ausdehnungskoeffizienten von 0,016 mm je m und °K, was dann zu einer Längenänderung von 1,472 mm führt. Zementestriche und Calciumsulfatestriche mit einem Koeffizienten <0,012, führen zu einer Längenänderung von 1,104 mm, was mit deutlich geringeren Spannungen verbunden zwischen Estrich und keramischem Belag verbunden ist.

Tatsächlich liegen die thermisch bedingten Längenänderungen bei einem zu erwartenden Temperaturunterschied und einer Feldlänge von etwa 10 m im Bereich von etwa 1 mm, welcher sich darüber hinaus auf beide Seiten auswirkt. Ein Teil der resultierenden Spannungen wird jedoch durch innere Verformung im Estrich und durch Verformung des Dünnbettmörtels unwirksam. Auch das Eigengewicht wirkt der Verwölbung, allerdings mit Spannungsaufbau, entgegen. Dennoch wird sich die Fläche leicht konkav verwölben, da der Estrich im Vergleich zur Fliese immer länger bleibt. Das Aufstellen der Ränder kann beobachtet und gemessen werden.

Der thermische Längenänderungskoeffizient liegt bei 0,006 und ist damit halb so hoch wie der des Estrichs, weshalb bei Temperaturänderungen Spannungen zwischen den beiden Schichten auftreten. Durch eine sinnvolle Planung der Einzelfelder sollten die Spannungen möglichst gering gehalten werden.

Zusammenfassend gilt:

- Ohne Grund muss natürlich nicht von den Forderungen und Empfehlungen der DIN 18560-2 und anderer Regelwerke abgewichen werden.
- Will oder muss man abweichen, sollten die Baustoffe abgestimmt werden. Es muss nicht gerade zu einem Marmorbelag (0,005) ein Estrich mit ungünstigem Temperaturausdehnungskoeffizienten gewählt werden.
- Das Risiko sehr großer Felder (Sporthallen) ohne Bewegungsfugen mit elastischen oder textilen Belägen geht gegen Null, wenn die Fläche gleichmäßig beheizt und die Randfuge auf die maximale Ausdehnung in ihrer Breite abgestimmt wird. Bei großen Flächen empfiehlt es sich die Dicke des Estrichs anzupassen.
- Bei Naturwerkstein sollten nicht zu großen Felder gewählt werden, da einige Steinarten schon auf leichte Verwölbungen mit Rissbildung reagieren. Zudem lassen sich Bewegungsfugen hier gut ausbilden.

- Eine Regelung, die ca. 8 m Feldlänge (bis ca. 65 m^2 Feldgröße) für Fliesen (Naturwerkstein 6,5 m bzw. max. 40 m^2) zulässt, ist einer abgestimmten Randfugenbreite und einer abgestimmten Estrichart technisch unproblematisch, sofern der Estrich vor Verlegung entsprechend belegreif (siehe Abschn. 6.12 und 12.1) geheizt, später bestimmungsgemäß genutzt und gleichmäßig mit einem Heizkreis beheizt wird. In Ausnahmefällen können die Felder weiter vergrößert werden, wenn Belag und Nutzungsbedingungen dies zulassen.
- In größeren Flächen mit mehreren Heizkreisen müssen diese gleichmäßig beheizt werden und über einen gemeinsamen Thermostaten gesteuert werden. Das Abschalten einzelner Heizkreise ist nicht zulässig.
- In Türdurchgängen können bei Keramik und Naturwerkstein funktionierende und offen bleibende Scheinfugen (Pseudo-Bewegungsfugen) oder Bewegungsfugen wegen der möglichen Zugkräfte beim Abkühlen und Verwölbungskräfte beim Aufheizen ausgebildet werden. Diese Fugen sind deckungsgleich in den Bodenbelägen auszubilden! Bei nicht festgelegten Scheinfugen können Geräusche beim Begehen entstehen! Sind keine offenen Scheinfugen oder Bewegungsfugen in den Türdurchgängen ausgebildet worden, ist das Risiko einer Rissbildung unmittelbar in diesem Bereich zwar theoretisch vorhanden, aber nach Praxiserfahrungen äußerst gering. DIN 18560-2 beschreibt Bewegungsfugen in Türdurchgängen als Regelausführung. Diese müssen deckungsgleich und in gleicher Breite auch in Bodenbelägen ausgebildet werden. Das führt besonders in Holzbelägen zu optisch wenig ansprechenden Fugen, die meistens mit Kork verfüllt sowieso kaum Bewegungen ermöglichen. In der langjährigen Praxiserfahrung der Autoren wurden nie Schadensfälle festgestellt, wenn man bei Holzbelägen (ebenso bei elastischen und textilen Belägen) auf Bewegungsfugen in Türdurchgängen im Estrich und Belag verzichtet und festgelegte Scheinfugen ausgebildet hatte. Die Praxis zeigt, dass bei bestimmungsgemäßer Nutzung keine Schäden zu erwarten sind.
- Bindemittelbedingte weitere Scheinfugen, die keine dauerhafte Funktion als Pseudo-Bewegungsfugen haben sollen, werden nach Erreichen der Belegreife Kraft übertragend verfüllt und müssen daher im Bodenbelag nicht ausgebildet werden (Abb. 3.19).
- Jede Fugenplanung beginnt bei den Erfordernissen von Belag und Estrich. Danach haben sich die Heizkreise auszurichten. Eine Bewegungsfuge, durch die eine Vielzahl von Heizrohren geführt wird, ist erstens regelwidrig und kann, was wichtiger ist, nur begrenzt als Bewegungsfuge funktionieren (Abb. 3.20).

Risse in beheizten Fußbodenkonstruktionen mit Belägen aus Keramik oder Naturwerkstein begründen sich meist mit

- zu früher Belegung
- fehlerhaft ausgeführten oder fehlerhaft festgelegten Scheinfugen
- zu früh vor der Belegreife festgelegten Scheinfugen

Abb. 3.19 Die im Heizestrich ausgebildete Bewegungsfuge ist mit 10 mm Tiefe nur vorgetäuscht

Abb. 3.20 Obwohl es nur einen Heizkreis gab und Linoleum verlegt werden sollte, wurde hier nachträglich völlig unnötig eine Bewegungsfuge ausgebildet, die wegen der durchlaufenden Heizelemente zudem nicht normenkonform ist

- Behinderungen der thermischen Längenänderungen durch Festpunkte in der Randfuge
- nicht oder nicht deckungsgleich in den Belag übernommenen Bewegungsfugen im Estrich
- zu dünnem oder unzureichend festem Estrich
- technischen Fehlern im Bereich des Heizungsbetriebs

Es gibt keine erkennbare Schadenshäufung bei großen Estrichfeldern.

Was trotz einer nicht optimalen Vorplanung möglich ist, zeigt u. a. ein im Jahr 2000 in Betrieb genommenes Autohaus. Die, zunächst vom Planer vergessene, Fugenplanung hatte sich nach den Emblemen eines Autoproduzenten zu richten und die Fußbodenheizung war bereits verlegt worden. So wurde letztlich fast jede Bewegungsfuge von einer Vielzahl von Heizrohren regelwidrig gekreuzt. Im Randbereich waren Stützen des Stahlbaus einzubeziehen. Genau auf die Stützen zulaufend, wurden die Bewegungsfugen im faserbewehrten Zementestrich angelegt. Zur Ausbildung wurden fertige Profile aus PE-Schaum mit Querdübeln verwendet, die zu etwa 8 mm breiten Bewegungsfugen führten. Zusätzlich wurden im Estrich Scheinfugen ausgebildet, die Felder von ca. 25 bis 30 m^2 entstehen ließen.

Der Estrich wurde mit einer Folie vor einer zu schnellen Austrocknung ca. 7 Tage geschützt. (Die Folienabdeckung ist allerdings nicht optimal, da sich nach Entfernen häufig stärkere Aufschüsselungen einstellen.) Nach Entfernen der Folie wurde der Bau weitgehend geschlossen gehalten. Es entstanden an Feldrändern daher keine Schüsselungen. Die Scheinfugen wurden erst nach Erreichen der Belegreife Kraft übertragend festgelegt. Dies ist sehr wichtig, um Rissbildungen vor dem Belegen des Estrichs zu vermeiden. Der Belag bestand aus keramischen Fliesen, mit denen auch die Embleme ausgebildet wurden. Natürlich sollte keiner der „Ringe" optisch nachteilig von einer Fuge beeinträchtigt werden. Die einzelnen Felder lagen so bei ca. 70 bis 80 m^2 in Rechteckform. Das Seitenverhältnis von 1:2 wurde nicht ungünstig überschritten. Erstaufheizung und Belegreifheizen wurden überwacht. Keine Fliese wurde, trotz des Termindrucks, vor Erreichen der Belegreife verlegt. Auch das ist eine unverzichtbare Voraussetzung! Die Fassade ist an drei Seiten verglast und der Fußboden unterliegt demnach auch im Sommer thermischen Beanspruchungen. Alle Randfugen wurden vor und nach der Fliesenverlegung genau überprüft und hatten eine Breite von 12 mm. Es gibt bis heute nicht die geringsten Anzeichen einer Verwölbung. Risse sind nicht aufgetreten. In mehrfacher Hinsicht wurde hier von Regelwerken mit Einverständnis von Bauherrschaft, Planer und den Auftragnehmern abgewichen. Die Bedingung für den Erfolg ist ein optimales Zusammenwirken von Planung, Bauleitung und den ausführenden Unternehmern. Zudem ist eine sehr sorgfältige Überwachung in allen Phasen der Ausführung notwendig.

3.5 Risse

Risse sind keine Fugen, auch wenn in der Fachliteratur schon einmal beschönigend ein Riss als „Spontanfuge“ bezeichnet wird. Schwindrisse sind nie mit letzter Sicherheit zu verhindern und können daher als eine Art Fuge bezeichnet werden, die sich der Estrich selbst erzeugt (Abb. 3.21, 3.22, 3.23 und 3.24).

Andere Risse werden durch Zwängungen, Überbeanspruchungen, fehlerhafte Fugen usw. hervorgerufen. Diese Risse beruhen auf Planungsfehlern, Ausführungsfehlern oder einer nicht bestimmungsgemäßen Nutzung. Hier ist der Begriff „Spontanfuge“ unangebracht (Abb. 3.25).

Bevor Risse Kraft übertragend festgelegt werden, muss man sich über die Ursache eindeutig im Klaren sein! Es macht z. B. keinen Sinn, durch Belastung entstandene Risse festzulegen, wenn die Estrichdicke zu gering ist. Es wird erneut Risse geben!

Unkritische Risse können festgelegt werden. Nach Festlegung gilt die Fläche technisch als rissfrei! Es gibt Rissarten, die, nach sachverständiger Beurteilung, keinesfalls festgelegt oder verfüllt werden müssen. Risse in Verbundestrichen oder Betonfußböden sind z. B. bei Einsatz von Flurförderfahrzeugen unkritischer als Fugen (Abb. 3.26).

Die folgenden Bilder zeigen Risse mit verschiedenen Ursachen.

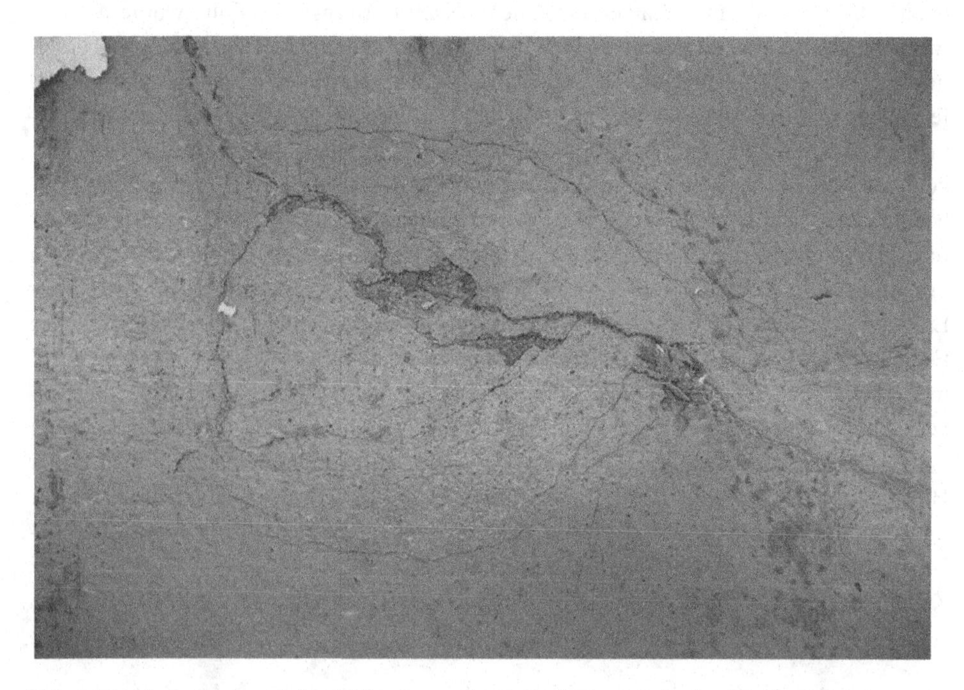

Abb. 3.21 Typisches Bruch-Rissbild bei zu geringer Estrichfestigkeit eines Verbundestrichs

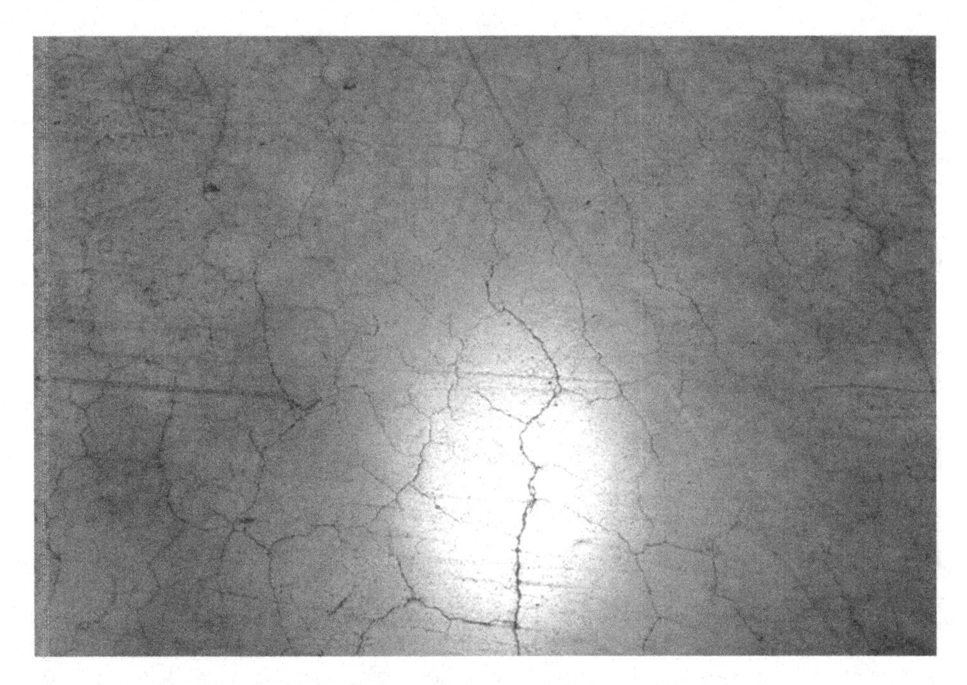

Abb. 3.22 Netzartige Haarrisse (Craquelee), geringe Tiefe bis ca. 5 mm. In der Regel unkritisch

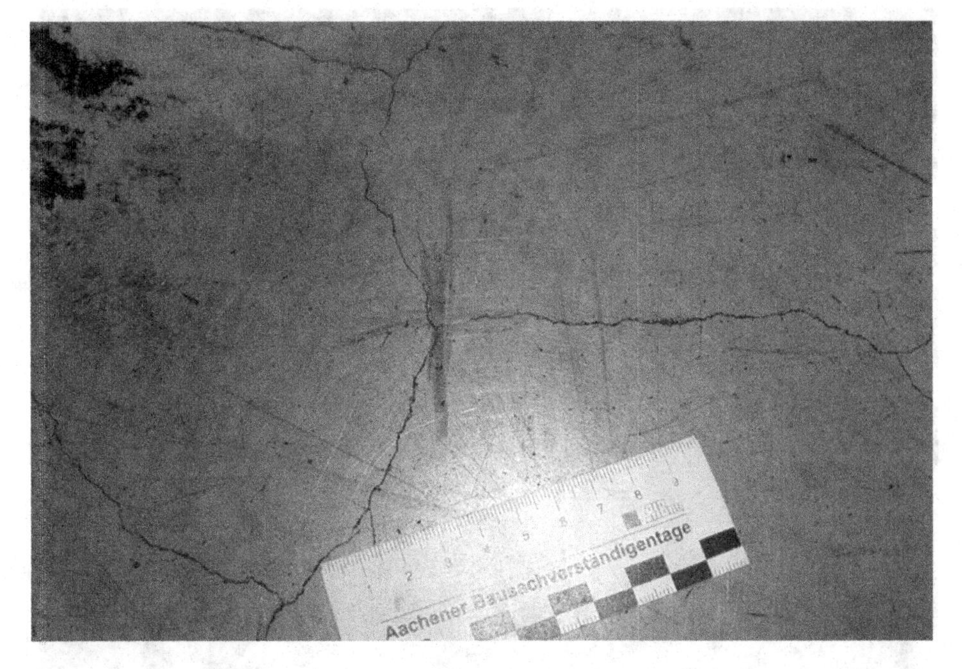

Abb. 3.23 Schwind-Risse in einem Verbundestrich mit klarem Zentrum und Verzweigungen mit Y-Verlauf und Vielfachen davon sind meistens Folge einer Verbundunterbrechung (Hohllage)

Abb. 3.24 Riss in einem Verbundestrich über einem Schwindriss der Betonsohle ohne Hohllagen

Abb. 3.25 Riss in einem Naturwerksteinbelag auf einem Estrich auf Dämmschicht, über einer Scheinfuge, die im Estrich vor dem Belegen nicht kraftübertragend festgelegt und verfüllt wurde

Abb. 3.26 Design-Spielerei provoziert Schwindrisse. Ein durchgehender Rost hätte das verhindert

Dämmstoffe

4

Dämmstoffe sind mit ihren speziellen Eigenschaften in der europäischen Normenreihe DIN EN 13162 bis 13171 genormt.

Die anwendungsbezogenen Mindestanforderungen enthält DIN V 4108-10 (Tab. 4.1). Nicht genormte Dämmstoffe können bei nachgewiesener Eignung eingesetzt werden. DIN V 4108-10 unterteilt weiter in die Anwendungstypen

- DEO Innendämmung unter Estrichen ohne Schallschutzanforderungen
- DES Innendämmung unter Estrichen mit Schallschutzanforderungen

Darüber hinaus werden bestimmte Verwendungszwecke spezifiziert (Tab. 4.2).

Da zudem weitere Eigenschaften mit Kurzzeichen belegt wurden, kann der vollständige Bezeichnungsschlüssel eines Dämmstoffes ausgesprochen lang und unübersichtlich sein.

Bei den Trittschalldämmstoffen waren früher zwei Angaben von besonderer Bedeutung. Mit der Angabe von z. B. 25/20 wurde die Lieferdicke d_L mit 25 mm und die Dicke unter einer definierten Last d_B (Laborwert) mit 20 mm angegeben. 20 mm wurden zudem bei der Planung berücksichtigt, obwohl sich die Dämmschichten unter der Last des Estrichs natürlich nicht um 5 mm zusammendrückten, sondern allenfalls je nach Material bis zu ca. 1 bis 3 mm. Die zweite Angabe bezog sich auf die dynamische Steifigkeit, die das schalltechnische Verhalten beschrieb. Die Einteilung erfolgte in Steifigkeitsgruppen, deren Zahl die maximale dynamische Steifigkeit s′ in MN/m^3 angab. Die niedrigste Steifigkeitsgruppe war bisher 10, wodurch Mineralfaserdämmschichten benachteiligt wurden, da sie bereits bei geringer Dicke Steifigkeiten deutlich <10 aufwiesen, aber in der Planung stets mit 10 gerechnet werden musste.

Seit vielen Jahren gibt es bei den Dämmstoffen nur noch die Angabe der Lieferdicke d_L, in der Regel in Abstufungen von 5 mm. Darüber hinaus wird der c-Wert angegeben,

H. Timm et al., *Estriche, Parkett und Bodenbeläge*,
https://doi.org/10.1007/978-3-658-25847-4_4

Tab. 4.1 Übersicht Normen – Dämmstoffe

Norm	Kurzzeichen	Art
EN 13162	MW	Mineralwolle
EN 13163	EPS	Polystyrol, expandiert
EN 13164	XPS	Polystyrol, extrudiert
EN 13165	PUR	Polyurethan-Hartschaum
EN 13166	PF	Phenolharz-Schaum
EN 13167	CG	Schaumglas
EN 13168	WW	Holzwolle
EN 13169	EPB	Blähperlite
EN 13170	ICB	Kork, expandiert
EN 13171	WF	Holzfasern

Tab. 4.2 Anwendungstypen nach DIN V 4108-10 – Auszug

Typ	Beschreibung	Verwendung – Beispiele
dg	Geringe Druckbelastbarkeit	Unter Estrichen im Wohn- und Bürobereich
dh	Hohe Druckbelastbarkeit	Unter genutzten Dachflächen und Terrassen
ds	Sehr hohe Druckbelastbarkeit	Unter Industrieböden und Parkflächen
dx	Extrem hohe Druckbelastbarkeit	Unter Industrieböden und Parkflächen
sh	Trittschalldämmung mit erhöhter Zusammendrückbarkeit	Unter Estrichen
sg	Trittschalldämmung mit geringer Zusammendrückbarkeit	Unter Estrichen

der die Zusammendrückbarkeit unter definierten Bedingungen angibt. Auch hierbei handelt es sich um einen reinen Laborwert. Die Lieferdicke wird zur Planung der Konstruktion herangezogen. Hinzu kommt ein hochgerechneter Wert X_t, der die Dickenminderung unter Langzeitbelastung angibt.

Die dynamische Steifigkeit wird jetzt mit dem Kurzzeichen SD angegeben und um den Wert SD 7 erweitert.

Daneben gibt es Angaben zu Grenzabmaßen, der Wärmeleitfähigkeit, zum Brandverhalten u. v. m. Von Bedeutung ist auch, dass der Hersteller Angaben zur zulässigen Verkehrslast machen muss.

Die wichtigsten Angaben in einem Beispiel:

Trittschalldämmplatte EPS 045T 40-3 nach DIN EN 13163, Anwendungstyp DES sm, SD 10, Verkehrslast 3,0 kN/m² (kPa), Einzellast max. 2,0 kN.

Diese Angaben bedeuten:

- Polystyrol-Hartschaum, expandiert
- Wärmeleitgruppe 045
- Lieferdicke 40 mm mit einem c-Wert der Zusammendrückbarkeit von 3 mm
- Genormter Dämmstoff, entspricht den Anforderungen der DIN EN 13163
- Anwendungstyp: Innendämmung unter Estrichen mit Schallschutzanforderungen (DES)
- mittlere Zusammendrückbarkeit (sm)
- Dynamische Steifigkeit 10 MN/m^3
- Zulässige Verkehrslast 3 kPa oder kN/m^2 bei einer max. Einzellast von 2 kN

Die Hersteller von Dämmstoffen haben teils geprüfte Regelaufbauten entwickelt, die auch für den Planer sehr hilfreich sind. Es empfiehlt sich dennoch immer eine speziell auf das Objekt bezogene Prüfung.

Die Eigenmasse des Estrichs ist bei der Belastbarkeit der Dämmschicht zu berücksichtigen. Die Eigenmasse belastet die Dämmschicht bereits. Die Nutzlast müsste daher die Differenz aus zulässiger Verkehrslast und Eigenmasse Estrich sein. Bereits berücksichtigt kann die Eigenmasse nicht sein, weil Estrichart und -dicke variieren können. Es ist ein Unterschied, ob ein Standardestrich CT mit 45 mm Dicke eine Eigenmasse von 90 kg/m^2 aufweist oder ein Estrich CT für hohe Lasten eine Dicke von 110 mm mit einer Eigenmasse von 220 kg/m^2.

Bei Wärmedämmstoffen wird es, neben der Wärmeleitfähigkeit, vorwiegend auf die genaue Wahl des Anwendungstyps ankommen, also neben dem Typ DEO auf die Auswahl der Druckbelastbarkeit dg (gering), dh (hoch), ds (sehr hoch) und dx (extrem hoch).

Sofern eine Durchfeuchtung durch Wasser und/oder Diffusion stattfinden kann, werden die Typen wf (Wasseraufnahme durch flüssiges Wasser) und wd (Aufnahme durch Wasser und/oder Diffusion) einzusetzen sein.

Bei trittschalldämmender Bahnenware aus Polyethylenschaum (PE) kam es in einigen Fällen zu einer Verflachung, weil die Zellen platzten. Die Ursache war immer eine Überlastung allein aus der Eigenmasse des Fußbodenaufbaus. Die Hersteller dieser Bahnen geben teils die Dauerbelastbarkeit an, die meistens ca. 2 kN/m^2 beträgt. Die zusätzliche Nutzlast aus der Beanspruchung darf dann schon bei üblichen Estrichdicken um 50 mm nur noch ca. 1 kN/m^2 betragen. Verflachungen der Bahn führten zu Absenkungen des Fußbodens und zu einer deutlichen Reduzierung der trittschallmindernden Wirkung.

4.1 Dämmstoffarten

Die unter Estrichen eingesetzten Dämmstoffarten sind u. a. (Kurzbeschreibung):

Polystyrol-Hartschaum EPS

Rohdichte	20 kg/m^3 oder 30 kg/m^3
Wärmeleitfähigkeit	0,040 W/(mK)
Brandschutz	B 1
μ-Wert	30–70

Einsatz als Wärmedämmschicht DEO (PS 20 SE, PS 30 SE) und als Trittschalldämmschicht

Extrudierter Polystyrol-Hartschaum XPS

Rohdichte	>30 kg/m^3
Wärmeleitfähigkeit	0,035 bis 0,040 W/(mK)
Brandschutz	B 1
μ-Wert	80–200

Einsatz als Wärmedämmschicht DEO bei höheren Lasten

Mineralfaser (Steinwolle)

Rohdichte	25 bis 150 kg/m^3
Wärmeleitfähigkeit	0,035 bis 0,040 W/(mK)
Brandschutz	A 1
μ-Wert	1

Einsatz als Wärmedämmschicht DEO und als Trittschalldämmschicht, auch hochbelastbare Trittschalldämmschichten

Mineralfaser (Glaswolle)

Rohdichte	20 bis 60 kg/m^3
Wärmeleitfähigkeit	0,040 W/(mK)
Brandschutz	A 1/A 2
μ-Wert	1

Einsatz als Trittschalldämmschicht

Holzweichfaser

Rohdichte	<160 kg m^3
Wärmeleitfähigkeit	0,045 bis 0,060 W/(mK)
Brandschutz	B 2
μ-Wert	5–10

Einsatz als Wärmedämmschicht DEO, Trittschalldämmschicht, Abdeckung von Trittschal ldämmschichten

Holzwolle-Leichtbauplatte HWL

Rohdichte	350 bis 600 kg/m^3
Wärmeleitfähigkeit	0,09 W/(mK)
Brandschutz	B 1
μ-Wert	2–5

Einsatz als Wärmedämmschicht DEO, Abdeckung von Trittschalldämmschichten

Blähton

Rohdichte	300 bis 1000 kg/m^3
Wärmeleitfähigkeit	0,08 bis 0,12 W/(mK)
Brandschutz	A 1
μ-Wert	1–8

Einsatz als Ausgleichsschicht unter Estrichen

Perlite

Rohdichte	40 bis 90 kg/m^3
Wärmeleitfähigkeit	0,045 bis 0,07 W/(mK)
Brandschutz	A 1, B 2
μ-Wert	3–4

Einsatz als Ausgleichsschicht unter Estrichen

Schaumglas

Rohdichte	100 bis 170 kg/m^3
Wärmeleitfähigkeit	0,040 bis 0,050 W/(mK)
Brandschutz	A 1
μ-Wert	praktisch dampfdicht

Einsatz als Wärmedämmschicht DEO bei hohen Lasten

Kork

Rohdichte	80 bis 500 kg/m^3
Wärmeleitfähigkeit	0,045 W/(mK)
Brandschutz	B 2
μ-Wert	5–10

Trittschalldämmschicht

5 Bewehrung von Estrichen

Früher wurden schwimmende Estriche häufig armiert. Dies mit der irrigen Absicht dadurch die Festigkeit und Tragfähigkeit des Estrichs zu erhöhen. Beides hat sich jedoch als falsch erwiesen. Geblieben ist die Eigenschaft bei vorkommen von Rissen Höhenversätze zu vermeiden. Risse verhindern, aus welchem Grund sie auch immer entstehen, können Armierungen nicht.

Meist wird durch die problematische Einarbeitung der Bewehrung das Ergebnis verschlechtert. Da bereits der Riss im Estrich, welcher sich z. B. in einem keramischen Bodenbelag fortsetzt einen wesentlichen Mangel begründet, würde die Verhinderung von Höhenversätzen daran nichts ändern.

Da aus der Sicht der Autoren der technische Unsinn einer Bewehrung zwischenzeitlich in Fachkreisen gängige Meinung ist wird auf eine Vertiefung dieser Thematik an dieser Stelle verzichtet.

H. Timm et al., *Estriche, Parkett und Bodenbeläge*,
https://doi.org/10.1007/978-3-658-25847-4_5

6 Anforderungen

Estriche werden mit und ohne Belag in sehr verschiedener Weise genutzt und beansprucht. Der Estrich muss genau auf das Nutzungsprofil abgestimmt werden. Den universellen Estrich gibt es nicht. Es ist nicht sinnvoll, dem Auftragnehmer die Festlegung der Anforderungen zu überlassen. Dies wäre zwar ein einfacher Weg für den Planer, jedoch wird sich kein optimales Ergebnis einstellen. Nur der Planer kann das Anforderungsprofil gemeinsam mit dem Auftraggeber im Zuge der Grundlagenermittlung erarbeiten und daraus ein Leistungsverzeichnis erstellen, das den Estrich sehr genau beschreibt.

DIN EN 13813 und DIN 18560 fordern, den Estrich in seinen einzelnen Eigenschaften zu beschreiben und zu deklarieren. Häufig kommt es nur auf eine hohe Biegezugfestigkeit an, während die Druckfestigkeit weniger von Bedeutung ist. Das kann jetzt in Grenzen frei ausgeschrieben werden. Der Hersteller von Estrichen muss bzw. kann die Eigenschaften des Estrichs nach Durchführung einer Erstprüfung deklarieren. Eine Anmerkung in DIN 18560-1 weist darauf hin, dass Wiederholungen einer Erstprüfung nur dann erforderlich sind, wenn Änderungen bei der Herstellung und/oder bei den Ausgangsstoffen relevant für die deklarierten Eigenschaften sind. Nicht empfehlenswert ist es in der Ausschreibung dem Auftragnehmer Rezepturen vorzugeben. Bei einer Rezepturvorgabe müsste zudem möglicherweise zunächst eine Erstprüfung durchgeführt werden. Bei Verwendung bestimmter Additive, z. B. bei den meisten Additiven zum Erreichen einer schnellen Belegbarkeit, schreiben allerdings die Additiv-Hersteller auch die Ausgangsstoffe für den Estrich vor.

In DIN EN 13813 ist festgelegt, welche Eigenschaften eines normenkonformen Estrichs deklariert werden müssen und welche freiwillig zusätzlich deklariert werden können.

H. Timm et al., *Estriche, Parkett und Bodenbeläge*,
https://doi.org/10.1007/978-3-658-25847-4_6

6.1 Biegezugfestigkeit – Nenndicke – Zugfestigkeit

Die Biegezugfestigkeit bestimmt gemeinsam mit der Estrichdicke die Tragfähigkeit von Estrichen auf Dämm- und Trennschichten, bzw. von Estrichen ohne Verbund zum Untergrund. Bei Estrichdicken bis ca. 40 mm hat zudem die dynamische Steifigkeit der Dämmschicht (Bettung) einen wesentlichen Einfluss auf die Höhe der im Estrich unter Last entstehenden Biegespannungen. Oberhalb von 40 mm Nenndicke nimmt der Einfluss der Dämmschicht zunehmend ab. Dennoch muss die Dämmschicht bei jeder Estrichdicke immer für die vorgesehene Verkehrslast geeignet sein.

Bei Estrichen auf Dämm- und Trennschicht erübrigt sich die Festlegung einer Druckfestigkeit, da unter Last im Wesentlichen nur Biegespannungen entstehen.

Bei Verbundestrichen mit einer Nenndicke bis 40 mm muss wieder hilfsweise eine Biegezugfestigkeitsklasse gefordert werden, da die Druckfestigkeit dünner Estriche nicht hinreichend genau prüfbar ist.

Nenndicke

In Fachkreisen wird häufig der Begriff „Estrichstärke" verwendet, wenn die Estrichdicke gemeint ist. Stärke drückt eine Kraft aus, Dicke eine Abmessung. Hier geht es um eine Abmessung und daher um die Dicke. Estrichdicke ist zudem der genormte Begriff.

Estriche sind grundsätzlich in gleichmäßiger Dicke auszuführen, wenn der Estrich normenkonform sein soll. Dickenangaben in Normen, Regelwerken und Verträgen sind in der Regel Nenndicken, d. h. die im Mittel einzuhaltenden Dicken. Wird in Regelwerken dagegen die Mindestdicke angegeben, ist das stets die Dicke, die auch lokal nicht unterschritten werden darf. Lokal darf der Estrich im Rahmen der Festlegungen in DIN 18560-1 dünner sein, und zwar

- bei Nenndicken von 20 mm bis 50 mm um 5 mm,
- bei Nenndicken von 60 mm bis 80 mm um 10 mm.

Bei Nenndicken von 10 mm, 15 mm und >80 mm sind die Mindestdicken zu vereinbaren.

Festlegungen gibt es ebenso zu den Mindestdicken bei Hartstoffestrichen, was technisch fragwürdig ist. Denn hier werden lokale Unterschreitungen um 1 mm bis 4 mm gestaffelt bei den Nenndicken 4 mm bis 10 mm zugelassen, darüber 5 mm. Bei Nenndicken unter 4 mm ist gar eine Unterschreitung um 20 % zulässig. Das ist messtechnisch bei Streitigkeiten kaum nachzuweisen. Besonders bei einer frisch-in-frisch-Verlegung wird ein Teil der Hartstoffschicht in einer Größenordnung von durchaus ca. 1 mm in den Untergrund gedrückt und entzieht sich der Messmöglichkeit. Messungen werden bei diesen dünnen Schichten immer nur Annäherungen sein. Beanstandungen sind nur dann schlüssig, wenn die Differenz von Nenndicke und gemessener Dicke gravierend ist,

z. B. Nenndicke 10 mm und Messdicke im Mittel 5 mm. Das auch unter dem Gesichtspunkt, dass die Festlegung der Nenndicken von Hartstoffestrichen in DIN 18560-7 eher auf guter Lobbyistentätigkeit im Normenausschuss beruht, als auf technischen Fakten. In der Praxis gibt es z. B. bei der Hartstoffgruppe A keine erkennbaren Nutzungseinschränkungen zwischen den Nenndicken 8 mm, 10 mm oder 15 mm. Man hätte hier besser je Hartstoffgruppe nur eine einzige Mindestdicke angeben sollen.

Konstruktionen, bei denen ausdrücklich eine unterschiedliche Estrichdicke (z. B. Gefälleestrich) ausgeführt werden soll, sind Sonderkonstruktionen und nicht normenkonform. Werden ungeplant, z. B. wegen hoher Maßabweichungen im Untergrund, bereichsweise Dicken oberhalb der Nenndicke ausgeführt, so sind diese Bereiche zu kennzeichnen, da die höhere Dicke Auswirkungen auf die Austrocknungszeit und damit auf den Zeitpunkt der Belegbarkeit hat. Der Bodenleger muss diesen Bereich gezielt hinsichtlich der Restfeuchte prüfen können.

Diese Festlegungen gelten nur für den Estrich als Lastverteilungsschicht bzw. Nutzschicht. Ausgleichestriche dürfen selbstverständlich ungleichmäßige Dicken, z. B. zur Ausbildung eines Gefälles, haben.

Biegezugfestigkeit

DIN EN 13813 nennt die möglichen Biegezugfestigkeitsklassen F (Flexural) in N/mm^2 von 3 bis 50.

Beispiel: Der Standardestrich auf Dämmschicht nach DIN 18560-2 wird als CT – F 4 bezeichnet. Hier wird deutlich, dass nur die Biegezugfestigkeit von Bedeutung ist, wenn der Estrich auf einer Dämm- oder Trennschicht liegt. Diese eindeutige und alleinige Festlegung der Biegezugfestigkeitsklasse trägt dazu bei dass die sinnfreien Prüfungen der Druckfestigkeit bei Estrichen auf Dämm- und Trennschichten unterbleiben.

Der Wert F 4 bedeutet, dass der Estrich unter definierten und optimalen Bedingungen in einer Prüfserie (Erstprüfung, Güteprüfung bzw. Produktions-Kontrollprüfung) eine Biegezugfestigkeit von im Mittel mind. 4 N/mm^2 aufweisen muss. Dieser Wert kann jedoch nicht am verlegten Estrich in einer Bestätigungsprüfung erwartet werden. DIN 18560-2 gibt die am Bau zu erreichenden Werte für die einzelnen Estricharten und Verlegearten an.

An dieser Normenfestlegung ist zu kritisieren, dass man bei Estrichen auf Dämmschichten nicht einen einheitlichen prozentualen Abschlag festgelegt hat, der in einer älteren Norm 37,5 % betragen hatte, sondern recht willkürliche Werte zwischen 30 % (F 5), 36 % (F 7) und 37,5 % (F 4). Bei Estrichen auf Trennschicht hält man an dem bisherigen Abschlag von 30 % fest. Das heißt, die Klasse F 5 muss in der Bestätigungsprüfung unabhängig von der Verlegeart immer im Mittel mind. 3,5 N/mm^2 erreichen, während die Klassen F 4 und F 7 bevorzugt werden. Das ist kaum nachvollziehbar (Abb. 6.1).

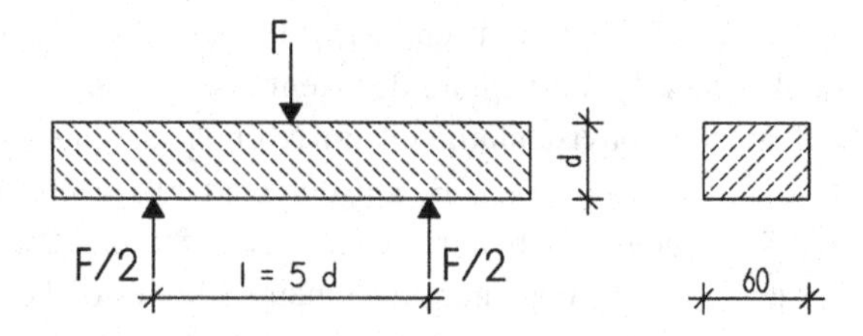

Abb. 6.1 Prinzip der Biegezugfestigkeitsprüfung in der Bestätigungsprüfung

Die Biegezugfestigkeit β_{BZ} in N/mm^2 errechnet sich nach der folgenden Formel:

$$\beta_{BZ} = \frac{1{,}5 \times F \times l}{b \times d^2}$$

F Bruchkraft in N
l Stützweite in mm
b Prüfkörperbreite im Bruch in mm
d Estrichdicke im Bruch in mm

Da die Prüfkörper zur Prüfung der Biegezugfestigkeit je nach Estrich- und Verlegeart variieren, enthalten die einzelnen Normenteile der DIN 18560 hierzu Hinweise. In der Regel werden in der Bestätigungsprüfung aus einer Platte des Estrichs 60 mm breite Prüfstreifen geschnitten. Die Stützweite soll etwa der 5-fachen Estrichdicke entsprechen. Bei Industrieestrichen gibt es abweichende Festlegungen, ebenso bei der Eignungsprüfung, der Erstprüfung und der Produktionskontrolle. Die Zugzone ist unten. Dort soll je nach Estrichart die Unterseite oder die Oberseite des Estrichs liegen. Die Lasteinleitungsfläche und die Auflagerflächen werden in der Bestätigungsprüfung plan geschliffen oder mit Gips abgeglichen (Abb. 6.2).

Zugfestigkeit

Die Zugfestigkeit wird in keiner Norm beschrieben, entsprechend gibt es keine Anforderungen. Das ist nachvollziehbar, weil man eine bestimmte Zugfestigkeit nicht gezielt herstellen muss und kann. Die Größenordnung der Zugfestigkeit in N/mm^2 ist bei üblichen Estrichdicken ein Bruchteil der Biegezugfestigkeit. Die Zugfestigkeit hat dann eine besondere Bedeutung, wenn z. B. ein Estrich auf Dämm- oder Trennschicht mit einem weiteren Estrich belegt wird. Das ist z. B. bereits dann der Fall, wenn diese Estriche gespachtelt werden. Baut die Spachtelmasse (Ausgleichsmasse) im Zuge des Schwindens Kräfte auf, kann z. B. ein Gussasphaltestrich reißen, weil sich die Kraft als Zugkraft so schnell aufbaut, dass keine Zeit für einen Spannungsabbau durch Verformung bleibt. Sehr häufig wird auf vorhandener Lastverteilungsschicht (CA, CAF und CT-Estriche) ein weiterer Estrich verlegt, meistens ein Designestrich, aber es könnte auch eine Nivelliermasse zum Höhenausgleich sein. Schwindet der weitere Estrich relevant, bauen sich hohe Kräfte auf, die im unteren Estrich als Zugkräfte wirken. Die Zugfestigkeit des unteren Estrichs wird dabei häufig überschritten und es bilden sich Risse in

Abb. 6.2 Prüfstreifen in einer Prüfeinrichtung für die Biegezugfestigkeit (Hansa-Nord-Labor, Pinneberg)

großer Zahl und hoher Breite. Das passiert auch bei durchaus festen unteren Estrichen, wenn deren Dicke im üblichen Bereich liegt. Nur sehr dicke Lastverteilungsschichten können so hohe Zugkräfte aufnehmen, dass keine Risse entstehen. Man findet bei Herstellern von mineralischen Ausgleichsmassen und Dünnestrichen häufig warnende Hinweise, wenn z. B. als Untergrund ein Beton gefordert wird. Dieser kann nämlich wegen der üblicherweise deutlich höheren Dicke sehr hohe Zugkräfte aufnehmen. Für üblich dicke Estriche sind diese Massen nicht geeignet.

In einem Schadensfall (Risse in einem Magnesiaestrich als Designestrich auf CA-Estrich) warf ein Sachverständiger dem Planer vor, er hätte die Biegezugfestigkeit des CA-Estrichs zu gering bemessen. Dieser Vorwurf konnte keinen Bestand haben. Eine Erhöhung der Biegezugfestigkeit führt nur zu einer sehr geringen Erhöhung der Zugfestigkeit. Die Ursache war hier vielmehr eine fehlende Abstimmung von Magnesiaestrich (Dicke, Schwindverhalten) und der Dicke des CA-Estrichs. Man hätte entweder die Dicke des MA-Estrichs zur Spannungsverringerung deutlich absenken oder die des CA-Estrichs erheblich erhöhen müssen, damit dieser hohe Zugkräfte hätte aufnehmen können. In einem anderen Fall hatte ein 8 mm dicker CT-Estrich (mineralischer Dünnestrich, gemäß Hersteller nur auf Betonuntergründen verwendbar, sonst nur nach Einzelzustimmung) einen ca. 60 mm dicken CT-F4 Heizestrich der Bauart A an vielen Stellen mit hoher Rissbreite zerrissen.

6.2 Druckfestigkeit

Verbundestriche werden in der Regel nicht auf Biegezug beansprucht. Daher ist nach DIN 18560-3 bei Verbundestrichen ab Nenndicke 45 mm nur die Druckfestigkeitsklasse C (Compression) nach DIN EN 13813 mit Werten zwischen 5 und 80 N/mm^2 festzulegen. DIN 18560-3 gibt Mindestwerte an, die unabhängig von der Estrichart einzuhalten sind:

- **Verbundestrich zur Aufnahme von Belägen: C 20 (F 3 bis 40 mm Nenndicke)**
- **Verbundestrich zur direkten Nutzung ohne Belag: C 25 (F 4 bis 40 mm Nenndicke).**

Dass die Norm dann bei Verbundestrichen bis 40 mm Nenndicke die Prüfung der Biegezugfestigkeit im Rahmen der Bestätigungsprüfung vorsieht, bedingt die Festlegung einer Biegezugfestigkeitsklasse bei derart dünnen Verbundestrichen. Es ist äußerst schwierig, große Prüfkörper zur Prüfung der Biegezugfestigkeit aus einem Verbundestrich herauszuarbeiten. Man müsste Bohrkerne einschl. Unterbeton entnehmen und im Labor dann den Estrich abtrennen. Denn es wird bei einem guten Verbund nicht gelingen, vor Ort nur den Estrich abzutrennen.

Die Norm berücksichtigt auch bei Verbundestrichen, dass die Druckfestigkeit am verlegten Estrich nicht so hoch sein kann, wie unter den definierten Herstellungs- und Lagerbedingungen der Güteprüfung bzw. Produktions-Kontrollprüfung. Der Mittelwert der Druckfestigkeit darf daher in der Bestätigungsprüfung bis zu 30 % unter dem Wert der Güteprüfung liegen (Abb. 6.3).

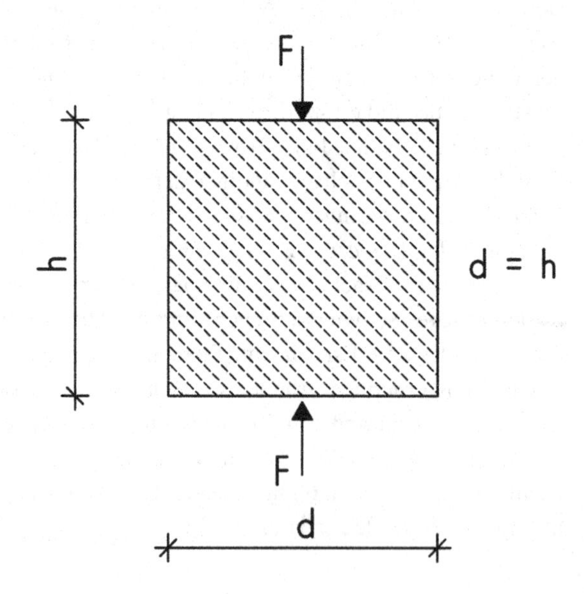

Abb. 6.3 Prinzip der Druckfestigkeitsprüfung

Die Druckfestigkeit β_D in N/mm^2 bei Bohrkernen errechnet sich nach der Formel:

$$\beta_D = \frac{4 \times F}{\pi \times d^2}$$

Die Formel für Prismenhälften und Würfel:

$$\beta_D = \frac{F}{A}$$

F Bruchkraft in N
d Bohrkern-Durchmesser (d) in mm
A Druckfläche des Würfels oder Prismenhälfte in mm^2.

6.3 Tragfähigkeit bei hohen Flächen- und Einzellasten

Estriche auf Dämm- und Trennschichten, sowie Estriche ohne Verbund, verwölben bzw. verbiegen sich unter Lasteinwirkung. Es entstehen Biegezugspannungen, die bei einer Fehldimensionierung der Estriche unmittelbar nach Belastung oder im Laufe der Zeit durch Materialermüdung zur Rissbildung führen.

Lasten auf Estrichen sind selten gleichmäßig verteilt. In der Regel sind Einzellasten aus Regalen oder Radlasten aus Flurförderfahrzeugen zu berücksichtigen. Lasten am Rand eines Estrichfeldes erzeugen – im Vergleich zu Lasten in Flächenmitte – bis zu etwa doppelt so hohe Biegespannungen, weshalb dieser Lastfall Planungsgrundlage sein muss. Das Ausgehen von einer angenommenen Flächenlast ist daher nur bedingt geeignet. Dennoch ist die Flächenlast ein guter Ansatz, wenn eine gewisse Sicherheit in der Lastannahme enthalten ist.

Für die Dimensionierung des Estrichs gibt es sowohl Rechenverfahren, z. B. nach Manns/Zeus, als auch Verfahren zur Abschätzung über die Bruchkraft, aufgenommen in DIN 18 560-2. Bei höheren Einzellasten, wie z. B. Regalen, Flurförderfahrzeugen, Stützen auf dem Estrich, Trennwänden auf dem Estrich usw., kommt man mit der Bruchkraftrechnung nur begrenzt weiter. Die vorgenannten Verfahren wurden für Estriche auf Dämmschicht entwickelt. Sie können jedoch mit guter Praxistauglichkeit auch bei Estrichen auf Trennschicht angewendet werden.

Immer gilt:
Bei Estrichen auf Dämm- und Trennschichten für Flächenlasten >5 kN/m2 (Einzellasten >4 kN) und wenn geringere Dicken als nach den Tabellen 1 bis 4 der DIN 18560-2 (DIN 18560-4 Tabelle 1) eingebaut werden sollen, ist die Biegezugfestigkeit des fertig verlegten Estrichs (Bestätigungsprüfung) explizit vertraglich zu vereinbaren, weil die Norm in diesen Fällen keine Soll-Werte vorgibt!

In der Formel der Biegezugfestigkeit kommt der Estrichdicke eine besondere Bedeutung zu. Sie geht im Quadrat ein. Die Bruchkraft ändert sich bei der Prüfung der Biegezugfestigkeit bei allen Veränderungen von Festigkeit, Prüfkörperbreite, Estrichdicke (Prüfkörperhöhe) und Stützweite. Wenn man also einen Estrich für höhere Lasten planen will, benötigt man zunächst einen Ausgangsestrich, von dem man genau weiß, welchen Lasten er bei welcher Dicke widersteht. Hier greift man z. B. auf den in DIN 18 560-2 genormten CT – F 4 zurück. Er ist bei einer Biegezugfestigkeit $ß_{BZ} = 2{,}5$ N/mm² und einer mittleren Dicke von 45 mm (40 mm bei dünneren Dämmschichten) für eine Flächenlast von 2 kN/m² ausgelegt.

Die Formel der Biegezugfestigkeit wird nach F (Bruchkraft) umgestellt:

$$F = \frac{\beta_{BZ} \times b \times d^2}{l \times 1{,}5}$$

Für b (Prüfkörperbreite) und l (Stützweite) können anfangs beliebige Werte eingesetzt werden. Wir prüfen hier nicht die Bruchkraft unter definierten Festlegungen, sondern wir vergleichen rechnerisch zwei Estriche, nämlich den Ausgangsestrich mit einem Estrich für höhere Lasten. Keinesfalls dürfen wir aber innerhalb dieses Vergleichs die Werte von b und l ändern und z. B. grundsätzlich $l = 5 \times d$ bei beiden Estrichen verwenden.

Hierzu ein Beispiel:

Ausgangsestrich nach Norm CT – F 4: $ß_{BZ}$ 2,5 N/mm², **d = 45 mm,** l = 225 mm

$$F = \frac{2{,}5 \times 60 \times 45 \times 45}{225 \times 1{,}5} = 900\,\text{N}$$

Der Vergleichsestrich hat ebenso $ß_{BZ}$ 2,5 N/mm², aber **d = 90 mm.**

Der Vergleich sieht dann so aus:

$$F = \frac{2{,}5 \times 60 \times 90 \times 90}{225 \times 1{,}5} = 3600\,\text{N}$$

Die Dicke geht im Quadrat ein und eine Verdoppelung der Dicke führt zu einer vierfachen Bruchkraft bzw. Tragfähigkeit. Um die vierfache Tragfähigkeit mit einer Festigkeitserhöhung zu erreichen, müsste die Biegezugfestigkeit von 2,5 N/mm² auf 10 N/mm² erhöht werden, was praktisch nicht umsetzbar ist.

Hätte man den Fehler gemacht und grundsätzlich mit $l = 5 \times d$ gerechnet, also mit einer Stützweite von 90 mm × 5 = 450 mm, so hätte der Vergleichsestrich eine Bruchkraft von 1800 N aufgewiesen. Das wäre aber so, als müsste der Statiker bei der Berechnung einer Decke mit größerer Dicke zwangsweise die Wände auseinanderrücken. Leider kann man diesen Denkfehler auch in der aktuellen Fachliteratur finden. Die Festlegung $l = 5 \times d$ ist eine reine Prüfvorschrift für eine ganz bestimmte Prüfung. In DIN 18560 gibt es daneben z. B. auch Prüfvorschriften mit l = 500 mm unabhängig von der Estrichdicke bei bestimmten Eignungsprüfungen, l = 100 mm bei Prüfungen von Prismen 4 × 4 × 16 cm³, $l = 6 \times h$ bei Hartstoffestrichen oder $l = 3 \times d$ bei Verbundestrichen.

Bruchkraft-Abschätzung für lotrechte Flächenlasten

DIN 18560-2 lässt es zu, dass bei Nichterreichen der normengerechten Biegezugfestigkeit die Brauchbarkeit bzw. Tragfähigkeit über die Bruchkraft abgeschätzt wird, wenn die **Dicke** des Estrichs **über** der **vereinbarten Nenndicke** liegt. Dieses Bruchkraftverfahren hat sich seit über 40 Jahren bei Estrichen bewährt und kann auch allgemein verwendet werden, um die Tragfähigkeit von Estrichen auf Dämm- und Trennschichten für Flächenlasten, nicht für Einzellasten, einzuschätzen.

Beispiel:

Gemäß Vertrag sollte ein CT – F 4 auf Dämmschicht in einer vertraglich vereinbarten Nenndicke von 45 mm unter keramischen Fliesen hergestellt werden. Im Fliesenbelag markierten sich Risse. Ein Sachverständiger führte eine Bestätigungsprüfung durch. Im Labor wurde die Biegezugfestigkeit mit i. M. 2,0 N/mm^2 festgestellt. Der Estrich wies also keine normenkonforme Festigkeit auf. Die Estrichdicke betrug jedoch i. M. 55 mm. Die Prüfkörper wurden vor der Festigkeitsprüfung nicht auf die Vertragsdicke abgearbeitet, was zulässig gewesen wäre, aber die folgende Bruchkraftrechnung verhindert hätte.

Zunächst die Bruchkraft gemäß Vertrag:

$$F = \frac{2{,}5 \times 60 \times 45 \times 45}{225 \times 1{,}5} = 900\,\text{N}$$

Hierbei wurde $l = 5 \times 45$ mm $= 225$ mm gewählt. Jeder andere Wert wäre ebenso richtig gewesen.

Entscheidend ist nur, dass l jetzt in der Berechnung des verlegten Estrichs nicht verändert wird:

$$F = \frac{2{,}0 \times 60 \times 55 \times 55}{225 \times 1{,}5} = 1076\,\text{N}$$

Obwohl der Estrich keine normenkonforme Biegezugfestigkeit aufweist, ist er dennoch im Sinne der DIN 18560 ausreichend tragfähig und damit gebrauchstauglich.

Für die Praxis ist es nun ausreichend anzunehmen, dass mit Erhöhung der Bruchkraft proportional eine Erhöhung der Flächenlast einhergeht. Doppelte Bruchkraft gleich doppelte zulässige Flächenlast usw.

Bei einem rechnerischen Vergleich von Estrichen werden folgenden Variablen feste beliebige Werte zugeordnet, die für den Ausgangsestrich und Vergleichsestrich gleichermaßen gelten:

Prüfkörperbreite	**b**	**Stützweite l**

Die Variablen mit veränderbaren Werten sind:

Biegezugfestigkeit	**$ß_{BZ}$**	**Estrichdicke**	**d**

Die Bruchkraft ist kein absoluter Wert. Es macht technisch keinen Sinn Bruchkräfte anstelle der Biegezugfestigkeiten zu vereinbaren. Eine Bruchkraft gilt immer nur für ein bestimmtes d, b und l.

Manchmal ist die untere Zone eines Estrichs etwas aufgelockert und trägt nichts oder wenig zur Gesamtfestigkeit bei. In die Berechnung der Biegezugfestigkeit geht aber die Gesamtdicke ein. DIN 18560 würde es zulassen, die Unterseite vor der Prüfung abzuarbeiten und zwar bis zur vereinbarten Nenndicke. Wer aber die Tragfähigkeit – wie oben – über die Bruchkraft abschätzen will, also mit der höheren Dicke die zu niedrige Festigkeit kompensieren will, darf zur Ermittlung der Biegezugfestigkeit natürlich nicht die Werte der abgearbeiteten Probe heranziehen. Also, entweder abarbeiten, wenn der untere Bereich aufgelockert ist, oder über die Bruchkraft rechnen, mit voller Dicke bei der Prüfung der Biegezugfestigkeit!

Nach DIN 18560-2 darf nicht nur eine zu geringe Festigkeit durch eine höhere Dicke kompensiert werden, sondern auch eine geringe Dicke durch eine höhere Festigkeit. Die Neufassung der Norm lässt dies jetzt bei Heizestrichen und bei unbeheizten Estrichen unter Stein- und keramischen Belägen mit einer Nenndicke bis zu 35 mm zu. Der Nachweis bei diesen Estrichen mit Nenndicken <45 mm (CAF < 40 mm) soll in einer Eignungsprüfung erfolgen, die bei normenkonformen Estrichen sowieso erfolgen muss (Erstprüfung). Der Nachweis in Form einer Bestätigungsprüfung, z. B. bei einem Schaden, ist nicht vorgesehen. Für einen Sachverständigen muss es im Zweifel dennoch zulässig sein, die Tragfähigkeit mittels einer Bestätigungsprüfung nachzuweisen, wenn z. B. die Gebrauchstauglichkeit untersucht werden soll.

Die Norm verlangt in dieser Eignungsprüfung eine Bruchkraft von **400 N** bei **500 mm** Stützweite und 60 mm Probenbreite. Bei 35 mm Nenndicke entspräche das einer mittlerer Biegezugfestigkeit von mind. 4 N/mm^2 am verlegten Estrich (Bestätigungsprüfung). Das ist mit konventionellen Estrichen mit einer Kunststoff-Modifizierung gerade erreichbar, mit Fließestrichen jedoch in der Regel kein Problem. Zudem darf die Durchbiegung unter definierten Prüfbedingungen nur max. 0,15 mm betragen.

Bei unbeheizten Estrichen unter anderen Bodenbelägen als Stein bzw. Keramik, darf die Nenndicke nach oben (80 mm stellen eine empfohlene Grenze dar) oder unten (bis zu 35 mm) je nach deklarierter Biegezugfestigkeitsklasse verändert werden.

Grundsätzlich darf bei Abschätzungen oder Berechnungen der Tragfähigkeit von Heizestrichen bei den Bauarten DIN 18560-2 Typ A nur die Dicke oberhalb der Heizelemente angerechnet werden.

Der in DIN 18560-2 hinsichtlich der Biegezugfestigkeit und Dicke definierte Standard-Estrich CT – F 4 mit 45 mm Nenndicke (40 mm bei Dämmschichten bis 40 mm Dicke), ist für eine Flächenlast bis zu 2 kN/m^2 geeignet. Die Norm enthält Planungshinweise bis zu 5 kN/m^2.

Die folgende Tabelle enthält Beispiele für typische Flächenlasten (Tab. 6.1)

Tab. 6.1 Beispiele für Flächenlasten – Einzellasten und Fahrbeanspruchung zusätzlich berücksichtigen!

Nutzung	Flächenlast in kN/m²
Wohnflächen, Aufenthaltsräume	2,0
Büroflächen einschl. Flure	2,0
Schulen	3,0
Restaurants, Kirchen	4,0
Kinos, Ausstellungsräume, Bühnen	5,0
Verkaufsräume	5,0
Treppen, nicht öffentlich	3,0
Treppen, öffentlich	5,0
Balkone, Dachterrassen, Loggien	4,0

Zur Tragfähigkeit drei Faustregeln:

- **Die Biegezugfestigkeit erhöht die zulässige Flächenlast mit dem Faktor der Festigkeitserhöhung.**
- **Die zulässige Flächenlast erhöht sich um das Quadrat des Faktors der Dickenerhöhung.**
- **Estriche sollen so dünn wie möglich, aber so dick wie nötig geplant werden!**

Daraus ableitend, sollte bei der Planung von Estrichen für höhere Flächenlastbereiche zunächst die Dicke erhöht werden. Erst dann sollte die Biegezugfestigkeit erhöht werden. Das darf aber nicht zu extrem dicken Estrichen führen, die dann kaum verdichtet werden können und ein ungünstiges Austrocknungsverhalten zeigen.

Fließestriche haben hinsichtlich der Tragfähigkeit Vorteile, da sie die hohen Werte der Erstprüfung auch in der Bestätigungsprüfung erreichen. So sieht DIN 18560-2 für einen Calciumsulfat-Fließestrich CAF – F 4 bis F 7 auch keine Abschläge zwischen dem deklarierten Wert der Erstprüfung und der Bestätigungsprüfung vor.

Ein Zement-Fließestrich wurde in der Norm nicht berücksichtigt und muss daher als CT – F 4 auch als Fließestrich nur eine Biegezugfestigkeit von 2,5 N/mm² aufweisen, was nicht nachvollziehbar ist. Wenn also die hohe Biegezugfestigkeit in der Bestätigungsprüfung gewünscht wird, muss sie explizit vertraglich als zugesicherte Eigenschaft vereinbart werden!

Die Tab. 6.2 gilt nur für Dämmschichten mit einem c-Wert bis 3 (siehe Kap. 4) für unbeheizte Estriche. Einzellasten und Fahrbeanspruchung sind zusätzlich zu berücksichtigen! Alle Werte wurden zur Sicherheit aufgerundet! Dicken über 80 mm sind kritisch und erfordern besondere Überlegungen hinsichtlich der Mörtelbeschaffenheit, die sich gemäß DIN 18560-1 an DIN EN 206-1 orientieren soll.

Bei Dämmstoffdicken bis 40 mm dürfen die Werte um 5 mm reduziert werden, jedoch nicht unter 35 mm, bei keramischen Belägen und Steinbelägen generell unabhängig vom Dämmstoff nicht unter 45 mm (CAF nicht unter 40 mm). Soll unter Stein- und

Tab. 6.2 Mindest-Nenndicken in mm bei verschiedenen Nutzlasten – Dämmschicht >40 mm

Estrichart	Flächenlastbereiche in kN/m²					
	2,0	3,0	4,0	5,0	7,5	10
CAF – F 4	35	50	60	65	80	90
CAF – F 5	35	45	50	55	70	80
CAF – F 7	35	40	45	50	60	70
CA – F 4	45	65	70	75	95	110
CA – F 5	40	55	60	65	80	95
CA – F 7	35	50	55	60	75	85
MA – F 4	45	65	70	75	95	110
MA – F 5	40	55	60	65	80	95
MA – F 7	35	50	55	60	75	85
CT – F 4	45	65	70	75	95	110
CT – F 5	40	55	60	65	80	95
CT – F 7	35	50	55	60	75	85

keramischen Belägen die Nenndicke unter 45 mm bzw. 40 mm betragen, so sind eine ausreichende Tragfähigkeit und eine maximale Durchbiegung in einer Eignungsprüfung nachzuweisen.

Durch die Festlegung der Nenndicke von 45 mm (bei einem CT – F4) in DIN 18560 und DIN 18353 unter keramischen Belägen, haben wir im Wohnungsbau fast durchweg diese Dicke auch unter anderen Belägen. Dadurch sind die Estriche tragfähiger und können auch die üblichen Lasten aus Wohnregalen aufnehmen. Es empfiehlt sich im Wohnungsbau bei einem unbeheizten CT – F 4 unabhängig von der Dämmschichtdicke eine Standard-Nenndicke von 50 mm. Es gibt keinen nachvollziehbaren Grund, diese Dicke bei sehr dicken Wärmedämmschichten weiter zu erhöhen. Zwar sinkt die Bettungszahl mit zunehmender Dicke der Dämmschicht, aber das wirkt sich nur minimal auf die Tragfähigkeit aus. Bei dieser Nenndicke von 50 mm ist auch das Austrocknungsverhalten zeitlich noch vertretbar, Randlasten können aufgenommen werden und alle Bodenbeläge sind verlegbar.

Auslegung für Einzellasten

Flächenlasten sind lotrechte, ruhende und gleichmäßig verteilte Lasten und stellen somit keinesfalls den Regelfall dar. Vielmehr sind auch bei Estrichen auf Dämm- und Trennschichten Einzellasten, Radlasten und leichte dynamische Lasten nicht selten. Dynamische Lasten können nach Erfahrung mit Faktoren der Biegezugfestigkeit von 1,2 bis 2 oder der Dicke von 1,1 bis 1,4 berücksichtigt werden. Deutlich muss aber gesagt werden, dass Estriche auf Dämm- und Trennschichten nur sehr begrenzt belastbar sind und keinen Ersatz für Industrieestriche im Verbund darstellen.

Radlasten über 10 kN sind bei Estrichen auf Dämm- und Trennschichten sehr kritisch!

Anhaltswerte für Einzellasten (Radlasten) bis 10 kN:

Gabelstapler bis 2,5 t Gesamtgewicht

LKW bis 3 t Gesamtgewicht

Nach Manns/Zeus können Einzellasten am Rand im Vergleich zu Lasten in Plattenmitte zu fast doppelt so hohen Biegespannungen, insbesondere bei weichen Dämmschichten, führen. Daher muss der **Lastfall Rand** die Bemessungsgrundlage sein. Wenn man die Biegespannung bei Einzellasten am Rand berechnet, dann muss man daraus eine passende Biegezugfestigkeit ableiten. Nimmt man z. B. eine Einzellast im Wohnbereich in Form eines Bettpfostens. Bei einer Bettungszahl von KS = 1 (Trittschalldämmschicht), einer Aufstandsfläche von 8 cm Durchmesser, einer Estrichdicke von 35 mm und einer Einzellast von 0,5 kN beträgt die Biegespannung bei Randlast ca. 1,5 N/mm^2. Wir wissen aus Erfahrung, dass ein CT – F 4 mit einer Biegezugfestigkeit von 2,5 N/mm^2 hinreichend bemessen ist. Der Quotient aus Biegezugfestigkeit und max. zulässiger Biegespannung wird also bei ca. 1,5 bis 2 liegen.

Wichtig! Bei allen Abschätzungen oder Berechnungen ist die Biegezugfestigkeit einzusetzen, die am fertig verlegten Estrich erreicht werden soll bzw. erreicht wurde (Bestätigungsprüfung)! Die danach erforderliche Biegezugfestigkeit führt zu einer der in DIN 18560 definierten Biegezugfestigkeitsklassen oder sie ist vertraglich zu vereinbaren. Die Biegezugfestigkeit einer Güteprüfung (Produktions-Kontrollprüfung) ist ohne Bedeutung für die Tragfähigkeit, da diese zwar die Mörteleigenschaften nachweist, aber ohne die Einflüsse aus der Verlegung!

Die Bettungszahl KS einer Dämmschicht in MN/m^3 ist umso höher, je steifer die Dämmschicht ist.

Anhaltswerte:

Trittschalldämmschichten	**0,5 bis 10**
Wärmedämmschichten DEO dh	**10 bis 50**
Wärmedämmschichten DEO ds, dx	**50 bis 1000**
Schaumglas	**mind. 600, bis 25.000**
Trennschichten (Rechenwert)	**1000, in der Regel deutlich höher**

Bei weichen Dämmschichten entstehen höhere Biegespannungen im Estrich.

Manns und Zeus haben die Zusammenhänge bei verschiedenen Estrichdicken, Festigkeiten, Lastfällen (Rand, Ecke, Mitte) und Bettungszahlen untersucht. Aus diesen Untersuchungen kann abgeleitet werden, dass die Bettungszahl bei dünnen Estrichen bis ca. 40 mm sehr bedeutend ist, aber bei dickeren Estrichen mehr und mehr an Einfluss verliert.

Es wird also vorwiegend darauf ankommen, eine Dämmschicht für den gewünschten Lastbereich auszuwählen, um auch Langzeitverformungen durch Komprimierung der Dämmschicht zu verhindern. Der Hersteller muss den zulässigen Flächenlastbereich der Dämmschicht angeben. Von der herstellerseitig angegebenen Belastbarkeit muss die jeweilige Eigenmasse des Estrichs in Abzug gebracht werden. Die Differenz steht als Nutzlast aus der Beanspruchung zur Verfügung.

In den drei nachfolgenden Tabellen sind die jeweils für die Bettungszahlen 10, 100 und 1000, sowie für Einzellasten von 5 kN, 10 kN, 15 kN und 20 kN die erforderlichen Estrichdicken für die vertraglich zu vereinbarenden Biegezugfestigkeiten in der Bestätigungsprüfung für den Lastfall Rand angegeben. Als Lastaufstandsfläche wurden einheitlich 50 cm^2 gewählt. In der Regel werden für Lastaufstandsflächen Werte zwischen 25 cm^2 (z. B. Regalpfosten) und 400 cm^2 (z. B. Flurförderfahrzeuge) angenommen. Bei den in den Tabellen nachfolgend genannten Dicken sind also bereits leichte Fahrbeanspruchungen berücksichtigt. Die Biegezugfestigkeit liegt mit Faktor ca. 2 über der entstehenden Biegespannung. Dynamische Lasten sind mit Sicherheitsfaktoren (siehe weiter oben) zusätzlich zu berücksichtigen. Es genügt, die Bettungszahl ungefähr einzuschätzen (Tab. 6.3, 6.4 und 6.5).

Die Grenzen und Zusammenhänge werden deutlich. Der wesentliche Einfluss der Dicke ist erkennbar und die Bettungszahl ist weniger entscheidend. Dicken oberhalb

Tab. 6.3 Bettungszahl 10 (Trittschalldämmschichten für hohe Flächenlasten)

Einzellast (kN)	Biegezugfestigkeit in N/mm^2 in der Bestätigungsprüfung				
	2,5	3,5	4,5	5,5	7
5	115 mm	95 mm	85 mm	75 mm	65 mm
10			125 mm	110 mm	95 mm
15					125 mm
20					

Tab. 6.4 Bettungszahl 100 (Wärmedämmschichten DEO, dh oder ds)

Einzellast (kN)	Biegezugfestigkeit in N/mm^2 in der Bestätigungsprüfung				
	2,5	3,5	4,5	5,5	7
5	105 mm	85 mm	75 mm	65 mm	55 mm
10		125 mm	110 mm	100 mm	85 mm
15				125 mm	105 mm
20					125 mm

Tab. 6.5 Bettungszahl 1000 (Trennschichten, Wärmedämmschicht DEO dx, Schaumglas)

Einzellast (kN)	Biegezugfestigkeit in N/mm^2 in der Bestätigungsprüfung				
	2,5	3,5	4,5	5,5	7
5	90 mm	70 mm	60 mm	55 mm	45 mm
10		110 mm	95 mm	85 mm	70 mm
15			120 mm	105 mm	90 mm
20				125 mm	110 mm

von 80 mm sind kritisch, >100 mm realistisch mit einem Estrichmörtel üblicher Konsistenz nicht ausführbar. DIN 18560-1 weist darauf hin, dass bei Nenndicken >80 mm eine Zusammensetzung nach betontechnologischen Grundsätzen zu erfolgen hat. Allgemein wird es kritisch, wenn die Lastverteilungsschicht mit Dicken >80 mm zur Aufnahme von Bodenbelägen die Belegreife erreichen soll. Das kann viele Monate dauern! Dicken über >80 mm sind daher nicht zu empfehlen. Biegezugfestigkeiten von >4,5 N/mm^2 sind nur bei hohem Polymereinsatz und optimaler Gesteinskörnung oder mit Fließestrichen zu realisieren. Diese Grenzen zeigen, dass Einzellasten >10 kN mit Estrichen auf Dämm- und Trennschicht kaum realisierbar sind. Möglicherweise sind hier noch zweischichtige Gussasphaltestriche auf Trennschicht als Lösung denkbar. Der Markt hält zudem schwindoptimierte Spezialestriche bereit, mit denen sehr hohe Biegezugfestigkeiten und Dicken umsetzbar sind. Bei den CAF-Estrichen sind Produkte mit schneller Austrocknungszeit bei hoher Dicke seit etwa 2007 im Einsatz.

Bei Heizestrichen ist zu beachten, dass die Dicken der Tabellen in der Regel über Heizelement vorhanden sein müssen, es sei denn, das Heizelement liegt so im Querschnitt, dass es hinreichend und lückenlos umschlossen ist, was vermutlich nur mit einem Fließestrich oder einem Fließbeton gelingen dürfte. Bei hohen Lasten sollten daher möglichst nur die Bauarten B und C ausgeführt werden (siehe Abschn. 2.4), weil hier die Lastverteilungsschicht nicht durch das Heizelement geschwächt wird.

6.4 Schleifverschleiß

Direkt genutzte Estrichoberflächen (Nutzestriche) unterliegen nicht nur statischen Belastungen. Vielmehr sind es in der Regel dynamische Beanspruchungen. Diese dynamischen Beanspruchungen sind eine Mischung aus Schleifen, Stoßen, Rollen und Kollern. Es gab und gibt viele Entwicklungen von Prüfverfahren, die eine derartige Beanspruchung simulieren. Kein Verfahren hat sich bisher durchgesetzt. Ein solches Verfahren müsste zudem auch vor Ort in einer Bestätigungsprüfung einsetzbar sein und reproduzierbare Ergebnisse liefern. Immer noch wird hilfsweise mit dem Böhmschen Verfahren zur Bestimmung des Widerstandes gegenüber schleifendem Verschleiß geprüft. Tatsächlich erhält man nur einen Wert hinsichtlich der schleifenden Beanspruchung, aber nicht hinsichtlich des Stoßens, Rollens und Kollerns.

Geprüft werden Prüfkörper mit $7{,}1 \times 7{,}1\ \text{cm}^2 = 50\ \text{cm}^2$ Prüffläche nach DIN 13892-3. Diese werden, mit einer definierten Last belastet, einer schleifenden Beanspruchung ausgesetzt. Nach einem Vorschliff wird die Dicke des Prüfkörpers gemessen. Nach weiteren 16 Prüfperioden wird die Dicke erneut gemessen. Aus dem Dickenverlust wird der Schleifverschleiß in cm^3 je 50 cm^2 errechnet. Bei homogenem Prüfmaterial kann auch der Massenverlust durch Wägen gemessen werden. Zudem muss dann die Rohdichte ermittelt werden.

Das Ergebnis sagt wenig über die Beanspruchbarkeit mit dynamischen Kräften aus. So weist ein Magnesiaestrich einen relativ schlechten Wert auf, obwohl er ein hervorragender Industrieestrich ist und sehr schweren Beanspruchungen, auch schleifenden, widersteht. Daher muss zur Beurteilung von Magnesiaestrichen immer die Oberflächenhärte herangezogen werden.

Zudem können Probleme der oberen Estrichzone mit diesem Verfahren nicht beurteilt werden, denn diese Zone wird schon durch den Vorschliff entfernt. Es kann daher Sinn machen, zusätzlich auch den Vorschliff messtechnisch zu protokollieren (Abb. 6.4).

Wurden harte Zuschlagstoffe in die obere Estrichzone eingearbeitet, so können bereits wenige Körner in der Prüffläche einen guten Widerstand vortäuschen, obwohl der Estrich insgesamt untauglich sein kann. Daher kann der Wert des Verschleißwiderstandes nie allein zur Beurteilung herangezogen werden. Schwierig ist auch die Zuordnung der Nennwerte für den Verschleißwiderstand, der mit A (Abrasion) bezeichnet wird, soweit in DIN 18560 keine Werte angegeben werden. Der Planer muss aber bei jedem direkt beanspruchten Zementestrich einen Nennwert nach DIN EN 13813 Tabelle 4 für den Verschleißwiderstand angeben. Der Anbieter von normenkonformen Nutzestrichen muss einen Wert deklarieren (Tab. 6.6).

Werden zur Verbesserung des Verschleißwiderstandes Hartstoffe in die obere Zone eingearbeitet (Einstreuverfahren), so muss die Menge je m^2 vertraglich vereinbart werden. Üblich sind Mengen zwischen 1 und 3 kg/m^2. Normenkonform mit DIN 18560 ist

Abb. 6.4 Ein Prüfkörper auf der rotierenden Stahlscheibe (Böhmsche Scheibe) mit Schleifmittel (Hansa-Nord-Labor, Pinneberg)

Tab. 6.6 Beispiele für eine mögliche Zuordnung

Zementestrich	Deklarierte Verschleißwiderstandsklasse in $cm^3/50\ cm^2$
CT – C 20	A 22
CT – C 30	A 22 oder A 15
CT – C 40	A 15 oder A 12, A 9 (mit Hartstoffeinarbeitung)
CT – C 50	A 12 oder A 9 (mit Hartstoffeinarbeitung)
CT – C 60 – F 9A	A 6 (nur Hartstoffestrich)
CT – C 60 – F 11M	A 3 (nur Hartstoffestrich)
CT – C 60 – F 9KS	A 1,5 (nur Hartstoffestrich)

ein derartiger Estrich nur, wenn Hartstoffe nach DIN 1100 verwendet werden, obwohl andere Hartstoffe natürlich gleichwertig sein können. Diese Oberflächenvergütung darf nicht als Hartstoffestrich bezeichnet werden.

6.5 Oberflächenzugfestigkeit – Haftzugfestigkeit

Man unterscheidet

- Oberflächenzugfestigkeit zur Beurteilung eines Verlegeuntergrundes
- Haftzugfestigkeit zur Beurteilung der Haftung einer Schicht an einem Untergrund.

Oberflächenzugfestigkeit

Normative Festlegungen zum Prüfverfahren gibt es nicht.

Prinzipiell geht es darum, an der Oberfläche eines Verlegeuntergrundes eine Festigkeit nachzuweisen, die geeignet ist, eine dauerhafte Haftung der aufzubringenden Schicht zu gewährleisten. Dauerhaft heißt, die Schicht soll sich durch die Eigenspannungen von Untergrund und aufzubringender Schicht ebenso wenig lösen, wie durch die Beanspruchungen aus bestimmungsgemäßer Nutzung. Ein direkter Zusammenhang zwischen der Oberflächenzugfestigkeit und einer Biegezug- oder Druckfestigkeitsklasse besteht nicht. Aus der Oberflächenzugfestigkeit kann daher keine Estrichfestigkeit abgeleitet und umgekehrt.

Hierzu wird ein Prüfstempel auf den zu prüfenden Untergrund geklebt. Nach Aushärtung des Klebstoffes, wird der Stempel senkrecht auf Zug unter Messung der Zugkraft belastet. Gemessen wird zudem die Bruchfläche.

Zugkraft in N dividiert durch die Fläche in mm^2 ergibt die Oberflächenzugfestigkeit in N/mm^2. Beurteilt wird zudem das Bruchbild hinsichtlich der Trennungszone und der Gleichmäßigkeit.

Der Klebstoff kann das Ergebnis beeinflussen. Er darf daher nicht frei gewählt werden bzw. es ist eine Angabe im Prüfprotokoll erforderlich. Es empfiehlt sich der Einsatz von Klebstoffen auf Basis Acrylharz, da dieser Klebstoff kaum zu einer Verbesserung der Prüfzone führt, also die niedrigsten und damit realistischeren Prüfwerte liefert. Zudem härtet er schnell und auch bei tiefen Temperaturen aus.

Man kann die Messfläche durch vorheriges Einschneiden einer Ringnut begrenzen. Nach aller Erfahrung ist das jedoch nicht notwendig (Abb. 6.5).

Entscheidend ist, dass der maßgebliche Wert am vorbereiteten und möglicherweise grundierten (z. B. Oberflächen von CAF-Estrichen) Untergrund gemessen werden soll. Es macht keinen Sinn zu messen, wenn die Oberfläche noch angeschliffen und grundiert, oder eine Betonfläche noch gefräst und gestrahlt werden soll. In der Regel fordern die Hersteller von Kunstharzestrichen eine Oberflächenzugfestigkeit von mind. 1 N/mm^2 bei nicht befahrbaren Flächen und von mind. 1,5 N/mm^2 bei befahrbaren Flächen. Normative Festlegungen gibt es nicht. Das setzt bei Zementestrichen zumindest die Druckfestigkeitsklasse C 35 voraus, bei Beton mind. C 25, besser C30. Für die Verlegung von Verbundestrichen sollte ein Wert vereinbart werden, der auf das Schwindverhalten des Estrichs und auf die Nutzung abgestimmt ist. So benötigen Hartstoffestriche sehr hohe Werte an der Oberfläche des Untergrundes von mind. 1,5 N/mm^2 bis ca. 10 mm Schichtdicke, während Magnesiaestriche und Bitumenemulsionsestriche mit ca. 1 N/mm^2 auskommen (Erfahrungswerte) (Tab. 6.7 und 6.8).

Das Prüfverfahren zur Bestimmung der Oberflächenzugfestigkeit/Haftzugfestigkeit ist in DIN EN 13 892–8 – Prüfverfahren für Estrichmörtel und Estrichmassen; Prüfung der Haftzugfestigkeit … geregelt. Demnach sind ausschließlich elektronische Geräte zur Prüfung zugelassen, welche mit einer definierten Kraftsteigerung/Zeit messen. Mechanisch betriebene Geräte sind allenfalls zur Abschätzung, nicht jedoch für eine korrekte Messung zugelassen.

Abb. 6.5 Prüfung der Oberflächenzugfestigkeit an einer vorbereiteten Estrichoberfläche

Tab. 6.7 Typische Oberflächenzugfestigkeitswerte an der vorbereiteten Oberfläche

Art der Oberfläche	Erfahrungswerte in N/mm^2
CT – C 20/25 – F 4	0,5 bis 0,8
CT – C 30/35 – F 5	0,7 bis 1,0
CT – C 40/45	0,9 bis 1,6
CAF – F 4	0,6 bis 1,2
Beton C 20/25	0,8 bis 2,0
Beton C 30/35	1,5 bis 4,0

Tab. 6.8 Anzustrebende Oberflächenzugfestigkeitswerte an der vorbereiteten Oberfläche

Art der Oberfläche	Richtwert in N/mm^2
Estriche unter elastischen Belägen und Fliesen/Platten ohne Rollbeanspruchung	Mind. 0,5
Estriche unter elastischen Belägen im Bürobereich	Mind. 1,0
Estriche unter Beschichtungen ohne Fahrbeanspruchung	Mind. 1,0
Estriche unter Beschichtungen mit Fahrbeanspruchung	Mind. 1,5
Estriche unter verklebtem Parkett und Holzpflaster	Mind. 1,0
Beton unter Zementverbundestrichen ohne Fahrbeanspruchung	Mind. 1,0
Wie vor, mit Fahrbeanspruchung	Mind. 1,5

Haftung von Schichten aneinander

Will man z. B. die Haftung eines Verbundestrichs oder einer Beschichtung am Untergrund prüfen, wird man das gleiche Verfahren anwenden. Hier muss jedoch zwingend die Prüffläche durch Einschnitte bis in den Untergrund vorgegeben werden. Das kann bei Beschichtungen mit einer Ringnut erfolgen. Bei Estrichen gibt es Bedenken, die Ringnut mit einer Bohrkrone zu schneiden, da dadurch das Auftreten von Torsionskräften zu befürchten sind, die das Messergebnis negativ beeinflussen könnten. Es besteht die Möglichkeit ein Quadrat in Stempelgröße mit einem Diamantblatt gerade und ohne zu verkanten bis in den Untergrund einzuschreiben. Die Bruchfläche ist in jedem Fall genau auszumessen. Der Klebstoff ist nur insofern von Bedeutung, dass er sich hinreichend mit der Oberfläche verbindet. Das ist besonders bei Kunstharzoberflächen zu beachten. Der Klebstoff kann hier natürlich die Prüfzone nicht beeinflussen. Das Bruchbild gibt Aufschluss über die Art und Güte der Haftung. Das Ergebnis ist die Haftzugfestigkeit in N/mm^2. Die in DIN EN 13813 und DIN 18560 angegebenen Werte für die Haftung von Kunstharzestrichen in B (Bond) gelten nur für definiert genormte Untergründe und sollen nur das Haftungsverhalten dieses Kunstharzestrichs in der Erstprüfung beschreiben. DIN 18560-3 fordert allerdings, dass Kunstharzestriche in der Bestätigungsprüfung bei befahrenen Flächen mit mind. 1,5 N/mm^2 haften sollen.

Bei nicht befahrenen Flächen sind nach dieser Norm 1 N/mm^2 ausreichend, sofern der Bruch im Untergrund erfolgt, der niedrigere Wert also nicht haftungsbedingt ist.

Abrisse in einem Beton können erfahrungsgemäß durchaus zu Werten bis zu 4 N/mm^2 führen, in der Regel werden jedoch um 2 N/mm^2 erreicht. Trennungen in der Haftzone oder der unteren Estrichzone liegen zwischen 0,7 N/mm^2 und ca. 1,5 N/mm^2. Werte unter 0,7 N/mm^2 sind für eine Belastung mit dynamischen Beanspruchungen kaum geeignet, können bei niedrigen Beanspruchungen aber immer noch ausreichen.

6.6 Oberflächenbeschaffenheit

Die Oberflächenbeschaffenheit wird unterteilt in:

- Oberflächenfestigkeit
- Struktur
- Farbgebung.

Oberflächenfestigkeit

Die Ritzprüfung, als einfaches Anritzen oder als Gitter-Ritzprüfung, zählt zu den Standardprüfungen an einer Estrichoberfläche im Rahmen der allgemeinen Prüfungspflicht. Hierzu wird ein spitzer Stahl mit mäßiger Kraft von ca. 10 N über die Oberfläche gezogen. Bei Anritzen eines Gittermusters, kann zudem beurteilt werden, ob an den Kreuzungspunkten Abplatzungen entstehen. Es werden auch Prüfgeräte eingesetzt, die das Anritzen mit einer konstanten, aber verstellbaren, Federkraft durchführen. Das ermöglicht die angepasste Prüfung von Estrichen mit unterschiedlichen Anforderungen (Verwendungszwecken).

In der Regel sollen Zementestriche nicht oder fast nicht anritzbar sein. Allenfalls darf eine schwach tastbare Riefe entstehen. Calciumsulfat-Fließestriche hingegen sind meist anritzbar, abhängig von der Zusammensetzung. Beim CAF wird es eher darauf ankommen, die Kreuzungspunkte eines Gittermusters zu beurteilen. Platzen hier harte Schalen über weichen Zonen ab, sollte zudem mit einem Kugelkopf-Hammer schräg auf die Fläche geschlagen werden, um das Ergebnis zu verifizieren. Durch Überwässerung entstehen bei CAF nicht selten lokal sehr weiche und in der Regel durch ihre helle Farbe gut erkennbare Zonen. Das Korn ist in diesen Bereichen abgesunken und oben verbleibt eine relativ dicke ausgesprochen weiche Schicht (Sedimentation).

Eine inselartig deutlich unterschiedliche Farbgebung von CAF, ist immer ein Grund für eine sehr genaue Prüfung. Die Beurteilung von CAF-Oberflächen ist immer noch sehr schwierig und nur mit großer Erfahrung durchführbar. Nicht jede als weich eingestufte Oberfläche ist wirklich untauglich. Eine weiche CAF-Oberfläche kann auch auf einer noch zu hohen Estrichfeuchte beruhen. Zu berücksichtigen ist auch, dass die

Estriche CT, CA und CAF vor Belegung grundsätzlich zur mechanischen Reinigung angeschliffen werden sollten (Abb. 6.6).

Ritzverfahren sind ungenormte Verfahren. Der Prüfende muss mit seinem Verfahren (von Hand, mit Federkraft, Gitterritzprüfung mit oder ohne Schablone, Einzelritzprüfung) Erfahrungen gesammelt haben. Die vom Prüfenden gewonnenen Erkenntnisse dienen nur ihm zur Beurteilung. Ritzbilder von verschiedenen Prüfern sind daher nicht vergleichbar. Ritzprüfungen führen nicht zu reproduzierbaren Ergebnissen (Abb. 6.7).

Struktur

Gewollte Strukturen, die z. B. zur Verbesserung der rutschhemmenden Eigenschaften oder aus optischen Gründen vereinbart werden, sollten stets zur Vermeidung von Streitigkeiten auf Musterflächen gegründet sein.

Schwieriger ist die Unterscheidung von Standardstrukturen, wie Reiben und Glätten. Estrichoberflächen sollten in der Regel nur grat- und ansatzfrei gerieben werden. Das ergibt die höchste Oberflächenfestigkeit. Durch die relative Offenheit der Poren können sich z. B. Spachtelmassen und Dünnbettmörtel optimal verankern.

Abb. 6.6 Ritzbild, das bei einem Zementestrich grenzwertig, vermutlich aber mit einer verfestigenden Grundierung beherrschbar ist

Abb. 6.7 Ritzbild, das mit Sicherheit einen mechanischen Abtrag der labilen Zone erfordert

Aber auch zur Verklebung von Parkett und Holzpflaster ist ein geriebener Estrich sehr gut geeignet, u. U. mit etwas Mehrverbrauch an Klebstoff. Geglättet werden sollte nur, wenn der Estrich direkt genutzt oder ausschließlich grundiert und versiegelt werden soll (Abb. 6.8).

Gestritten wird häufig darüber, ob eine bestimmte vorhandene Struktur als Glätten eingestuft werden kann. Wenn der weitere Aufbau eigentlich kein Glätten erfordert, sollte darüber nicht gestritten werden. War ein Glätten erforderlich, kann es durchaus dazu führen, dass ein Auftragnehmer die Mehrkosten einer Überarbeitung, möglicherweise auch die Kosten einer weiteren aufzubringenden Schicht übernehmen muss. Sehr häufig gibt es innerhalb einer Fläche fließende Übergänge in der Struktur von rauer und offener Oberfläche bis hin zu einer dichten und glatten Oberfläche. Mangels einer eindeutigen Definition wird jeder Sachverständige u. U. seine eigene Beurteilung abgeben. Er wird diese jedoch nur durch Vergleich mit anderen Flächen ähnlicher Art abgeben können. Hierzu muss er sehr viele Flächen gesehen haben, also über Erfahrungen verfügen (Abb. 6.9).

Farbgebung

Die Vereinbarung einer bestimmten Farbgebung kann nur auf Musterflächen beruhen oder auf einer unmissverständlichen Beschreibung im Vertrag. Aber auch bei Musterflächen darf nie erwartet werden, dass sie in vollem Umfang mit dem ausgeführten

Abb. 6.8 Eine geglättete Oberfläche rechts, aber links nur gerieben

Abb. 6.9 Geglättet, jedoch deutliche Spuren der Oberflächenbearbeitung

Estrich übereinstimmen. Die handwerklichen und materialbedingten Unregelmäßigkeiten, die nie ganz vermeidbar sind, beeinflussen das Ergebnis. Muster und ausgeführte Fläche sollen jedoch in den wesentlichen Eigenschaften gut übereinstimmen. Musterflächen zeigen die erwartbare Farbe in der Tendenz an. Es empfiehlt sich jedoch, die möglichen Abweichungen genau zu beschreiben, besonders dann, wenn vom Auftraggeber keine einschlägigen Erfahrungen zu erwarten sind, z. B. bei unmittelbarer Beauftragung durch Bauherren (Abb. 6.10, 6.11 und 6.12).

Von werksgemischten Produkten kann hier mehr erwartet werden. Farbunterschiede sind dann nur noch unvermeidbar, wenn vor Ort noch Baustoffe, wie z. B. Wasser, hinzugesetzt werden und diese das Ergebnis beeinflussen können.

Von Standard-Estrichen CT, CA und MA darf keine gleichmäßige Farbe innerhalb einer Fläche erwartet werden. Die Ausgangsstoffe, die kleinen Toleranzen in der Herstellung und die unterschiedliche Austrocknung sorgen u. a. für deutlich sichtbare Farbabweichungen. Der MA weist meistens noch eine brauchbare Gleichmäßigkeit auf, reagiert jedoch auf die Oberflächenbearbeitung, auf Unterschiede in den Ausgangsstoffen und vor allem auf Austrocknungsunterschiede mit deutlichen Farbunterschieden innerhalb einer Fläche. Stellt z. B. jemand in der Austrocknungsphase einen Eimer auf den Estrich, wird sich eine dauerhaft bleibende kreisförmige Verfärbung einstellen.

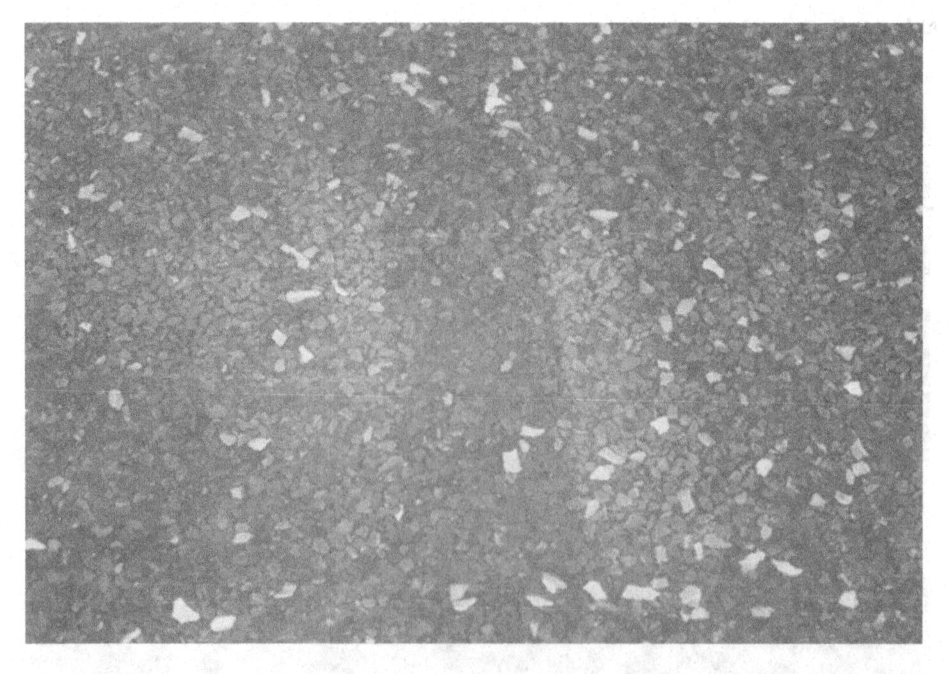

Abb. 6.10 Der nicht fachgerechte Schliff bei einem Terrazzo führt zu deutlichen Farbunterschieden

Abb. 6.11 Ein Magnesiaestrich mit nicht unüblichen Farbunterschieden in einem Lager

Abb. 6.12 Dieser Magnesiaestrich in einem Schulflur liegt sicher im Grenzbereich

Bei der Färbung von Zementestrichen wurden große Fortschritte gemacht. Besonders gute Erfahrungen gibt es mit dünnen, mineralisch gebundenen Industrieestrichen mit hohem Kunststoffanteil. Diese sind durchgefärbt und haben eine selbstverlaufende Konsistenz. Die Farbgebung ist hinsichtlich der Gleichmäßigkeit als sehr gut zu bezeichnen.

Bei einem Terrazzo ist stets mit einer relativ gleichmäßigen Farbgebung zu rechnen. Unterschiede in der Kornverteilung oder ein ungleichmäßiges Schleifen führen jedoch manchmal zu sehr auffälligen „Inseln" (Abb. 6.13).

Grundsätzlich sollte der Planer sehr eindeutig im Vertrag darauf hinweisen, wenn er Ansprüche an die Optik stellt. Bei Industrieestrichen werden keine Anforderungen an die Optik gestellt, es sei denn, sie sind definiert und vereinbart worden. Lässt der Einbauort ohne Zweifel erkennen, dass hier Wert auf eine besondere Optik gelegt wurde, wird es immer zu einem Streit kommen, wenn es nicht explizit vereinbart wurde. Es wird dann rechtlich zu entscheiden sein, ob der Auftragnehmer diesen Punkt hätte hinterfragen müssen. Der Auftraggeber wird jedoch im Grundsatz die Schuld bei sich suchen müssen. Wer führt schon eine besondere Leistung aus, wenn sie nicht verlangt wurde? Wenn im Vertrag eine Ausführung nach Muster vereinbart wurde, sollte der Auftragnehmer sehr ehrlich auf mögliche oder typische Abweichungen bei der auszuführenden Fläche hinweisen. Ein Muster darf nicht so beschaffen sein, das es zu einer Erwartungshaltung führt, die mit der später verlegten Fläche in einem auffälligen Missverhältnis steht (Abb. 6.14).

Abb. 6.13 Diese zweigeteilte Farbgebung eines Magnesiaestrichs innerhalb einer kleinen Podestfläche kann nicht mehr vertragsgerecht sein

Abb. 6.14 Das längere Abstellen einer Werbetafel auf einem noch etwas zu feuchten Magnesiaestrich führte zu einer nunmehr dauerhaften „Werbung" für den Hersteller von Tennis-Artikeln

Beispiel: Der Auftragnehmer erstellte ein Muster eines grauen Magnesiaestrichs und wies schriftlich auf mögliche Farbabweichungen hin. Der Auftraggeber dachte bei dieser Einschränkung an einen abweichenden Grauton. Tatsächlich zeigt die fertige Fläche wechselnde Grautöne innerhalb der Fläche, also eher ein scheckiges Aussehen. Das dürfte als Mangel einzustufen sein. Damit musste der Auftraggeber nicht rechnen. Farbabweichungen und Farbunterschiede innerhalb einer Fläche sind unterschiedliche Beschaffenheitsmerkmale.

6.7 Ebenheit – Neigung

Höhenlage, Neigung und Ebenheit werden getrennt gemessen und beurteilt. Hier soll nur die Messung und Beurteilung von Neigung und Ebenheit beschrieben werden. Die Höhenlage des Estrichs muss in jedem Geschoss bauseits als Höhenbezugspunkt markiert und dem Auftragnehmer zur Kenntnis gegeben werden. Am Höhenbezugspunkt muss der Estrich zumindest mit der geforderten Nenndicke höhengerecht eingebaut werden. Von da aus gesehen, darf die Höhenlage nach oben und unten im Rahmen der Toleranzen für Neigung und Ebenheit abweichen, wobei die Mindestdicke nach DIN 18560-1 in der Regel auch über dem höchsten Punkt des Untergrundes nicht unterschritten werden darf. Der Auftragnehmer hat den Untergrund dahin gehend zu prüfen, ob er mit dem ausgeschriebenen Estrich und insbesondere mit der geforderten Dicke die vereinbarten Grenzwerte für Winkel- und Ebenheitsabweichungen einhalten kann. Andernfalls wird er Bedenken vorbringen müssen.

Neigung

Die Neigung einer Fläche wird in DIN 18202 als Winkelabweichung bezeichnet und durch Vergleich von zwei Höhenkoten in rund 10 cm Abstand von den Rändern der Fläche ermittelt. Dabei wird unter „Fläche" eine funktionelle Fläche verstanden, z. B.: ein Regalgang in einem Lager, einzelne, durch Wände (auch verschiebbare oder leichte Trennwände) getrennte Flächen, Rampen usw. Innerhalb einer funktionellen Fläche wird die Neigung nicht ermittelt. Die Differenz der Höhenkoten ist das Stichmaß, der Messpunktabstand das Nennmaß.

Die in DIN 18202 Tabelle 2 festgelegten max. Stichmaße als Grenzwerte für Winkelabweichungen in verschiedenen Nennmaßbereichen:

bis 0,5 m	3 mm
über 0,5 m bis 1 m	6 mm
über 1 m bis 3 m	8 mm
über 3 m bis 6 m	12 mm
über 6 m bis 15 m	16 mm
über 15 m bis 30 m	20 mm
über 30 m bis 60 m	30 mm

Oberhalb von 60 m sind besondere Festlegungen erforderlich!

Beispiel: Die Neigung des Estrichs darf im häuslichen Bad mit angenommen 2,80 m Breite z. B. 8 mm betragen. Die Wandfliesen werden entlang einer Schnur waagerecht verlegt. Es entsteht ein Abstand von Bodenfliese zu Wandfliese von ca. 8 mm bis 16 mm, obwohl vertragsgerecht ausgeführt wurde. Wenn man diese Differenzen in der Fuge nicht will, muss man besondere ausgleichende Maßnahmen (Nivelliermassen u. Ä.) ausschreiben oder im Vertrag die zulässige Winkelabweichung des Estrichs begrenzen.

Höhere Anforderungen, wie sie z. B. bei Hochregallägern erforderlich sein können, müssen genau definiert vereinbart werden, z. B. durch Vereinbarung der in DIN 15185 bzw. der VDMA-Richtlinie enthaltenen Toleranzen.

Ebenheit Bei der Ebenheit gibt es den Toleranzbegriff seit der Zusammenlegung von DIN 18201 und DIN 18202 zur DIN 18202 nicht mehr. Statt „Ebenheitstoleranz" heißt es seither „Ebenheitsabweichung". Wird im Vertrag zur Ebenheit nichts vereinbart, so soll eine Ebenheit mit den Grenzwerten nach DIN 18202 Tabelle 3 Zeile 3 erreicht werden (Standard). Die erhöhten Anforderungen nach Zeile 4 sind immer explizit zu vereinbaren, es sei denn Funktion und Zweck erfordern zwingend die Einhaltung der Zeile 4. Der Untergrund muss zumindest der Zeile 2 entsprechen.

Ebenheitsabweichungen werden durch Vergleich von drei Höhenkoten ermittelt. Verbindet man die beiden äußeren Höhenkoten durch eine gerade Messlatte oder eine rechnerisch ermittelte Gerade, so ist die Differenz der dazwischen liegenden Höhenkote zu dieser Geraden das Stichmaß bzw. die Ebenheitsabweichung t. Der Abstand der äußeren Höhenkoten ist der Messpunktabstand MPA. Ebenheitsabweichungen tragen daher kein positives oder negatives Vorzeichen. Sie stehen nicht in einem Bezug zur Höhenlage oder Winkelabweichung (Neigung).

Zwei Messverfahren werden zur Ermittlung der Ebenheitsabweichungen angewendet, das Messlatten-Verfahren und das Rasternivellement.

Die Messlatte, deren Länge so zu wählen ist, dass die vorhandene Ebenheit richtig erfasst werden kann, wird auf die Hochpunkte gelegt. Der Abstand der Hochpunkte ist der Messpunktabstand. Mit einem geeigneten Messgerät (Messkeil, Tiefenlehre o. Ä.), das Ablesungen von mind. 0,5 mm ermöglicht, wird nun der größte Abstand zwischen Messlatte und Estrich innerhalb der Strecke zwischen den äußeren Messpunkten als Stichmaß (Ebenheitsabweichung t) ermittelt (Abb. 6.15).

Wichtig! Die Messlatte darf zur Messung einer Vertiefung (Lunke) nicht waagerecht ausgerichtet werden.

Bevor nun dieser Wert mit der Tab. 6.9 verglichen wird, die ein erweiterter Auszug aus DIN 18 202 ist, muss die Messungenauigkeit in Abzug gebracht werden. Bei diesem Verfahren ist ein Abzug von 1 mm durchaus angemessen. Die Grenzwerte von Zwischenwerten des Messpunktabstandes, z. B. 3,2 m oder 0,8 m können linear interpoliert und gerundet werden (Abb. 6.16).

Abb. 6.15 Prinzip der Messung mit Messlatte und Messkeil (hier unter der Libelle)

Tab. 6.9 Ebenheitsabweichungen als Stichmaß in mm – Grenzwerte

Anforderung	Messpunktabstand in m							
	0,1	0,5	1	2	4	6	10	15
Normal	2 mm	3 mm	4 mm	6 mm	10 mm	11 mm	12 mm	15 mm
Erhöht	1 mm	2 mm	3 mm	5 mm	9 mm	10 mm	12 mm	15 mm
Untergrund	5 mm	7 mm	8 mm	9 mm	12 mm	13 mm	15 mm	20 mm

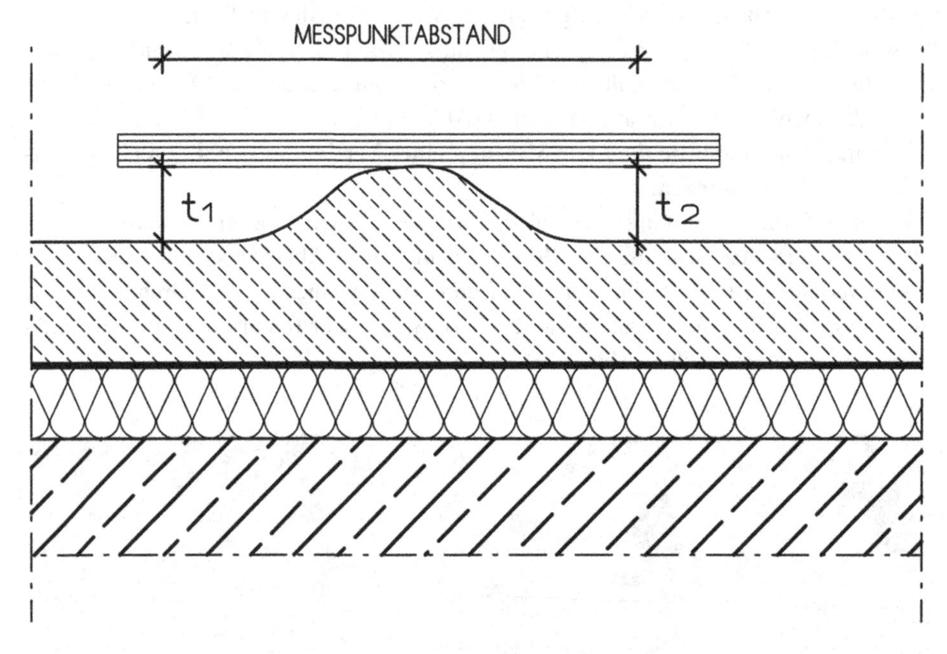

Abb. 6.16 Prinzip der Ebenheitsmessung bei einer Erhöhung

Erhöhungen sind wie umgedrehte Vertiefungen zu messen. Hier ist der Abstand zur Messlatte auf beiden Seiten der Erhöhung zu messen (Stichmaße t1 und t2). Das Stichmaß t ist hier der Mittelwert von t1 und t2, der Messpunktabstand MPA der Abstand dieser beiden Messpunkte.

Mit einem Nivellier-Gerät oder Nivellier-Taster können sowohl einzelne Bereiche, als auch Flächen im Raster überprüft werden. Während bei dem Messlatten-Verfahren die Gerade mechanisch durch die Latte gebildet wurde, ist bei einem Nivellement etwas Rechenarbeit notwendig. Aus den Höhenkoten der beiden äußeren Messpunkte, deren Abstand wieder der Messpunktabstand ist, muss auf die Höhe der gedachten Geraden geschlossen werden. Dies ist mit hinreichender Genauigkeit durch einfache Mittelwert-Bildung möglich. Die Differenz zur Höhe des dazwischen liegenden Messpunktes ist das Stichmaß.

Beispiel: 1004 mm, 1000 mm und 1006 mm sind drei Höhenkoten im Abstand von 0,5 m. Der Messpunktabstand MPA ist also 1 m (0,5 m + 0,5 m). Der rechnerische Mittelwert von 1004 mm und 1006 mm ist 1005 mm. Die mittlere Kote liegt bei 1000 mm also beträgt t = 5 mm. Auf 1 m Messpunktabstand sind 4 mm nach oben und nach unten zulässig sodass die Ebenheitsabweichung 1 mm bei 1 m Messpunktabstand beträgt.

Wird zur Überprüfung einer größeren Fläche ein Rasternivellement ausgeführt, ist das Rastermaß so zu wählen, dass die vorhandene Ebenheit erfasst wird. Zweckmäßig sind Rastermaße von 1,0 m oder 2,0 m. Der Messpunktabstand ist das doppelte Rastermaß oder ein Vielfaches des Rastermaßes, da die spätere Auswertung auch gröber, im Vergleich zum gemessenen Raster, erfolgen kann. So kann der Messpunktabstand auch vom 3. zum 7. Rasterpunkt o. Ä. gewählt werden. Mit dem Mittelwert werden dann die dazwischen liegenden Höhenkoten verglichen.

Die Auswertung selbst wird – wie oben mit dem Nivelliertaster beschrieben – vorgenommen. Die Messungenauigkeit hängt davon ab, wie fein die Ablesung der Koten erfolgen kann. Empfehlenswert, wenngleich sehr aufwendig, ist ein Ablesen auf 0,1 mm.

Moderne Geräte lesen den Höhenwert digital von einer Messlatte mit aufgedrucktem Barcode. Die Ablesung erfolgt automatisch, wenn die Messlatte genau ausgerichtet ist. Der Wert wird mit 0,1 mm Genauigkeit unmittelbar in einem Computer gespeichert. Andere Geräte tasten den Untergrund ab. Das aufgezeichnete Profil kann dann ausgewertet werden.

Bei Lasergeräten ist die Strahlbreite zu berücksichtigen. Sie sind für sehr genaue Messungen in der Regel nicht geeignet.

Erhöhte Anforderungen im Hochregal-Bereich

Hier gelten im Regalgang – sofern vereinbart – erhöhte Anforderungen nach DIN 15185, möglicherweise auch nach der VDMA-Richtlinie „Böden für den Einsatz von Schmalgang-Flurförderzeugen". Gemessen wird einmal die Neigung zwischen den äußeren Fahrspuren des Flurförderfahrzeugs quer zum Gang und zweitens längs zum Gang die Ebenheit der drei Fahrspuren. Die Funktion eines Lagers beruht auf dem Zusammenspiel von Fußboden (Ebenheit) und Flurförderzeug (Mechanische Stabilität). Die Hersteller von Flurförderzeugen sind offensichtlich der Auffassung, dass die Funktion nur mit diesen erhöhten Anforderungen zu gewährleisten sei. Da es hier auch um die Sicherheit von Menschen geht, ist es müßig über die tatsächliche Notwendigkeit zu streiten. Mit selbstverlaufenden Beschichtungen, Magnesiaestrichen (Fließestrich) oder geschliffenen Böden sind diese Anforderungen jedenfalls bei entsprechender Sorgfalt problemlos zu erfüllen. Die VDMA-Richtlinie enthält noch das Messen der Welligkeit zur Bestimmung der F_x-Kennzahl mit einem selbstfahrenden und zugleich aufzeichnenden Messgerät (Tab. 6.10).

Die Neigung wird als Höhenunterschied der äußeren Fahrspuren quer zu den Fahrspuren gemessen. Die Spurweite wird von Mitte Rad zu Mitte Rad gemessen (Tab. 6.11).

Tab. 6.10 Erhöhte Anforderungen in Hochregallager-Gängen – DIN 15185 – Winkelabweichungen

Hubhöhe des Fahrzeugs in m	Spurweite bis 1,0 m	Spurweite von 1,01 m bis 1,5 m	Spurweite von 1,51 m bis 2,0 m	Spurweite von 2,01 m bis 2,5 m
Bis 6,00	2,0 mm	2,5 mm	3,0 mm	3,5 mm
Ab 6,01	1,5 mm	2,0 mm	2,5 mm	3,0 mm

Tab. 6.11 Erhöhte Anforderungen in Hochregallager-Gängen – DIN 15185 – Ebenheitsabweichungen

MPA 1,0 m	MPA 2,0 m	MPA 3,0 m	MPA 4,0 m
2,0 mm	3,0 mm	4,0 mm	5,0 mm

Die Ebenheit wird in Längsrichtung der Fahrspuren gemessen. MPA ist der Messpunktabstand nach DIN 18202.

Anmerkungen

DIN 18202 ist eine Passungsnorm. Sie soll Passungen verschiedener Bauteile zueinander ermöglichen. Dennoch wird die Norm zweckentfremdet verwendet, wenn es z. B. um Oberflächenbeurteilungen geht. In allen relevanten Normen der VOB/C für Fußböden steht z. B., dass im Streiflicht sichtbare Unebenheiten nur dann als Mängel eingestuft werden sollen, wenn die Toleranzen (Abweichungen) der DIN 18202 überschritten werden. Das führt dann z. B. dazu, dass eine Überschreitung um 1 mm zu einem Nachbesserungsverlangen führt, obwohl sich durch die Nachbesserung keine relevanten Veränderungen der Optik und Funktion ergeben würden. Ebenso wäre eine Waschbrettstruktur mit 2 mm tiefen Lunken in 10 cm Abstand auf der Gesamtfläche im Sinne der VOB/C normenkonform. Tatsächlich würde ein solches Ebenheitsprofil einen Mangel darstellen, weil dieses Erscheinungsbild unüblich ist und vermeidbar gewesen wäre. Es ist zu empfehlen die Ansprüche im Vertrag zu definieren und sich nicht auf DIN 18202 zu beziehen. Die folgende vorgeschlagene Formulierung könnte praxisgerechter sein und berücksichtigt den Sachmangelbegriff im Sinne des BGH:

Im Streiflicht sichtbare Unregelmäßigkeiten stellen nur dann einen Sachmangel dar, wenn er bei sachgerechter Herstellung vermeidbar gewesen wäre.

DIN 18202 enthält nur Werte für Passungen zwischen verschiedenen Bauteilen oder Schichten, z. B. zwischen Untergrund und Estrich, oder zwischen Spachtelschichten und Bodenbelag. Die Norm beschreibt nicht die Schnittstelle zur Nutzung. Das heißt, das Einhalten der Grenzwerte für Abweichungen sichert nicht die Funktion des Fußbodens. Wenn das für die Nutzung relevant ist, wenn also der Standard nach DIN 18202 nicht genügt, müssen die zulässigen Abweichungen im Vertrag genau beschrieben werden.

Beispiel 1: In einem langen Flur von ca. 40 m Länge wurden zunächst die Stahlzargen der Türen gesetzt. An die Toleranzen des Estrichs wurden keine besonderen Anforderungen gestellt. Der Höhenbezugspunkt lag am Ende des Flurs im Bereich des

Aufzugs. Unter Ausnutzung der zulässigen Winkel- und Ebenheitsabweichungen von Untergrund und Estrich konnte die lokale Höhenlage des Estrichs an den Türen durchaus ca. 10 mm in beide vertikalen Richtungen variieren. Das Türblatt hatte jedoch nur eine Verstellbarkeit von ±2 mm. Es musste also aufwendig geschliffen und aufgefüllt werden. Ein typischer Planungsfehler, der dem Estrichbetrieb nicht angelastet werden kann. Es ist Aufgabe des Planers, die Grenzwerte für Abweichungen so festzulegen, dass die Passung möglich ist. Dabei sind die Werte der DIN 18202 nur Vorschläge, die in der Regel ausreichend sind. In Einzelfällen kann es notwendig sein, kleinere Grenzwerte zu vereinbaren, und zwar für den Untergrund und den Fußboden. Das sollte nur in ökonomisch sinnvollen Grenzen geschehen. Man kann zudem auch bei der Auswahl von Türen u. Ä. auf eine bessere Anpassungsmöglichkeit achten. Und noch ein Hinweis: Es muss nicht Alles von der Estrichoberfläche abverlangt werden. Für die Feinanpassung sollten Spachtel- und Nivelliermassen eingesetzt werden.

Beispiel 2: In einem Bürogebäude wurden leichte Innenwände in allen Geschossen auf den Estrich gestellt. Zwischen der Unterkante der Türzargen und dem Estrich stellten sich erheblich unterschiedliche Abstände von fast 0 mm bis zu ca. 15 mm ein. Das konnte mit einer Nivelliermasse kaum ausgeglichen werden. Der Trockenbauer hatte sich beim Einbau der Zargen nicht nach dem vorhandenen Estrich gerichtet. Er hatte vielmehr alle Zargen auf eine Höhe eingemessen und eingebaut. Das war eine mangelhafte Ausführung, denn die Funktion (Bodenbelag bis zur Unterkante Zarge) hätte es erfordert, dass sich jede Zarge nach dem vorhandenen Estrich richtet. Die gleiche Höhe der Zargen war jedoch keine geforderte bzw. notwendige Funktion. Die Bauleitung hätte zudem eindeutige Anweisungen geben müssen (Koordination).

Toleranzen sollen nur geprüft werden, wenn die Funktion beeinträchtigt ist. Das heißt, Überschreitungen der in DIN 18202 festgelegten Grenzwerte für Abweichungen sollten technisch und rechtlich nicht als Mangel eingestuft werden, wenn die Funktion nicht beeinträchtigt ist.

Die Prüfungen müssen, wenn sie denn für notwendig gehalten werden, unmittelbar nach Fertigstellung, aber spätestens vor Übernahme durch den Folgeunternehmer, durchgeführt werden. Nur für diesen engen Zeitrahmen gelten die Festlegungen der DIN 18202, da last- und zeitabhängige Veränderungen nicht von diesen Grenzwerten erfasst werden. Prüft ein Sachverständiger z. B. im Rahmen eines Rechtsstreits viele Monate oder Jahre nach Fertigstellung, so kann er die Grenzwerte der Norm nicht uneingeschränkt zur Beurteilung heranziehen. Er müsste dann schon begründen, warum er zeit- und lastabhängige Veränderungen im konkreten Fall ausschließt. Ein typisches Beispiel ist das im Winter häufig auftretende Schüsseln von Zementestrichen. Dieses kann mit den Werten der DIN 18202 nicht erfasst werden. Es handelt sich nicht um einen uneben eingebauten Estrich, sondern um einen unsachgemäß behandelten, weil zu schnell getrockneten, Estrich. Eine ähnliche Situation haben wir, wenn sich Fußböden mit Fliesen im Laufe der Zeit verwölben, weil die Fliesen zu früh verlegt wurden. Auch hier ist DIN 18202 nicht anwendbar.

Bei der Festlegung von Konstruktionshöhen ist zu berücksichtigen, dass sich Toleranzen von Untergrund und Estrich addieren können. Ferner müssen Estriche in gleichmäßiger Dicke verlegt werden, was bedeutet, dass Estriche eine Neigung des Untergrundes nur sehr begrenzt ausgleichen können und auch nicht müssen. Da insbesondere das Fliesengewerk Probleme mit der Neigung und der Ebenheit von Estrichen hat, sollten Spachtel- und Nivellierschichten beim Fliesenleger als Eventualposition vorgesehen werden. Zwar darf die Fliesenoberfläche ebenso Toleranzen nach den Zeilen 3 oder 4 aufweisen, aber Fliesen geben dem Auge Bezugslinien, wodurch Unebenheiten optisch auffälliger werden. Bauherren sind dann häufig „intolerant"! Planer und Auftragnehmer sollten dem Auftraggeber deutlich machen: Entweder Ebenheit nach Norm mit allen möglichen optischen Auffälligkeiten bis hin zu Überzähnen und unterschiedlich breiten bzw. hohen Randfugen, oder in nivellierende Schichten investieren.

6.8 Rutschhemmende Eigenschaften

In verschiedenen Nutzungsbereichen bestehen Anforderungen an die Rutsch- und Trittsicherheit. Je nach Verwendungszweck werden an Fußböden aus Gründen der Unfallverhütung unterschiedliche Anforderungen an die rutschhemmenden Eigenschaften gestellt.

Eine Planungsgrundlage ist die BGR 181 des berufsgenossenschaftlichen Dienstes „Fußböden in Arbeitsräumen und Arbeitsbereichen mit Rutschgefahr" (Hauptverband der gewerblichen Berufsgenossenschaften). Demnach bestehen allgemein Anforderungen an die Rutschhemmung in **Arbeitsbereichen** in denen es im Rahmen der bestimmungsgemäßen Nutzung zur Beaufschlagung **rutschfördernder Medien** (Fette, Öle, Wasser und Staub etc.) kommt. Fehlt mindestens eine oder gar beide dieser Voraussetzungen gibt es keine allgemeinen Anforderungen an die Rutschhemmung, es sei denn, sie sind ausdrücklich vertraglich vereinbart.

Es ist Aufgabe des Planers, die Eigenschaften festzulegen und im LV-Text zu beschreiben. Auskünfte erteilen die Berufsgenossenschaften.

Geprüft werden die rutschhemmenden Eigenschaften mit Versuchspersonen, die mit Norm-Schuhen auf einer schiefen Ebene auf der zu prüfenden und ggf. mit einem Prüfmedium beaufschlagten Prüffläche stehen. Der gemessene noch sichere Neigungswinkel der Ebene führt zu einer Einstufung von R 9 bis R 13.

Da es sich bei den Prüfungen auf der Ebene um Prüfungen an eigens dafür hergestellten Mustern handelt, führen Abweichungen bei der Herstellung vor Ort häufig zu Beanstandungen. Was nützt eine Kunstharzbeschichtung mit Prüfzeugnis, wenn die Umsetzung vor Ort in Struktur und Gleichmäßigkeit nicht gegeben und die R-Einstufung zudem nicht exakt überprüfbar ist? Allenfalls können vergleichende Beurteilungen anhand von Mustertafeln der Hersteller geprüfter Bodenbeläge orientierend Hinweise geben.

Tab. 6.12 Beispiele für die Zuordnung

Arbeitsbereiche	Bewertungsgruppe R
Eingangsbereiche, Treppen, Pausenräume Sozialräume	R 9
Sanitärräume	R 10
Produktion ohne Fettanfall Werkstätten, Waschhallen	R 11
Produktion, Werkstätten u. Ä. mit hohem Wasseranfall	R 12
Produktion, Werkstätten u. Ä. mit Fettanfall	R 13

Es gibt weitere Prüfverfahren, die am eingebauten Bauteil z. B. die Gleitreibungsbeiwert messen. Dazu gibt es auch Erfahrungswerte, ab wann ein Fußboden als unsicher einzustufen ist. Es gibt jedoch kein Ergebnis, das eine Zuordnung zu R-Werten ermöglicht (Tab. 6.12).

Für Sportböden bestehen besondere Anforderungen an die Gleitreibungseigenschaften nach DIN 18 032-2 „Hallen für Turnen und Spiele; Sportböden" muss der Gleitreibungsbeiwert bei 0,5–0,6 liegen (Abb. 6.17).

Estrichoberflächen mineralisch gebundener Estriche führen kaum zu Beanstandungen. Gelegentlich werden zu glatte Oberflächen bei Magnesiaestrichen und Hartstoffschichten beanstandet. Strahlen und Schleifen als verbessernde Maßnahmen sollten zunächst nur auf Probeflächen ausgeführt und lange genug geprüft werden. Meistens geht eine erschwerte Reinigung mit diesen Maßnahmen einher.

Abb. 6.17 Schiefe Ebene, Foto: MPI Hellberg

Bei Kunstharzbeschichtungen werden die rutschhemmenden Eigenschaften durch die Größe des eingestreuten Korns und deren gleichmäßige Verteilung bestimmt. Besonders ein Wechsel von glatten und körnigen Strukturen innerhalb einer Fläche führt zu einer unsicher begehbaren Fläche. Mit Verbesserung der rutschhemmenden Eigenschaften geht in der Regel eine Verschlechterung der Reinigungsmöglichkeiten einher. Daher sollte die Oberfläche des Fußbodens entsprechend der erforderlichen Bewertungsgruppe der Rutschhemmung und nicht aus übersteigertem Sicherheitsdenken heraus in einer höheren Bewertungsgruppe ausgeführt werden.

6.9 Elektrische Ableitfähigkeit

Bei der elektrischen Ableitfähigkeit von Fußböden wird wie folgt unterschieden:

- Antistatisch,
- Leitfähig
- Standortübergangswiderstand

Das Verhalten des Fußbodens wird durch den elektrischen Widerstand R_E bzw. R_{ST} bestimmt bzw. ER (Electrical Resistance). Der Widerstandswert wird deklariert werden und in Ohm (Ω) angegeben. Die Schichtenfolge des Gesamtfußbodens verhält sich ähnlich einer Reihenschaltung von Widerständen. Der Gesamtwiderstand kann nie kleiner als der größte Einzelwiderstand sein (Tab. 6.13).

Beispiel: Eine Betonsohle auf einer Tragschicht aus Kies dürfte auch dann im Bereich von R_E max.$10^4\ \Omega$ liegen, wenn zwischen Tragschicht und Sohle eine Folie liegt. Da Beton bei starker Austrocknung seine Leitfähigkeit weitgehend verliert, sind u. U. besondere Maßnahmen notwendig. Je nach Forderung können auf diesem Untergrund folgende Estriche verwendet werden:

Forderung 1, antistatisch
Durch antistatische Fußböden wird sichergestellt, dass es nicht zu unkontrollierten Entladungsvorgängen von Körperspannungen kommt. Entladungsvorgänge können zu Gerätestörungen oder zwar ungefährlichen, jedoch unangenehm empfundenen körperlichen Wahrnehmungen führen.

Tab. 6.13 Einstufung der Eigenschaften

Einstufung	Elektr. Widerstand ER bzw. RE bzw. RST
Antistatisch	$\leq 10^9\ \Omega$
Leitfähig	$\leq 10^6\ \Omega$–$10^8\ \Omega$
Standortübergangswiederstand	$\geq 5 \cdot 10^4\ \Omega$
Ableitend und isolierend	$\geq 5 \cdot 10^4\ \Omega$ bis $10^6\ \Omega$

Forderung 2, leitfähig
Als leitfähig gelten Fußböden, wenn sie einen Erdableitwiderstand von R_E um $10^{6-10 \text{ hoch } 8}$ Ω aufweisen.

Forderung 3, Standortübergangswiderstand
Geeignet sind Fußböden mit einem ER > 5 × 10 hoch 4 Ω.

Forderung 4, Doppelfunktion
Wenn an einen Fußboden z. B. zum Explosionsschutz Leitfähigkeit und gleichzeitig aus Gründen des Personenschutzes (Standortübergangswiderstand) gefordert sind bedarf dies einer sehr sorgfältigen Prüfung und Entscheidung. So kann die Leitfähigkeit durch spezielle Eigenschaft des Fußbodens und des Personenschutzes durch persönliche Schutzausrüstung (spezielle, isolierende Arbeitsschuhe) sichergestellt werden.

Natürlich sind auch Konstruktionen mit Belägen und Beschichtungen ausführbar, deren elektrische Widerstände definiert sind und/oder unabhängig vom Untergrund über leitfähige Elemente an einen Potenzialausgleich angeschlossen werden.

6.10 Oberflächenhärte bei Magnesiaestrichen

Wird ein Magnesiaestrich als Nutzestrich verlegt, muss die Oberflächenhärte SH (Surface Hardness) in der Erstprüfung nach DIN EN 13892-6 als Pflichtprüfung geprüft und deklariert werden. DIN 18560-2 fordert einen Wert von mind. SH30 auch bei bestimmten Steinholzestrichen auf Dämmschicht unabhängig von einem möglichen Belag, wobei Steinholzestriche weitgehend ihre Bedeutung verloren haben.

DIN EN 13813 sieht hierfür Werte von SH30 bis SH200 in N/mm^2 vor.

Der Wert leitet sich aus dem Eindruck ab, den eine Kugel unter definierten Last- und Zeitbedingungen auf der Estrichoberfläche hinterlässt.

6.11 Härteklassen bei Gussasphaltestrichen

Bei Gussasphaltestrichen ist die Prüfung der Eindringtiefe, die an Würfeln nach DIN EN 12697-20 und an Platten nach DIN EN 12697-21 geprüft wird, die einzige in DIN EN 13813 vorgesehene Pflichtprüfung. Nach DIN 18560 wird ausschließlich an Würfeln geprüft.

Die Einteilung erfolgt in Härteklassen IC (Indentation Cube) 10 bis IC100 an Würfeln. Die Einheit ist 0,1 mm. Für den Einsatz bei Heizestrichen sieht die Norm zusätzlich die Härteklasse ICH 10 vor.

Der Wert leitet sich aus der Eindringtiefe ab, den ein definierter Prüfstempel an der im definiert temperierten Wasserbad gelagerten Probe nach einer festgelegten Zeit hinterlässt.

Tab. 6.14 Zuordnung der Härteklassen

Nutzungsbereich	Härteklasse
Heizestriche	ICH 10
Beheizte Räume, mind. 5 °C Estrichtemperatur bei IC 10, mind. 0 °C bei IC 15	IC 10 oder IC 15
Im Freien oder nicht beheizte Räume, mind. 0 °C bei IC 15	IC 15 oder IC 40
Kühlräume	IC 40 oder IC 100

Bei welcher Temperatur (22 °C oder 40 °C) die Eindringtiefe bestimmt wird, um einem Estrich eine Härteklasse zuzuordnen, normativ nicht eindeutig geregelt. An keiner Stelle wird gefordert, dass die Grenzwerte beider Temperaturen eingehalten werden müssen. Insoweit kommt es auf den jeweiligen Einsatzzweck an. Ein Estrich im Innenbereich wird den Grenzwert bei 22 °C einhalten müssen, während Estriche im Außenbereich und Heizestriche den Grenzwert bei 40 °C ebenso einhalten sollten.

In einem auf dieser Unsicherheit beruhenden Streit zwischen Sachverständigen kam es bei der Beurteilung eines Gussasphaltestrichs der geforderten Härteklasse IC 10, der in einem Kaufhaus für Textilien verlegt worden war zu unterschiedlichen Auffassungen. Die Bestätigungsprüfung wurde mit beiden Temperaturen durchgeführt. Der Wert mit 22 °C bestätigte den Estrich als IC 10. Der Wert mit 40 °C stufte den Estrich nicht einmal als IC 40 ein. Während die eine Seite den Standpunkt vertrat, der 22 °C-Wert sei entscheidend, weil er der nach dem gewöhnlichen Gebrauch vorauszusetzenden Betriebstemperatur entspräche, hielt die andere Seite den Estrich er wegen des 40 °C-Wertes für nicht normengerecht und damit für nicht vertragsgerecht. Der Estrich lag seit über 3 Jahren ohne jeglichen Schaden auf der Fläche und war erkennbar uneingeschränkt funktionstauglich. Hier dürfte die Definition des Sachmangels durch den BGH greifen. Der BGH sieht bei der Beurteilung die Überlagerung von Zweck und Funktion. Eine Funktionsbeeinträchtigung kann hier sicher ausgeschlossen werden. Insoweit dürfte die Beurteilung durch den ersten Sachverständigen eher korrekt gewesen sein (Tab. 6.14).

6.12 Austrocknung von Estrichen

Estriche können erst dann mit Bodenbelägen belegt werden, wenn der im Estrich vorhandene Restfeuchtegehalt nicht zu sehr von dem Feuchtegehalt abweicht, der sich später im Laufe der Nutzungszeit einstellt. Die Feuchte, die sich bei der jeweils herrschenden relativen Luftfeuchte rH einstellt, wird als Ausgleichsfeuchte bezeichnet. Der Restfeuchtegehalt, bei dem ein Bodenbelag verlegt werden kann, ist der Grenzfeuchtegehalt. Der Zeitpunkt der Belegbarkeit wird als Belegreife bezeichnet.

Es ist Aufgabe des Auftraggebers, die Belegreife zum gewünschten Zeitpunkt sicherzustellen. Auftragnehmer von Estricharbeiten sollten niemals Zusagen machen, die darauf abzielen, die Belegreife zu einem bestimmten Zeitpunkt zu garantieren. Sie haben nur einen sehr begrenzten Einfluss auf das, was zwischen Estrichverlegung und dem gewünschten Zeitpunkt der Belegreife passiert. Das Nichterreichen der Belegreife zum gewünschten Zeitpunkt führt gerade in den Sommermonaten sehr häufig zu Verzögerungen im Bauablauf. Sichere Methoden zur Herstellung einer termingerechten Belegreife wasserhaltiger Estriche gibt es nach Angaben verschiedener Additiv-Hersteller bei beschleunigten Estrichen, wenn deren Vorgaben genau beachtet werden. Aber man kann das Risiko einer Terminverzögerung auch ohne Additive minimieren.

Der Einsatz einer Gesteinskörnung mit geringem Wasseranspruch führt unter Beibehaltung des Wasser/Zement-Wertes zu einer niedrigeren Zementleimmenge und damit zu einem günstigen Schwindverhalten. Wegen der geringeren Wassermenge, die zur Herstellung der gewünschten Konsistenz benötigt wird, wird auch die Belegreife schneller erreicht. Das ist praxiserprobt. Die schnellere Belegbarkeit wird aber nur erreicht, wenn der Raumluftzustand und weitere Einflüsse das nicht verhindern. Auch wenn weniger Wasser zugesetzt wurde, verbleibt ein Überschuss.

Die Austrocknung dieser Überschussfeuchte ist ein sehr komplexer Vorgang mit vielen Einflüssen. Aus der oberen Zone wird zunächst – unterstützt durch Luftbewegung – sehr schnell Wasser entweichen, und zwar durch Diffusion und Kapillar-Transport. Die kapillaren Wege reißen bei Zementestrichen recht schnell ab, besonders bei früher Forcierung der Austrocknung. Die weitere Austrocknung erfolgt dann nur noch durch Diffusion. Bei Calciumsulfat-Estrichen ist eine frühe Forcierung der Austrocknung jedoch gewünscht und unkritisch.

Die Austrocknung dauert umso länger, je dicker der Estrich ist. Wie die Dicke den Zeitraum der Austrocknung beeinflusst, kann nur grob abgeschätzt werden. Dabei geht die Dicke etwa im Quadrat in diese Abschätzung ein.

Beispiel: Angenommen ein ca. 50 mm dicker Zementestrich trocknet unter definierten Bedingungen in ca. 6 Wochen auf den Wert der Belegreife aus, so würde ein Estrich in 70 mm Dicke bei gleichen Bedingungen in $(70\ \text{mm}/50\ \text{mm})^2 \times 6$ Wochen = ca. 12 Woc hen benötigen.

Eine andere aus Erfahrungen abgeleitete Faustformel besagt, dass je mm Dicke etwa ein Tag zur Austrocknung benötigt wird. Beide Regeln können zutreffen! Letztlich bestimmen jedoch die Umgebungsbedingungen (Raumluftzustand) weitgehend den Austrocknungsverlauf (Abb. 6.18).

Daraus folgt, dass Estriche so dünn wie möglich, aber so dick wie notwendig geplant und ausgeführt werden sollten.

Je höher die Dichte eines Estrichs ist, je länger ist die Austrocknungszeit. Das ist besonders bei Zement-Fließestrichen festzustellen, die eine hohe Rohdichte aufweisen. Bei Fließestrichen auf Basis Calciumsulfat verhindert die Porenstruktur einen Abriss der Austrocknung über kapillare Wege. Die Austrocknungszeiten sind daher nicht zwangsläufig länger. Dennoch sollten auch bei dieser Estrichart keine übermäßig hohen Dicken verlegt werden.

Abb. 6.18 Diese Belagablösung in einem Kaufhaus erfolgte einige Monate nach Belegung. Die Ursache der Schäden war ein 95 mm dicker CAF-Estrich, der auch 2 Jahre nach Herstellung noch ca. 1,4 CM-% Restfeuchte hatte. Er wurde viel zu früh belegt

Eine Besonderheit ist bei maschinengeglätteten Zementestrichen zu beobachten. Der Mörtel wird in einer steifen Konsistenz eingebaut, um das maschinelle Glätten zu ermöglichen. Die obere Zone weist durch das Glätten bis in eine Tiefe von ca. 10 bis 20 mm eine hohe Dichte auf. In größerer Tiefe nehmen die großen Gefügeporen dann erheblich zu. Eine Austrocknung über Kapillaren ist daher nur in der oberen dichten Zone möglich. Die Feuchte in der unteren Estrichhälfte verbleibt dagegen über einen sehr viel längeren Zeitraum.

Je mehr Luftbewegung, desto schneller trocknet der Estrich. Bei früher und hoher Luftbewegung kann die obere Estrichhälfte in relativ kurzer Zeit weitgehend trocken sein. Das bekannte Schüsseln von Randbereichen durch das oberseitige Schwinden, ist bei Zementestrichen die Folge. zudem kann es zu einem Abbruch der kapillaren Austrocknung kommen. Daher ist eine hohe Luftbewegung bei Zementestrichen kein geeignetes Mittel und unbedingt zu vermeiden.

Entscheidend für die Trocknung für Estriche sind die Raumklimatischen Bedingungen. Der Estrich wechselwirkt mit der Luft, die im Raum vorhanden ist. Er kann Feuchte nur abgeben, wenn die Luft Feuchte aufnehmen kann. Besonders in den Sommermonaten stagniert die Austrocknung manchmal über Wochen hinweg, da die feuchte Bauluft nicht durch trockene feuchteaufnahmefähige Außenluft ausgetauscht werden kann. Feuchtwarme Sommerluft wird durch Abkühlung im Bauwerk sogar die relative Luftfeuchte erheblich anheben, und in extremen Fällen an der kühlen Estrichoberfläche kondensieren. Ein Estrich kann also auch nach Erreichen niedriger Feuchtegehalte erneut etwas Feuchte aus der Luft aufnehmen, relevant allerdings nur über sehr lange Zeiträume. Der Estrich stellt sich auf einen Feuchtewert, die sogenannte Ausgleichsfeuchte ein, der durch die umgebende relative Luftfeuchte bestimmt wird. Die materialspezifische Sorptionsisotherme bestimmt diesen Wert.

Aus Tab. 6.15 kann abgelesen werden, dass Zementestriche ihre Belegreife von 3 bis 3,5 Masse-% (entspricht ca. 2 CM-%) bei einer anhaltenden relativen Luftfeuchte von deutlich >65 % ohne besondere Trocknungsmaßnahmen nicht sicher erreichen können. Calciumsulfatestriche verhalten sich hier etwas günstiger.

In trockenen Wintermonaten kann sich die Austrocknung derart beschleunigen, dass sich bei Zementestrichen Schüsselungen der Ränder, vorwiegend der Ecken, einstellen. Bei Calciumsulfatestrichen (CA, CAF) gibt es dieses Problem nicht. Nach wenigen Tagen sollte sogar forciert die Restfeuchte reduziert werden. Verbleibt in CA-Fließestrichen zu viel Restfeuchte über einen zu langen Zeitraum, sind je nach Art des Bindemittels Rissbildungen durch Umkristallisationseffekte möglich.

Wenn also ein Estrich auch nach mehreren Wochen noch nicht hinreichend trocken ist, sollte die Ursache nicht im Estrich selbst, sondern vorwiegend in den Umgebungsbedingungen gesucht werden. Natürlich wird ein Estrichmörtel, der mit wenig Überschusswasser hergestellt wurde, etwas schneller austrocknen, aber entscheidender sind die örtlichen Umgebungsbedingungen, die Dicke und die Dichte. Der Estrich stellt sich abhängig vom Raumluftzustand auf eine Ausgleichsfeuchte ein, die bei ungünstigem Bauklima auf einem zu hohen Wert verbleiben kann und damit eine Belegung mit Bodenbelägen verzögert.

Zusatzmittel, zwecks schnelleren Erreichens der Belegreife, wirken auf sehr verschiedene Weise. Das Wirkungsprinzip wird von den Herstellern häufig auch aus wirtschaftlichem Interesse verschwiegen.

Tab. 6.15 Zu erwartende Ausgleichsfeuchte in Masse-% (Anhaltswerte) von Estrichen

Relative Luftfeuchte in % (rH)	Zementestrich CT	Calciumsulfatestrich CA
100	8	>2
90	6	1,6
80	4,5	0,8
70	4	0,4
60	3,5	0,2
50	3	0,1
40	2,5	–
30	2	–
20	1,5	–

Plastifizierer und Fließmittel stellen eine gewünschte Konsistenz her, ohne dass dafür Wasser verwendet werden muss. Das funktioniert, wenngleich mit den vorgenannten Einschränkungen. Termine können damit allein nicht sicher eingehalten werden.

Trocknungsbeschleuniger, wie auch immer näher bezeichnet, haben verschiedene Wirkungsweisen. In der Regel sind es modifizierte Polycarboxylate. Ein Teil der enthaltenen messbaren Feuchte wird so gebunden, dass diese nicht schadenswirksam ist. Im Vergleich zu üblichen Grenzwerten gibt es dann Korrekturwerte, entweder unter Abzug von Konstanten, auch in Abhängigkeit vom Estrichalter, oder durch Hochsetzung des Grenzwertes. Auch diese Mittel funktionieren, wobei man beachten muss, dass allein ein geeigneter Restfeuchtegehalt noch nicht die Belegung ermöglicht. Auch das Schwinden muss zu diesem Zeitpunkt weitgehend abgeschlossen sein, was bei dieser zusätzlichen Wasserbindung nicht immer gegeben war. Bei großen Flächen mit einer Vielzahl von Scheinfugen, die ja bei Erreichen der Belegreife festgelegt und verfüllt werden, ist eine gewisse Vorsicht geboten. Ist das Nachschwinden zu groß, reißen die verfüllten Scheinfugen wieder auf.

Zur Bauzeitverkürzung und im Sanierungsbereich können spezielle im Werk gemischte Bindemittel-Compounds eingesetzt werden. Sie ermöglichen die Verlegung von Bodenbelägen wenige Tage nach Herstellung. Zwei grundsätzliche Arten von Schnellzementen sollen hier genannt werden:

- **Typ 1: Kombination Tonerdeschmelzzement und Calciumsulfat; Einsatz nur im Trockenbereich innen**
- **Typ 2: Kombination Tonerdeschmelzzement mit Portlandzement; Einsatz innen und außen**

Der Tonerdeschmelzzement, der aus Kalkstein und Bauxit hergestellt wird, bindet chemisch etwa doppelt so viel Wasser – und das ungleich schneller – als ein Portlandzement. Bei dem Typ 1 wird zusätzlich die kristalline Wasserbindung und Verfestigung bei der Umwandlung des Calciumsulfats in Calciumsulfatdihydrat genutzt. Die schnelle Erhärtung beruht bei Typ 2 auf einer raschen Reaktion des Tonerdehydrates mit dem Kalkhydrat des Portlandzementes.

Für alle Zementestriche mit Schnellzementbindern oder beschleunigenden Zusätzen gilt, dass sie nur im Sinne einer schnellen Belegbarkeit funktionieren, wenn sie genau innerhalb der Herstellerspezifikationen hergestellt und verarbeitet werden. Es muss besonders auf die Gesteinskörnung geachtet werden, die im günstigen Bereich der Sieblinie 0–8, meistens A/B 8, liegen sollte. Werksgemischte Trockenmörtel als Sackware bieten hier eine besondere Sicherheit.

Bei zu feiner Körnung entsteht ein Wasserüberschuss, der – wird er nicht mit einer Erhöhung der Bindermenge kompensiert – nicht mehr chemisch gebunden wird. Die schnelle Belegreife wird dann nicht erreicht, das Schwindverhalten wird ungünstiger und es kann ein relevanter Festigkeitsabfall die Folge sein. Es muss daher auch bei Schnellzementestrichen vor der Belagsverlegung immer die Restfeuchte gemäß den

Herstellervorgaben gemessen werden. Nur dieser Messwert entscheidet über den Zeitpunkt der Belegbarkeit (siehe Kap. 12). Anders ausgedrückt: Der vom Hersteller vorgeschriebene Wasser/Zement-Wert muss genau eingehalten werden.

Es werden auch Zemente als Schnellzement bezeichnet, die nicht zu einer schnellen Belegbarkeit führen, sondern nur zu einer schnellen Festigkeitsentwicklung. Daher muss genau auf die Spezifikation geachtet werden.

Seit einigen Jahren sind auch CAF-Estriche auf dem Markt, die schnell Festigkeit aufbauen und innerhalb weniger Tage belegreif sind, selbst bei hoher Dicke. Sie tragen in der Regel den werbewirksamen Zusatz „Turbo, Sprint, etc. ".

Letztlich muss bei Termindruck rechtzeitig an eine künstliche Trocknung gedacht werden, die es in vielfältiger Art gibt. Kondenstrockner benötigen allerdings geschlossene Räume, die nicht immer eingerichtet werden können. Bei einer zu frühen künstlichen Trocknung, besonders mittels eingeblasener Luft, sind Verwölbungen und Rissbildungen nicht selten, bei Verbundestrichen kann es auch zu Ablösungen vom Untergrund kommen.

7 Trittschallschutz

Schallschutz verfolgt keinen Selbstzweck. Vielmehr ist Schallschutz Lebensqualität und dient der Gesundheit von Menschen.

Die Folgen einer zu hohen Lärmbelastung sind u. a.:

- Schlafstörungen
- Nervosität
- Kreislauf- und Herzprobleme
- Magengeschwüre
- Psychische Störungen

Im Hochbau geht es, neben den Geräuschen aus haustechnischen Anlagen und Installationen, vorwiegend um den Luftschallschutz (Musik, Gespräche) und den Trittschallschutz (Gehgeräusche). Der Luftschallschutz, der geplant wird, stellt sich in der Regel auch am Bauwerk ein. Handwerkliche Ausführungsfehler mit Auswirkungen auf den Luftschallschutz sind möglich, aber relativ selten. Trittschallschutz kann ebenso sehr einfach geplant werden. Jedoch führen bereits kleine Ausführungsfehler, die zudem nicht selten sind, zu dramatischen Verschlechterungen. Im Nachfolgenden werden vorwiegend Hinweise zum Trittschallschutz gegeben.

Hier nur vier Hinweise zum Luftschallschutz in Verbindung mit Estrichen:

- Ein Estrich auf Dämmschicht wird die Luftschalldämmung jeder Decke positiv beeinflussen. Die entscheidende Größe ist jedoch die Decke selbst einschl. der Flankenübertragung
- Estriche auf Trennschicht und Verbundestriche führen über die Erhöhung der Masse zu einer – allerdings geringeren – Verbesserung

H. Timm et al., *Estriche, Parkett und Bodenbeläge*,
https://doi.org/10.1007/978-3-658-25847-4_7

- Schallbrücken, also starre Verbindungen zwischen der Lastverteilungsschicht und/ oder Hartbelägen und angrenzenden Bauteilen, können bei einem Estrich auf Dämmschicht durchaus zu einer Reduzierung der Luftschalldämmung um ca. 1 dB führen, da sich durch die Brücke das Schwingverhalten ändert
- Stehen Leichtbauwände auf Estrichen auf Dämmschicht oder auf Hohlböden, so begrenzt der unter der Wand durchgeführte Estrich die erreichbare Luftschalldämmung zwischen den Räumen. Bei Hohlböden kann eine Verbesserung durch eine schalltechnische Abschottung im Hohlraum erzielt werden. Bei Verbundestrichen und Estrichen auf Trennschicht oder bei sehr dicken Estrichen auf Dämmschicht hat der Estrich keinen relevanten Einfluss mehr. Dann bestimmen die Leichtbauwand, andere flankierende Bauteile und mögliche weitere Nebenwege die Luftschalldämmung.

DIN 4109 Schallschutz im Hochbau enthält Anforderungen und Empfehlungen für verschiedene Bauteile im Wohnungsbau, in Schulen, Krankenhäusern, Bürogebäuden, Hotels usw. Dabei wurden bisher Werte für die Schalldämmung von Bauteilen festgelegt, jedoch ohne die Besonderheiten der jeweiligen nutzungsabhängigen Geräuschentwicklung und Geräuschempfindlichkeit hinreichend zu berücksichtigen. In der Neufassung der DIN 4109 werden daher vermutlich Werte für den Schallschutz zwischen Raumgruppen festgelegt.

DIN 4109 ist ausschließlich eine Planungsgrundlage und hat für den ausführenden Handwerksbetrieb keine unmittelbare Bedeutung. Wie nämlich z. B. Estriche und Bodenbeläge fachgerecht verlegt werden, auch mit dem Ziel eines optimalen Schallschutzes, ist in anderen Normen, z. B. DIN 18560, DIN 18353 DIN 18365, DIN 18356, DIN 18352 usw. festgelegt.

Nur der Planer kann für den jeweiligen Bereich – in Abstimmung mit seinem Auftraggeber und im Zusammenwirken mit anderen Bauteilen – die notwendige Konstruktion und die schalltechnischen Erfordernisse festlegen. In besonderen Fällen wird er einen Bauakustiker hinzuziehen müssen. Auch bei einer funktionalen Ausschreibung, darf dem ausführenden Auftragnehmer nicht die Planung des Schallschutzes überlassen werden. Ein Estrichunternehmer ist z. B. nicht in der Lage, die Besonderheiten im Krankenhausbau oder im gewerblichen Bereich zu erkennen. Wo darf er „normale" Fugen und wo muss er „schalltechnisch notwendige" Fugen ausbilden und wie müssen diese unter Einbeziehung des Bodenbelages beschaffen sein? Das weiß der Auftragnehmer von Estricharbeiten nicht! Ebenso kann er nicht die Einflüsse anderer Gewerke, wie z. B. Rohrverlegungen unter dem Estrich o. Ä. in die Planung einbeziehen.

Da in der Neufassung der DIN 4109 zudem vermutlich auf den Schallschutz zwischen Raumarten abgestellt wird, und nicht mehr auf den Schallschutz von Bauteilen, ist ein Estrich- bzw. Bodenleger ganz sicher nicht mehr fachlich in der Lage den Schallschutz zu planen bzw. die Planung zu überprüfen.

7.1 Planung und Ausführung

Enthält der Vertrag keine Festlegungen, wird häufig angenommen, dass dann automatisch nur die niedrigsten Anforderungen der DIN 4109 zu erfüllen seien. Das ist allerdings nicht nachvollziehbar. Wenn ein Planer zur Erzielung eines bestimmten Schallschutzes eine Konstruktion plant und ausschreibt, dann muss er nicht zusätzlich einen zu erreichenden Wert festlegen, auch wenn es zu empfehlen ist, um Unstimmigkeiten zu vermeiden.

Der Auftragnehmer darf von der geforderten Konstruktion nicht abweichen. Er muss aber unabdingbar Bedenken vorbringen, wenn die geforderte Konstruktion wegen der Vorleistungen oder anderer baulicher Umstände nicht ausführbar ist bzw. gegen die Regeln seines Fachs verstößt.

Der BGH hat zudem eindeutig festgehalten (Auszug aus AZ: VII ZR 184/97):

Welcher Schallschutz geschuldet ist, ist durch Auslegung des Vertrages zu ermitteln. Sind danach bestimmte Schalldämm-Maße ausdrücklich vereinbart oder jedenfalls mit der vertraglich geschuldeten Ausführung zu erreichen, ist die Werkleistung mangelhaft, wenn diese Werte nicht erreicht sind.

Handwerkliche Ausführungsfehler dürfen demnach nicht den konstruktiv möglichen Schallschutz beeinträchtigen. Das ist eine eindeutige (Heraus-) Forderung an die Estrich-, Boden-, Parkett- und Fliesenleger, denn so genannte „Schallbrücken" sind auch bei einer sorgfältigen Ausführung mittlerer Art und Güte nicht immer vermeidbar, aber nach BGH in der Regel unzulässig.

Hier hilft den Handwerkern nur, dass in der Planung und in den Verbesserungsmaßen der DIN 4109 bereits Vorhaltemaße enthalten sind, die kleine Fehler „kompensieren". Wird jedoch nach DIN EN 12354-2 geplant, so entsprechen die errechneten Planungswerte ziemlich genau den am Bau erzielbaren Werten. Für die massiveren Ausführungsfehler, darf daher kein Verständnis aufkommen. Entweder waren dann Fachkräfte ohne hinreichendes Fachwissen am Werk, oder der bauseitige Druck führte zu einer Nachlässigkeit oder es wurde – manchmal aufbauend auf fehlerhaften Vorleistungen – eine (ebenso) fehlerhafte Eilentscheidung getroffen, die vor Ausführung nicht hinsichtlich ihrer Wirkung überprüft wurde.

Beispiel: In den Obergeschossen eines Mehrfamilienhauses fehlte es an Konstruktionshöhe. Statt der geplanten Mineralfaserdämmschicht 20-5 wurde auf Anordnung der Bauleitung eine PE-Schaumfolie in 5 mm Dicke eingebaut. Die schalltechnischen Kennwerte waren relevant ungünstiger und zwar um über 10 dB.

Alle Abweichungen von der Planung während der Bauausführung sollten bzw. dürfen nur nach schriftlicher Beauftragung durch den Auftraggeber umgesetzt werden. Bauleiter sind in der Regel nicht befugt, konstruktive Änderungen anzuordnen. Bei Architekten sind entsprechende Vollmachten zur Entgegennahme von Bedenken oder zur Änderung des Vertrages einzusehen. Fehlen diese Vollmachten, ist ausschließlich mit dem Auftraggeber eine Klärung herbeizuführen und immer in Schriftform! Der für die Planung

Verantwortliche hat den Auftraggeber über Vor- und Nachteile genau aufzuklären. Bei dem Auftraggeber darf durch eine mangelhafte Aufklärung nicht der Eindruck entstehen, es handele sich um unbedeutende Planungsänderungen.

DIN 4109 sichert nur ein Mindestmaß an Schallschutz und damit die Einhaltung der Landesbauordnungen. In der Regel ist der Schallschutz ausnahmslos nach dem jeweiligen Stand der Technik zu planen, auch weil der Zweck vorwiegend gesundheitliche Aspekte hat. Da der BGH auch entschieden hat, dass DIN-Normen reine privatrechtliche Vereinbarungen sind, entscheidet im Zweifel allein die vertraglich vereinbarte Konstruktion über den zu erreichenden Schallschutz. Der ausführende Fachunternehmer muss allerdings erkennen, wenn grobe Planungsfehler vorliegen, wie z. B. eine nicht ausgeschriebene Ausgleichschicht bei vorhandenen Rohren auf Decken. Wer hier ohne Bedenken ausführt, verstößt gegen vertragliche Pflichten.

7.2 Messverfahren

Im Bau wird der Trittschallpegel aus fremden Wohn- oder Arbeitsbereichen als Maß der Güte der Trittschalldämmung des Bauteils durch Messung bestimmt. Die Messungen der Trittschalldämmung werden nach DIN EN ISO 140-7 durchgeführt. Es versteht sich, dass die „Originalgeräusche“, z. B. durch Begehen mit Schuhwerk, nicht zur Messung verwendet werden können, da sie nicht mit ausreichender Genauigkeit reproduziert werden können. Die Anregung der Bauteile erfolgt daher mit einer genormten Schallquelle. Das derzeitige Verfahren wird im nachfolgenden nur so weit beschreiben, wie es für ein grundlegendes Verständnis sinnvoll ist.

Der Fußboden wird mit einem Norm-Hammerwerk angeregt. Fünf Gewichte fallen aus einer festgelegten Höhe mit einer festgelegten Fallfrequenz auf das anzuregende Bauteil. In dem nächstgelegenen schutzbedürftigen Raum wird der dort entstehende Trittschallpegel in dB (Dezibel) in 16 Terzbändern (oder 5 Oktavbändern) in Abhängigkeit von der Frequenz (Bereich 100 Hz bis 3200 Hz) gemessen und aufgezeichnet (Abb. 7.1).

Der Empfangsraum (Raum mit Messgerät) kann neben, unter, über oder versetzt zum Senderaum (Raum mit Hammerwerk) liegen. Da eine unterschiedliche Schallabsorption (leer, schwach möbliert, möbliert) im Empfangsraum die Höhe des Trittschallpegels beeinflusst (leer: Pegelerhöhung durch Mehrfachreflexion, möbliert: Pegelminderung durch Absorption der Schallenergie), wird die Schallabsorption zusätzlich messtechnisch bestimmt. Hieraus wird ein Raum-Korrekturwert errechnet, der den Trittschallpegel in leeren Räumen mindert und in möblierten Räumen erhöht. Diese Raumkorrekturwerte sichern die Vergleichbarkeit von Messergebnissen unabhängig vom Zustand der Empfangsräume. Bisher bezog man alle Messwerte auf eine normativ festgelegte äquivalente Schallabsorptionsfläche. Künftig wird man einen Bezug auf eine Bezugs-Nachhallzeit vornehmen, die in der Regel 0,5 s betragen wird (Abb. 7.2).

Abb. 7.1 Norm- Hammerwerk

Alle sechzehn (Terzband-Messung) oder fünf (Oktavband-Messung) korrigierten Pegelwerte, können jetzt grafisch in Kurvenform mit dem dB-Wert in jedem Frequenzband dargestellt werden. Allein diese Darstellung würde aber eine Beurteilung und einen Vergleich mit Soll-Werten in Verträgen und Regelwerken nicht ermöglichen. Aus den Einzelwerten muss ein Einzahl-Wert abgeleitet werden.

DIN EN ISO 717-2 enthält eine sogenannte Bezugskurve (keine Sollkurve!), die ebenso die Trittschallpegel für jedes Frequenzband darstellt. Bei Messung in Terzbändern wird die Einzahl-Angabe wie folgt ermittelt. Beide Kurven (Bezugskurve und Messkurve) werden verglichen. In die Berechnung einbezogen werden nur die Frequenzbänder, deren Trittschallpegel oberhalb der Bezugskurve liegen, also dB-Werte aufweisen, die oberhalb der dB-Werte der Bezugskurve im ungünstigen Bereich liegen.

Die Bezugskurve wird nun so weit nach oben oder unten in Richtung Messkurve verschoben, bis alle Überschreitungen der Messkurve addiert max. 32 dB (=2 dB mittlere Überschreitung bei 16 Terzbändern) ergeben. Dabei ist die Anzahl der Frequenzbänder mit Überschreitungen unerheblich, ebenso die Lage. Jetzt wird der dB-Wert der verschobenen Bezugskurve bei 500 Hz abgelesen. Dieser Wert ist der **„Bewertete Norm-Trittschallpegel L′n,w“**. Bei der künftigen nachhallbezogenen Messkurve wird der Einzahlwert **„Bewerteter Standard-Trittschallpegel L′nT,w“** heißen.

Je niedriger dieser Wert ist, also je weiter die Bezugskurve zu niedrigen dB-Werten hin verschoben werden konnte, desto besser ist die Trittschalldämmung des Bauteils.

Zwischen dem früher verwendeten Trittschallschutzmaß TSM und dem L′n,w besteht die Beziehung: **TSM = 63 dB – L′n,w.**

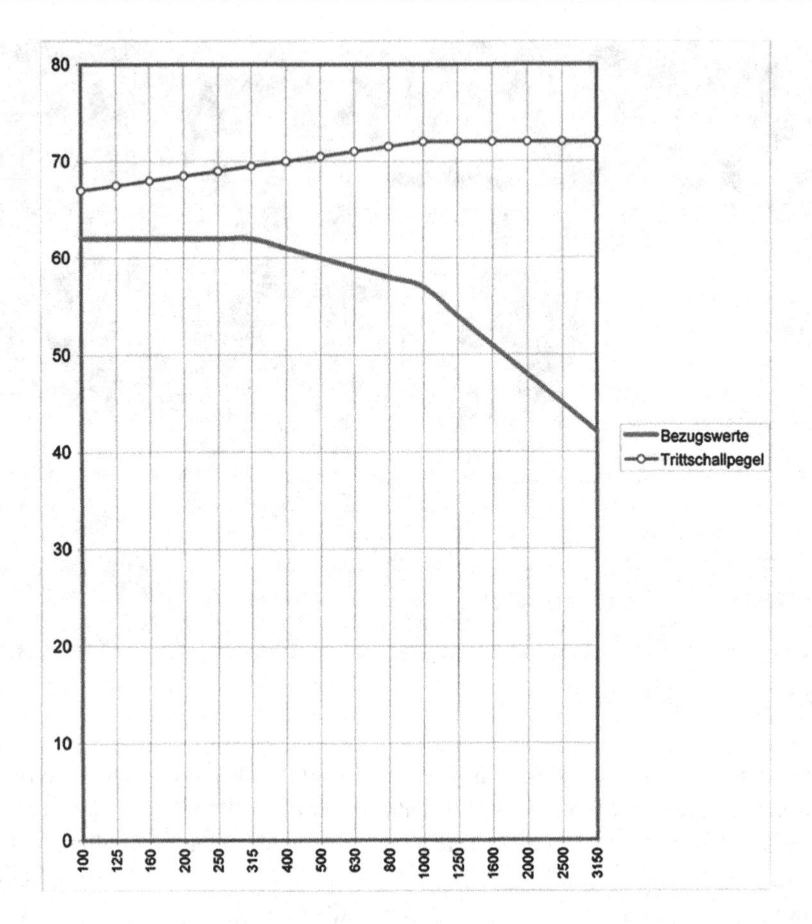

Abb. 7.2 Grafische Darstellung der Pegelwerte über der Frequenz, Massivdecke idealisiert

7.3 Anforderungen an den Trittschallschutz

DIN 4109 Schallschutz im Hochbau vom Januar 2018 einschl. Beiblätter enthält Anforderungen und Empfehlungen an die Trittschalldämmung von z. B. Decken und Fußböden in

- Geschosshäusern mit Wohnungen und Arbeitsräumen
- Einfamilien-Doppelhäusern und Einfamilien-Reihenhäusern
- Beherbergungsstätten, Krankenanstalten, Sanatorien
- Schulen, Unterrichtsbauten
- Eigengenutzte Wohnbereiche
- Büroräume usw.

Tab. 7.1 Anforderungen L'n,w – Beispiele

Lage/Art	DIN 4109 SSt I (dB)	SSt II (dB)	SSt III (dB)
Wohnungstrenndecken, Decken zwischen Aufenthaltsräumen von Wohnungen und fremden Räumen	53	46	39
Decken unter Terrassen, Balkonen, Loggien, Laubengängen	53	46	39
Treppenpodeste	58 bzw. 53	53	46
Zwischen Aufenthaltsräumen von Doppel- und Reihenhäusern und fremden Räumen	48	41	34
Decken im eigenen Wohnbereich EW (nur Empfehlung, muss zur Wirksamkeit vereinbart werden)	53	–	–

Daneben enthält die Norm Anforderungen an Bauteile zwischen „besonders lauten Räumen“ und „schutzbedürftigen Räumen“, wie z. B. eine Arztpraxis unter einem Sportstudio oder eine fremde Wohnung über einer Kegelbahn.

Die Festlegung der jeweiligen Anforderung für den jeweiligen Nutzungszweck ist Aufgabe des Planers, der einen Bauakustiker als Sonderfachmann hinzuziehen sollte, wenn er selbst nicht über die notwendigen Kenntnisse verfügt. Die Bandbreite der Normenforderungen je nach Nutzung: **L'n,w von 53 dB bis 13 dB (L'nT,w von 55 dB bis 15 dB)!** Zur Erzielung niedriger Trittschallpegel muss der Planer flankierende Bauteile einbeziehen und nicht selten biegeweiche Vorsatzschalen und Unterdecken anordnen. Diese tiefgehenden Kenntnisse gehören nicht zum Wissensbereich eines Handwerksbetriebes.

Es wurden Schallschutzstufen SSt I bis III eingeführt. SSt I entspricht den heutigen Normenanforderungen. SSt I sollte gemäß BGH keine Anwendung mehr finden! SSt II dürfte heute als Mindestanforderung gelten. SSt III sind Vorschläge für einen erhöhten Schallschutz, die in jedem Fall der Vereinbarung bedürfen. Damit soll dem unterschiedlichen Komfort und den Bedürfnissen der Bewohner entsprochen werden. Ob es auch künftig noch Schallschutzstufen geben wird, bleibt abzuwarten. Obwohl Schallschutz im Hochbau keineswegs so komplex ist, scheint der zuständige Normenausschuss eine Neufassung stets als Aufgabe für ein Jahrhundert zu begreifen, zumindest als eine Generationenaufgabe. Zwischen den Ausgaben 1963 und 1989 lagen 25 Jahre, bis zur neusten Fassung 2018 weitere 28 Jahre (Tab. 7.1).

7.4 Verbesserung der Trittschalldämmung (Trittschallminderung)

Decken und Sohlen (Rohfußböden) allein weisen in der Regel völlig unzureichende Ln,w-Werte auf. Sie müssen durch zusätzliche Deckenauflagen und/oder Unterdecken mit trittschallmindernder Wirkung verbessert werden. Die schalltechnische Fertigdecke besteht also aus **Deckenauflagen (Estriche, Beläge), Decken oder Sohlen** und bei Bedarf **Unterdecken.**

Unterdecken verbessern den Luft- und Trittschallschutz sehr wirksam. Sie sollten an möglichst wenigen Punkten mit der Decke verbunden werden und möglichst über Federbügel oder -schienen. Der Hohlraum zwischen Decke und Unterdecke ist zu ca. 2/3 der Hohlraumhöhe mit lockerer Mineralwolle auszustatten.

Bei unbekannten Decken, z. B. im Bereich der Altbausanierung muss zunächst der L'n,w-Wert dieser Decke gemessen werden. Nur dann kann sicher die notwendige Deckenauflage bzw. Unterdecke rechnerisch ermittelt werden.

Bei Neubauten oder bekannten Deckenarten kann auf Rechenwerte in DIN 4109 bzw. DIN EN 12354-2 in Form so genannter **„äquivalenter bewerteter Norm-Trittschallpegel"** mit der Bezeichnung **Ln,w,eq** zurückgegriffen werden. Diese sind abhängig von der flächenbezogenen Masse in kg/m^2 und von dem Vorhandensein einer schalltechnisch wirksamen Unterdecke (Tab. 7.2).

Noch genauer können Werte aus den Bauteileigenschaften nach DIN EN 12354-2 errechnet werden. Dort werden einfache und detaillierte Rechenverfahren beschrieben, die auch den Einfluss flankierender Bauteile berücksichtigen.

Das Masse/Feder-Element aus Estrich und Dämmschicht und die Weichheit von Bodenbelägen verbessern Decken ohne Deckenauflagen erheblich.

Die Verbesserung durch den Estrich einschl. Dämmschicht wird durch die Masse des Estrichs und die dynamische Steifigkeit s' in MN/m^3 der Dämmschicht bestimmt und mit der Einzahl-Angabe **„Bewertete Trittschallminderung ΔLw"** als Rechenwert gekennzeichnet. Umgangssprachlich wird die bewertete Trittschallminderung immer noch parallel als **„Verbesserungsmaß"** bezeichnet.

Die Verbesserung beginnt oberhalb der Resonanzfrequenz des Systems „Estrich/Dämm-schicht". Daher sollte die Resonanzfrequenz unterhalb von 100 Hz im messtechnisch nicht erfassten Bereich liegen.

Tab. 7.2 Rechenwerte Ln,w,eq von massiven Rohdecken

Flächenbezogene Masse in kg/m^2	Dicke (mm)	Ohne Unterdecke (dB)	Mit Unterdecke (dB)
265	ca. 120	79	73
310	ca. 140	77	72
350	ca. 160	76	72
400	ca. 180	73	71
450	ca. 200	71	69
500	ca. 220	70	68

Die Formel für die Resonanzfrequenz:

$$f_R = 160\sqrt{s'/m_e}$$

f_R Resonanzfrequenz in Hz
s' dynamische Steifigkeit der Dämmschicht in MN/m³
m_e Flächenbezogene Masse des Estrichs in m²

Verschiebt man die Resonanzfrequenz durch den Einsatz von Dämmschichten mit sehr geringer dynamischer Steifigkeit sehr weit nach unten, können gelegentlich Dröhneffekte beim Begehen dieses Fußbodens entstehen. Legt man die Resonanzfrequenz knapp unter 100 Hz, kann das L'n,w ausreichend sein, aber tiefe Geräusche, die z. B. beim Begehen ohne Schuhwerk entstehen, werden in der Wohnung darunter deutlicher wahrgenommen. Es macht demnach Sinn, sich bereits in der Planung mit der Resonanzfrequenz zu beschäftigen.

Zur Bestimmung des ΔLw von Deckenauflagen wird der Trittschallpegel einer beliebigen Massivdecke über einem ausreichend großen und halligen Raum in allen 16 Terzbändern gemessen. Dann wird die zu beurteilende Deckenauflage auf diese Massivdecke gelegt, und zwar in der Art, wie es später nutzungsbedingt erforderlich ist (Lose verlegt, verklebt, auf Dämm- oder Trennschicht usw.). Jetzt wird das Hammerwerk auf die Deckenauflage gestellt und erneut wird der Trittschallpegel bestimmt. Aus der Differenz beider Messungen in jedem Terzband ergibt sich die Trittschallminderung in Abhängigkeit von der Frequenz, die in Kurvenform oder Tabellenform für die spätere Planung von großer Bedeutung ist.

Genau genommen müsste man nämlich jetzt die Trittschallminderung in jedem einzelnen Frequenzband von dem Trittschallpegel der zu verbessernden Decke in Abzug bringen und dann den L'n,w der Fertigdecke – wie oben beschrieben – errechnen. Im Neubau und bei bekannten Decken kann mit hinreichender Genauigkeit mit Einzahl-Werten gerechnet werden. Daher wird auch aus den Einzel-Werten jedes Terzbandes der Trittschallminderung der Deckenauflage ein Rechenwert als Einzahl-Angabe errechnet. Hierzu enthält DIN EN ISO 717-2 eine Bezugsdecke, die etwa einer 120 mm dicken Massivdecke mit idealisiertem Frequenzverlauf entspricht und einen Rechenwert Ln,w von 78 dB aufweist. In jedem einzelnen Frequenzband der Bezugsdecke wird jetzt der Wert der Trittschallminderung der Deckenauflage in Abzug gebracht. Von der so rechnerisch verbesserten Bezugsdecke wird dann erneut der Ln,w bestimmt. Die Differenz zu 78 dB ist die bewertete Trittschallminderung **ΔLw.** Dieser Wert kann nun unmittelbar zur Planung der Fertigdecke verwendet werden.

Die verbessernden Eigenschaften von Bodenbelägen werden ebenfalls durch die bewertete Trittschallminderung **ΔLw** beschrieben.

Das darf nur von dem äquivalenten bewerteten Norm-Trittschallpegel in Abzug gebracht werden und nicht von dem bewerteten Norm-Trittschallpegel!

Der bewertete Norm-Trittschallpegel einer Decke mit Deckenauflage errechnet sich:

$$\mathbf{L'n,w = Ln,w,eq \; - \Delta Lw + K}$$

K ist ein Korrekturwert für die Übertragung über die flankierenden Bauteile. Der Wert kann DIN EN 12354-2 entnommen werden. Er liegt im Mittel bei 2 dB, kann aber sehr leichten flankierenden Bauteilen bis 6 dB betragen und bei sehr schweren flankierenden Bauteilen mit 0 dB angesetzt werden.

Abgezogen wird also entweder das Verbesserungsmaß des Estrichs auf Dämmschicht oder das des Bodenbelages, keinesfalls beide! Der zusätzliche Belag führt nur zu einer geringen weiteren Verbesserung!

Die Verbesserungsmaße von Estrich und Belag addieren sich nicht! Estrich und Belag mindern den Trittschall bei tiefen Frequenzen nur mäßig. Der tiefe Frequenzbereich allein wird jedoch die Bezugskurve negativ überschreiten und den L'n,w-Wert bestimmen. Der L'n,w-Wert einer Decke mit Estrich auf Dämmschicht wird mit einem weiteren Gehbelag oder einer Dämmunterlage nur in Höhe der Trittschallminderung verbessert, die diese bei tiefen Frequenzen aufweisen. Die hohe Verbesserung des Belages (bzw. Dämmunterlage) bei mittleren und hohen Frequenzen ist dann unbedeutend. Diese kompensieren aber die Wirkung möglicher Schallbrücken im Randbereich, da diese eine Pegelerhöhung bei mittleren und hohen Frequenzen bewirken! Selbst wenn auf einer Massivdecke ein Estrich auf Trennschicht liegt, darf das ΔLw eines Bodenbelages nicht voll angerechnet werden. In einem derartigen Fall hatte z. B. ein mit 14 dB Verbesserung spezifizierter Bodenbelag nur zu einer Verbesserung von 8 dB geführt.

Beispiel

Stahlbetondecke ohne Unterdecke 180 mm

Ln,w,eq,R n. DIN 4109 Beiblatt **1: 73 dB**

Anforderung Wohnungstrenndecke

L'n,w: **46 dB**

Erforderliches Mindest-Verbesserungsmaß der Deckenauflage:

$$\Delta \text{Lw, erf} = \text{Ln,w,eq,R}+2\,\text{dB (K - Wert)} - \text{erf. L}'\text{n,w} = 73\,\text{dB}+2\,\text{dB}-46\,\text{dB} = \mathbf{29\,dB}$$

Nach DIN 4109 bzw. DIN EN 12354-2 könnte die Deckenauflage dieses Beispiels z. B. aus einem Massiv-Estrich von 45 mm Dicke mit einer Flächenmasse von ca. 90 kg/m^2 und einer Dämmschicht mit einer dynamischen Steifigkeit s′ von max. 15 MN/m^3 bestehen.

Die im Beiblatt 1 zur DIN 4109 enthaltenen Verbesserungsmaße von Estrichen auf Dämmschichten sind teils zu niedrig angegeben und auf max. 30 dB (ohne Bodenbelag) gedeckelt. Das Diagramm im Beiblatt 2 enthält diese Deckelung nicht und ist realistischer. Wenn das nach DIN 4109 geplante Ergebnis sich nicht einstellt, müssen also Fehler im Bereich der Ausführung als sicher angenommen werden. Eine Planung nach DIN EN 12354-2 dürfte dagegen sehr gut mit den tatsächlich zu erreichenden Werten übereinstimmen (Tab. 7.3, 7.4 und 7.5).

Tab. 7.3 Verbesserungsmaße **ΔLw** der Deckenauflage: Massiv-Estrich auf Dämmschicht

Dynamische Steifigkeit der Dämmschicht s' in MN/m³	Estrichmasse ≥60 kg/m²(dB)	Estrichmasse ≥100 kg/m²(dB)	Estrichmasse ≥160 kg/m²(dB)
4	35	38	42
6	33	36	39
8	31	34	37
10	30	33	36
15	27	30	33
20	25	28	31
30	23	26	29
40	21	24	27
50	20	23	25

Tab. 7.4 Verbesserungsmaße **ΔLw:** Gussasphalt- oder Trockenestrich auf Dämmschicht

Dynamische Steifigkeit der Dämmschicht s' in MN/m³	Estrichmasse ≥15 kg/m²(dB)	Estrichmasse ≥40 kg/m²(dB)	Estrichmasse ≥60 kg/m²(dB)
10	22	29	33
15	20	26	30
20	19	25	27
30	18	22	24
40	17	20	22
50	16	19	20

Tab. 7.5 Erreichbare L'n,w-Werte auf Massivdecken mit Estrichen von ca. 90 kg/m² (d = 45 mm)

Massivdecke Ohne Unterdecke Dicke in mm	Dynamische Steifigkeit s' der Dämmschicht (Steifigkeitsgruppe SD)					
	7	10	15	20	30	40
120	49	51	52	53	54	55
140	47	49	50	51	52	54
160	46	48	49	50	51	52
180	43	45	46	46	48	49
200	41	43	44	45	46	47
220	40	42	43	44	45	46

Theoretisch könnte auch – statt des Estrichs – ein Bodenbelag mit einem Verbesserungsmaß von 29 dB verlegt werden. DIN 4109 lässt dies bei Wohnungstrenndecken allerdings nicht zu, was zu begrüßen ist, weil Bodenbeläge die lästigen tiefen Frequenzanteile nicht hinreichend mindern. Die Normen-Anforderungen müssen bei dieser Deckenart ohne weiche Bodenbeläge erreicht werden. Ausnahmen sind selbstgenutzte Gebäude. Schallschutzanforderungen bestehen nach Norm nur in Gebäuden mit mehreren Wohneinheiten.

Würde man den weichen Bodenbelag (29 dB) zusätzlich auf den Estrich (29 dB) legen, ergäbe sich nach DIN 4109 nur eine weitere Verbesserung des L'n,w um ca. 4 dB von 46 dB auf ca. 42 dB. Das liegt an der niedrigen Minderung des Belages bei tiefen Frequenzen.

Sollen die Vorschläge für einen erhöhten Schallschutz nach dem Beiblatt zur DIN 4109 eingehalten werden, ist die Einrechnung weicher Gehbeläge zulässig, wenn die Decke ohne Bodenbelag die Anforderungen der Hauptnorm erfüllt. Damit wird sichergestellt, dass bei einem Wechsel auf Hartbeläge zumindest die Anforderungen der Norm erfüllt werden. Das macht nur begrenzt Sinn, weil in hochwertigen Wohnungen sehr häufig hochwertige Hartbeläge (Naturwerkstein, Parkett u. Ä.) verlegt werden. Das ist einem Eigentümer in der Regel freigestellt. Daher sollten die Fußböden so geplant werden, dass die erhöhten Anforderungen auch mit Hartbelägen erreicht werden. In anderen, in der Regel gewerblichen Bereichen, dürfen weiche Bodenbeläge grundsätzlich eingerechnet werden, so z. B. in Bürogebäuden. Ein Belagwechsel auf Hartbeläge ist dann aber nicht zulässig. Die Entscheidung liegt wieder beim Planer bzw. Auftraggeber.

DIN 4109 lässt rechnerisch eine weitere Verbesserung von Decken mit Estrichen auf Dämmschicht mit weichen Bodenbelägen ΔLw mind. 20 dB um 0 dB bis 4 dB zu. In der Praxis ist – je nach Güte des Belages – mit einer Verbesserung von 0 dB bis ca. 12 dB zu rechnen.

Möchte man eine vorhandene Decke mit einem Estrich auf Dämmschicht oder Trennschicht durch einen Belag verbessern und das Ergebnis vorher abschätzen, müssen zunächst die Trittschallpegel der Decke mit Estrich in 16 einzelnen Frequenzbändern zwischen 100 Hz und 3200 Hz gemessen werden. Bekannt sein muss weiter die Trittschallminderung des Belages in den einzelnen Frequenzbändern, die hoffentlich im Datenblatt des Belages in Tabellen- oder Kurvenform enthalten sind (Leider sehen die Belaghersteller zunehmend von einer Veröffentlichung der Einzelwerte ab und geben nur noch den Einzahl-Wert an!). Mindert man jetzt in jedem einzelnen Frequenzband den Trittschallpegel um die Minderung des Belages, kann man aus den neuen Werten den voraussichtlichen L'n,w mit Belag errechnen (Abb. 7.3).

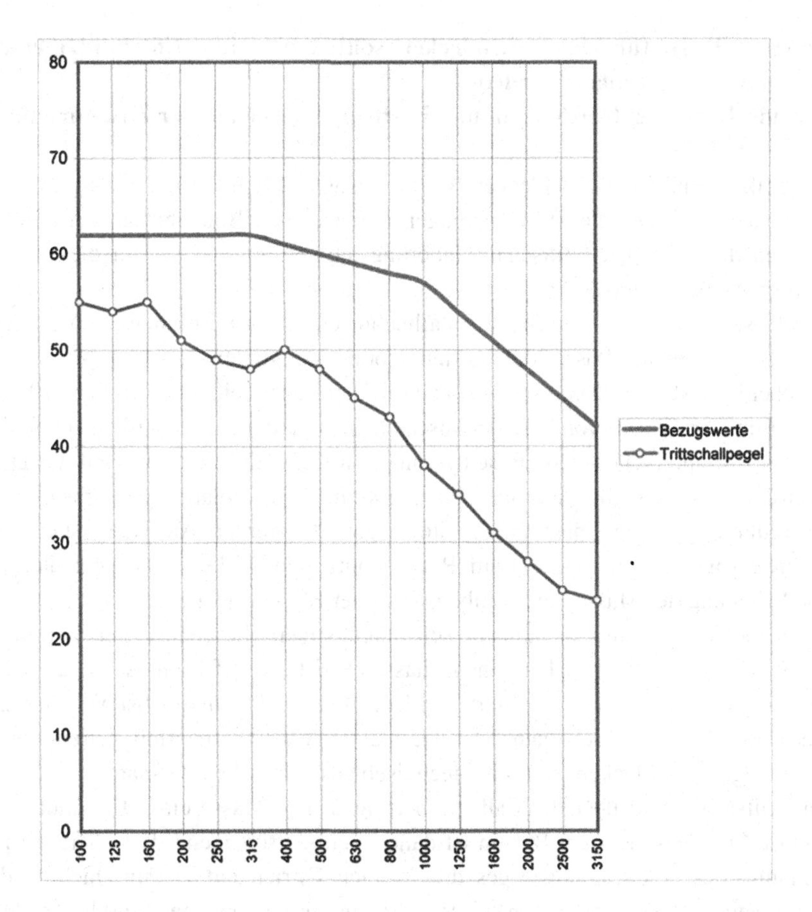

Abb. 7.3 Typischer Pegelverlauf einer Wohnungstrenndecke ohne relevante Schallbrücken

7.5 Holzdecken

Holzdecken (Holzbalkendecken, Brettstapeldecken) ohne Deckenauflagen weisen im Vergleich mit Massivdecken ausgeprägt hohe Trittschallpegel bei tiefen und mittleren Frequenzen auf. Die für Massivdecken geltenden Verbesserungsmaße können bei Holzbalkendecken nicht angewendet werden. Ganz grob können die bei Massivdecken geltenden Verbesserungsmaße nur zu ca. 50 bis 65 % angerechnet werden.

Da die trittschallmindernde Wirkung aller Deckenauflagen erst oberhalb der Resonanzfrequenz ansteigt, muss diese bei den Decken, die im tieffrequenten Bereich hohe Pegel aufweisen, konstruktiv auf einen sehr niedrigen Wert festgelegt werden.

Daher müssen Estriche auf Holzbalkendecken mit Dämmschichten sehr niedriger dynamischer Steifigkeit **≤10 MN/m²** (empfohlen: SD 7) geplant werden, in der Regel mit Mineralfaserdämmschichten (Dringende Empfehlung!). Das schließt in der Regel die Verwendung von Fertigteilestrichen aus.

Deckenauflagen für Holzbalkendecken sollten nie ohne Unterstützung durch einen Bauakustiker geplant werden.

Besonderheiten bei Holzbalken- und Brettstapeldecken in der Zusammenfassung

- Holzbalken- und Brettstapeldecken weisen besonders hohe Trittschallpegel bei tiefen Frequenzen auf. Da alle Deckenauflagen und weichen Bodenbeläge bei tiefen Frequenzen die niedrigste Trittschallminderung aufweisen, sind sie auf diesen Decken deutlich weniger wirksam!
- Massivestriche sind in der Regel schalltechnisch etwas wirksamer im Vergleich zu Trockenestrichen auf Basis GF/GK-Platten oder Spanplatten.
- Entscheidend ist, dass Dämmschichten eine dynamische Steifigkeit von max. 10 MN/m^3 aufweisen. Der Einsatz von Faserdämmschichten auf diesen Decken ist zu empfehlen
- Optimal ist eine biegeweiche Beschwerung von Holzbalkendecken – auf der Dielung unter der Dämmschicht – mit aufgeklebten kleinen Betonplatten. Zwischen den Platten sollten Fugen von 5 bis 8 mm Breite ausgebildet werden. Alternativ ist eine Sandbeschwerung (feuergetrocknet) auf Rieselschutz sehr wirksam. Es geht hierbei um eine Erhöhung der Masse unter Beibehaltung der Biegeweichheit.
- Brettstapeldecken sind schalltechnisch ungünstiger (besonders bei Verleimung). In der Regel muss hier, neben einem massiven Estrich auf Dämmschicht, auch eine abgehängte Unterdecke ausgeführt werden. Diese sollte möglichst von der Decke über Federbügel oder -schienen, oder durch ein eigenes Tragegestell, getrennt werden. Abgehängte Unterdecken sind schalltechnisch ausgesprochen wirksam!
- Der Trittschall wird über die Balken übertragen. Die Masse eines Einschubs (Sand, Lehm o. Ä.) zwischen den Balken ist daher nicht entscheidend. Entscheidend ist die Trennung des Übertragungsweges durch einen Estrich auf Dämmschicht und/oder eine abgehängte Unterdecke. In der Regel kann ein vorhandener Einschub ausgebaut und durch eine weiche Mineralwolle (Dicke ca. 70 % der Höhe des vorhandenen Deckenhohlraums) ersetzt werden.
- Bei Sanierungen vorhandener Decken oder Ausbauten von Dachspeichern ist zunächst messtechnisch der vorhandene Schallschutz der Decke zu bestimmen. Daraus können die notwendigen Maßnahmen abgeleitet werden.
- Verbesserungsmaße von Deckenauflagen und Belägen beziehen sich in der Regel auf Massivdecken. Sie sind nicht auf Holzbalkendecken und Brettstapeldecken übertragbar. Als Faustregel gilt, dass Verbesserungsmaße für Massivdecken auf diesen Holzdecken nur etwa zur Hälfte bis zwei Dritteln angerechnet werden können. Der genaue L'n,w,H kann nur aus den Messwerten der Rohdecke und der Trittschallminderungskurve über der Frequenz rechnerisch ermittelt werden.
- Es wird davor gewarnt, bei diesen Deckenarten einfache Lösungsvorschläge zu unterbreiten. Auch Erfahrungswerte stoßen hier sehr schnell an Grenzen. Jede Decke muss immer wieder neu bewertet werden. Das ist einzig und allein Sache des Auftraggebers, der hierzu seinen Planer und/oder einen Bauakustiker einsetzt.

7.6 Probleme

DIN 18560-2 fordert bei Rohren, Kabeln o. Ä. Erhebungen auf Decken einen Ausgleich bis mind. OK dieser Erhebungen (DIN 18353 Estricharbeiten VOB/C fordert, dass bei Rohren u. Ä. Erhebungen immer Bedenken vorgebracht werden). Hierauf soll unterbrechungsfrei die schalltechnisch wirksame Dämmschicht gelegt werden. Leider wird diese Idealsituation immer noch selten geplant. Geplant wird durchaus eine schalltechnisch einwandfreie Konstruktion. Der Planer denkt aber zu diesem Zeitpunkt möglicherweise nicht an die Rohre zu Heizkörpern oder Zapfstellen. Das Erwachen kommt erst, wenn der Estrichleger die Vorleistung prüft und Bedenken anmeldet.

Beispiel: Bei der Planung des Fußbodens eines Schulgebäudes wurde besonderer Wert auf einen optimalen Trittschallschutz gelegt. Zudem wurden erhöhte Anforderungen an die Tragfähigkeit gestellt. Erst in der Ausbauphase lagen „urplötzlich" Kabel, Kanäle und Rohre auf einigen Decken und zwar etwa in der Dicke der vorgesehenen Dämmschicht. Deckte man alles mit einer weiteren Dämmschicht ab, reduzierte man die Estrichdicke und damit die Tragfähigkeit! Eine Unterbrechung der Dämmschicht führte zu einer Erhöhung der Trittschallpegel, vorwiegend bei niedrigen Frequenzen! Planungsfehler!

Selbst wenn die Situation nicht so extrem ist, ist selten Platz für die Trittschalldämmschicht oberhalb der Rohre. Für diesen Planungsfehler darf der Estrichleger nicht verantwortlich gemacht werden. Er darf auch nicht zur Ausführung gedrängt werden. Er soll und darf dafür aber auch nicht hinsichtlich der schalltechnischen Anforderungen oder hinsichtlich möglicher Dickenschwankungen des Estrichs in die Gewährleistung genommen werden. Bedenken und ein schriftlicher Gewährleistungsausschluss sind hier zwingend erforderlich.

Leider führen viele Estrichfirmen bei dieser Situation ohne Bedenken aus. Sie füllen die Räume im Rohrbereich mit einer Trockenschüttung aus und decken dann nur mit einem Abdeckpapier ab. Hier wurden gravierende Schallbrücken bei Messungen festgestellt, weil Mörtel durch das Abdeckpapier bis zur Decke gedrungen ist.

Das Abdecken der Rohrbereiche mit einer PE-Schaumfolie ist schalltechnisch in der Regel ausreichend. Diese Ausführung wäre aber nicht streng normengerecht im Vergleich zu den Forderungen der DIN 18560, es sei denn, die PE-Schaumfolie hätte eine Zulassung oder einen gleichwertigen Nachweis als Dämmschicht. Hier sollte der Hersteller der Schaumfolie eingebunden werden. Das gilt auch für Dämmhülsen, die das Abdecken mit einer Dämmschicht überflüssig machen sollen. Schalltechnisch wird es funktionieren, aber es ist nicht normenkonform!

Bei einzelnen gerade verlegten Rohren, die mindestens einen Abstand von ca. 30 cm zu Wänden haben, mag ein Ausgleich mit einer Wärmedämmschicht DEO o. glw. funktionsgerecht sein. Bei mehreren Rohren sollte immer ein Leichtmörtel zum Ausgleich eingesetzt werden. Leichtmörtel, die mit Wasser angemacht werden, müssen von Putzen und Ausbauplatten (GF, GK usw.) wirksam getrennt werden, da sonst Feuchte- und Pilzschäden eintreten können (Abb. 7.4).

Abb. 7.4 Auf Decken erfordern in der Regel einen Ausgleichestrich

Schüttungen, die zum Verfüllen von Lücken an Rohren verwendet werden, werden durch die Erschütterungen beim Estricheinbau nicht selten unter die Dämmschicht gedrückt. Die Folge ist ein Anheben der Dämmschicht und damit eine Verringerung der Estrichdicke. In den freigewordenen Raum dringt zudem nicht selten Mörtel ein, der dann eine Schallbrücke werden kann. Schallbrücken dieser Art in der Fläche führen zu einem Anstieg der Trittschallpegel bei niedrigen und mittleren Frequenzen. Schüttungen müssen deshalb gebunden sein. Alternativ können die an die Schüttung angrenzenden Dämmstoffplatten am Untergrund so fixiert werden (Dünnbettmörtel bei EPS), dass diese sich nicht anheben. Wird zur Bindung der Schüttung Wasser hinzugefügt, muss die Austrocknung abgewartet werden. Erst dann kann der Estrich verlegt werden.

Estriche, Spachtelmassen, Dünnbettmörtel, Fugenmörtel, Hartbeläge usw. müssen durch eine schalltechnisch wirksame Randfuge von allen hindurchführenden und aufgehenden Bauteilen getrennt werden. Wird diese Trennung nicht konsequent vollzogen, kann der Trittschall „an der Dämmschicht vorbei" den Baukörper anregen. Der Trittschallpegel steigt an. Bei diesen Schallbrücken im Randbereich ist eine Zunahme des Trittschallpegels besonders bei mittleren und hohen Frequenzen zu verzeichnen (Abb. 7.5).

Nach dein einschlägigen Normen wird gefordert, dass der Randstreifenüberstand erst nach dem Verlegen der Bodenbeläge, zumindest nach Durchführung der die Randfugen gefährdenden Arbeiten abgeschnitten wird. Sinn dieser Festlegung, deren Einhaltung absolut notwendig ist, ist es, die schalltechnisch notwendige Randfuge zu

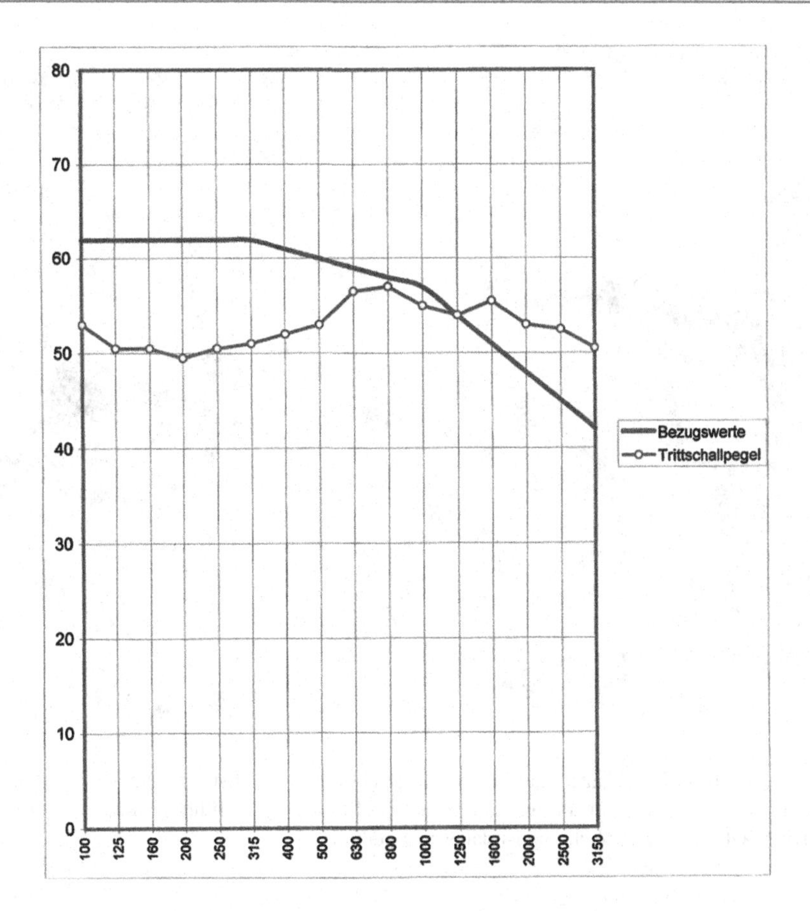

Abb. 7.5 Typischer Verlauf der Trittschallpegel bei Schallbrücken im Randbereich, Pegelanstieg bei mittleren und hohen Frequenzen

schützen. Daher darf der Überstand erst nach dem Spachteln bei textilen und elastischen Belägen, nach der Parkettverlegung und nach dem Verfugen von keramischen Belägen abgeschnitten werden. Stört der Überstand bei Tapezierarbeiten, kann der Randstreifen über einer Leiste als Höhenlehre abgeschnitten werden. Die Höhe der Leiste muss mind. der Dicke des Belages einschl. Spachtelmasse oder Verlegemörtel entsprechen. Natürlich gibt es auch Messer mit einer höhenverstellbaren Anlegekante. Es gibt also keinen Grund, bündig mit dem Estrich abzuschneiden. Das sollte besonders dem Maler-Handwerk sehr deutlich gesagt werden. Es obliegt der örtlichen Bauleitung, diese Maßnahme zu koordinieren bzw. Anweisungen zu erteilen.

In Bädern liegen häufig im Randbereich Abflussrohre, die mit Rohrkästen verkleidet werden. Diese Rohrkästen sollen vor der Estrichverlegung gesetzt werden, damit der Estrich schalltechnisch einwandfrei angearbeitet werden kann. Die leider oft vorkommende Ausführung in der Form, dass vor die Rohre ein Randstreifen gestellt wird, provoziert Schallbrücken. Der Randstreifen verrutscht und Mörtelbrücken entstehen (Abb. 7.6).

Abb. 7.6 Hier liegen Heizkanäle auf der Decke direkt unter dem Estrich. Die Mineralfaser-Trittschalldämmschicht wurde nur an die Kanäle herangeführt. Die Ausführung mindert den erreichbaren Trittschallschutz erheblich und ist daher mangelhaft

7.7 Dröhneffekte

Gelegentlich tritt ein bauakustisches Phänomen auf, das mit „Dröhnen" beim Begehen des Fußbodens beschrieben wird. Das Dröhnen wird im begangenen Raum selbst wahrgenommen und/oder in Räumen unter der begangenen Fläche. Nicht selten treten im begangenen Raum weitere Resonanzen auf, die z. B. Gläser und Geschirr in Schränken zum Klirren bringen. In den Räumen darunter wird es meistens als unangenehmes tiefes Gehgeräusch empfunden. Messtechnisch zeichnet sich das Dröhnen im Raum unter der mit dem Hammerwerk angeregten Decke durch hohe Trittschallpegel um 60/70 Hz aus, also um hohe Pegel bei sehr tiefen Frequenzen. Bei der Ermittlung des bewerteten Norm-Trittschallpegels L'n,w werden diese hohen Pegel nicht berücksichtigt, weil eine Auswertung erst ab 100 Hz erfolgt. Man kann also möglicherweise das Vorhandenensein eines erhöhten Trittschallschutzes bescheinigen und dennoch kann wegen der tieffrequenten Gehgeräusche eine erhebliche Beeinträchtigung des Wohnkomforts vorliegen. Es gibt demnach bei diesem Phänomen eine große Differenz zwischen gemessenem und gefühltem Trittschallschutz.

Zum Beispiel führte die Überprüfung des Trittschallschutzes eines Mehrfamilienhauses zu überraschenden Ergebnissen. Die übereinanderliegenden Wohnungen wiesen gleiche Grundrisse auf und auch der Estrich wurde in den Geschossen gleichartig verlegt. Alle Messergebnisse wiesen einen erhöhten Trittschallschutz aus. Dennoch zeigte eine einzige Decke den beschriebenen Dröhneffekt. Dieser Effekt wird als Phänomen bezeichnet, weil er nicht generell bei gleichem Fußbodenaufbau auftritt. Er kann also nicht sicher durch die Planung verhindert werden. Da die Messungen eine schallbrückenfreie Verlegung bestätigten, kann das Dröhnen auch nicht durch mehr Sorgfalt bei der Ausführung verhindert werden. Bei Geschosswohnungen gibt es einen weiteren fatalen Nebeneffekt. Wird die betroffene Decke barfuß begangen und angeregt, entspricht das einer Anregungsfrequenz von ungefähr 60/70 Hz. Die „dröhnende" Decke hat genau dort eine Resonanzstelle, die ja zu den hohen Trittschallpegeln führt. Und tatsächlich kann das unbeschuhte Begehen, verstärkt durch die Resonanz, Pegel erzeugen, die noch über den vom Hammerwerk erzeugten Pegeln liegen. Nur kann man seinen Nachbarn nicht vorschreiben, dass stets Schuhe zu tragen sind. Ältere Personen, deren Gehör erfahrungsgemäß langsam bei den hohen Frequenzen nachlässt, reagieren bei diesen tiefen Frequenzen unmittelbar mit Beschwerden.

Zu diesem Dröhneffekt wurde bei Gericht ein Gutachten erstellt. Zunächst hatte ein Sachverständiger A in einem Privatgutachten das Dröhnen festgestellt. Es war im großen Wohnzimmer des Einfamilienhauses ohne jeden Zweifel als störendes Ereignis, einschl. Klirren und Scheppern in Schränken, vorhanden. A beauftragte unterstützend ein Akustikbüro. Die Messungen im Keller unter dem Wohnzimmer zeigten einen unauffälligen Trittschallschutz, aber mit den beschriebenen hohen Pegeln um 70 Hz. A beschrieb in seinem Gutachten das Phänomen und dass es wohl nur mittels Estrichneuverlegung zu beheben sei. Da der vorhandene Heizestrich jedoch mangelfrei verlegt worden sei, sei es möglich, dass das Phänomen erneut aufträte. Der Bauherr war verärgert, bezahlte die Rechnung des Sachverständigen A nicht, sondern beauftragte den Sachverständigen B mit der Erarbeitung einer Lösung. B, bekannt für unkonventionelle Lösungen, ließ den Estrich in einem gewissen Raster anbohren. In die Bohrungen wurden Dübel gesetzt, die Estrichplatte und Kellerdecke starr verbanden. Der Dröhneffekt war verschwunden und der Bauherr war begeistert. A klagte nun auf Zahlung seines Honorars. Der Bauherr verweigerte das mit der Begründung, A hätte die gestellte Aufgabe nicht gelöst, weil er die doch wirksame Methode des Sachverständigen B nicht vorgeschlagen hätte. Der Sachverständige C beschrieb in seinem Gutachten dem Gericht die technischen Zusammenhänge und dass er bei einem solchen Auftrag wohl zu einem ähnlichen Ergebnis gekommen wäre, wie A. Er schrieb weiter, dass man wohl kaum von einem Sachverständigen erwarten dürfe, dass er den Mangel „Dröhnen" mit dem Mangel „Herstellen von festen Verbindungen in großer Zahl zwischen einem Heizestrich und der Kellerdecke" als ernsthaften Vorschlag vorbrächte. Warum hatte der Vorschlag des Sachverständigen B Erfolg? Der bislang schwingende Estrich mit Resonanzen um 70 Hz hat jetzt keine Möglichkeiten mehr in diesem Bereich zu schwingen. Es gibt die kritische Resonanz nicht mehr, dafür mögliche andere Probleme. Auf diese hinzuweisen, wäre jedoch Sache des Sachverständigen B gewesen.

Gibt es überhaupt Lösungen für dieses ernste Problem? Ja, aber keine wirklich praktikablen. Man könnte die Eigenresonanz des Fußbodens durch eine gezielte Auswahl von Estrich und Dämmschicht so verschieben, dass die Resonanzstelle um 70 Hz sicher vermieden wird. Verschieben wir jedoch die Eigenresonanz in Bereiche weit >100 Hz (wie bei der Methode des Sachverständigen B), haben wir deutlich höhere Trittschallpegel bei der L'n,w-Messung. Wir verabschieden uns dann möglicherweise vom erhöhten Trittschallschutz und landen schalltechnisch in den 60er/70er-Jahren. Besser sieht es aus, wenn wir die Eigenresonanz in Bereiche deutlich unter 50 Hz verschieben. Dann jedoch benötigen wir generell sehr weiche Dämmschichten mit einer dynamischen Steifigkeit von vermutlich <10 MN/m^3 und, nach ersten Untersuchungen aus der Schweiz, hohe Estrichmassen, die zu Estrichdicken >100 mm führen würden. Das hätte gewaltige Auswirkungen auf Bauweisen, Bauzeiten und Baukosten. Man wird mit diesem Phänomen also leben, auf nachbarschaftliche Rücksicht hoffen und solide schwere Möbel kaufen müssen.

Rechtlich kann es sich bei dem Dröhneffekt durchaus um einen Mangel handeln, auch wenn niemand diesen sicher verhindern könnte. Das wäre Haftung ohne Verschulden, wobei die Verteilung auf Planung und Ausführung interessant wäre. Ein Urteil dazu ist nicht bekannt. Tatsächlich könnte eine Neuverlegung sogar den Mangel beseitigen, aber der Erfolg dieser Maßnahme wäre eben nicht sicher. Das Problem ist, dass man die Eigenfrequenz des Estrichs nicht kennt und auch nicht vorherbestimmen kann. Es wäre nur ein Versuch.

8 Feuchteschutz

Bauwerksabdichtungen sind nach den Landesbauordnungen und der Musterbauordnung bauaufsichtlich nicht relevant, da zunächst nicht erkennbar ist, dass Gefahren für Leben und Gesundheit bestehen. Bei einer Fußbodenkonstruktion kann eine Durchfeuchtung jedoch durchaus eine Gefahr für die Gesundheit darstellen, wenn dadurch z. B. das Schimmelpilzwachstum beschleunigt, die Hygiene beeinträchtigt oder die Wärmedämmfähigkeit oder Schalldämmfähigkeit einer Dämmschicht reduziert wird.

Unabhängig von einer bauaufsichtlichen Relevanz sind die zivilrechtlichen Ansprüche zu beachten. Feuchte Fußböden gehören sicher nicht zum Zweck und zur Funktion, allenfalls in Räumen mit niedrigem Nutzwert, weshalb ein unzureichender Schutz auch ein Mangel sein dürfte.

Bauwerksabdichtungen liegen in der Regel auf der wasserbelasteten Seite, was nachvollziehbar ist. Aber in Nassräumen wird bis in die heutige Zeit hinein die Abdichtung so geplant, dass sie eine, hoffentlich entwässerte, Auffangwanne für das Schmutzwasser bildet. Eine derartige Planung wäre nach DIN 18533 und DIN 18534 sogar normenkonform, da die Norm das Bauwerk schützen will und nicht vorrangig den Fußboden. Eine derartige Planung ist nach heute gültigen Normvorschriften geregelt. Technisch korrekt ist eine Abdichtung auf der Wasserseite, die sich zunehmend durch Ausführung einer Verbundabdichtung (AIV, Abdichtung im Verbund mit Fliesen oder Platten) durchsetzt.

In besonderen Situationen können Fußböden durch Dampfdiffusion durchfeuchtet werden.

8.1 Bauwerksabdichtungen

Dauerhaft trockene Bauwerke unabhängig von der Wasserbelastung herzustellen, ist wohl das Ziel jeder Planung. Für den Bereich Einfamilienhäuser gilt, dass in über 80 % der Fälle Bauwerksabdichtungen nicht geplant, sondern nur nach Gefühl und Erfahrung

H. Timm et al., *Estriche, Parkett und Bodenbeläge*,
https://doi.org/10.1007/978-3-658-25847-4_8

ausgeführt werden. Ohne die Grundforderungen der DIN 18533 und DIN 18534 an die Planung zu beachten, werden von losen verlegten PE-Folien bis hin zu Schweißbahnen Abdichtungen ausgeführt, die nicht auf die Erfordernisse des Objekts mit seiner konkreten Wasserbeanspruchung abgestimmt sind. So ist z. B. eine Planung ohne Berücksichtigung der Gebäudestandortabhängigen Anforderungen kaum als fachgerecht zu bezeichnen.

Die Verwendung von Bauprodukten zur Abdichtung mit deren Übereinstimmungs- und Verwendbarkeitsnachweisen wird in der ständig aktualisierten Bauregelliste geregelt, die das Deutsche Institut für Bautechnik herausgibt. Es ist ein komplexes Schema. Zunächst wird nach „Geregelten Bauprodukten" und „Ungeregelten Bauprodukten" unterschieden. In der ersten Gruppe sind Produkte enthalten, für die es nationale Produktnormen oder harmonisierte europäische Produktnormen gibt. Diese Produkte tragen das Übereinstimmungszeichen Ü oder den Konformitätsnachweis CE. Die zweite Gruppe ist umfassender und daher in mehrere Untergruppen unterteilt. Hier geht es um

- Produkte mit wesentlichen Abweichungen von nationalen Produktnormen für die ein Verwendbarkeitsnachweis in der Art eines allgemeinen bauaufsichtlichen Prüfzeugnisses (abP) vorliegt
- Produkte, die national nicht genormt sind, aber ein Ü-Zeichen oder ein abP vorliegt
- Produkte, die Leitlinien für europäische technische Zulassungen entsprechen und für die das CE-Zeichen oder der Brauchbarkeitsnachweis ETA vorliegt
- Produkte mit europäisch technischer Zulassung ohne Leitlinie, aber mit CE-Zeichen oder ETA
- Produkte ohne weitergehende Anforderungen an den Brand-, Schall- und Wärmeschutz, ohne Nachweis

Wer Produkte einsetzen will, die den anerkannten Regeln der Technik entsprechen, wird auf die Gruppe der geregelten Bauprodukte zurückgreifen müssen. Produkte aus der anderen Gruppe können dem Zweck entsprechen und funktionieren. Der Auftraggeber muss jedoch über den Einsatz eines ungenormten Produktes und mögliche besondere Risiken aufgeklärt werden. Hinzu kommt, dass besondere Verlegehinweise des Verwendbarkeitsnachweises (abP, ETA) genau eingehalten werden müssen.

Die Normung in diesem Bereich ist komplex. DIN 18195 wurde größtenteils zwischenzeitlich durch andere Normen ersetzt. Damit trugen die Normenausschüsse zur Übersichtlichkeit bei. DIN 18533 beschreibt „Abdichtungen für erdberührte Bauteile, Abdichtungen in und unter Wänden", DIN 18534 „Abdichtungen für Innenräume".

Die Abdichtung von Bauwerken ist komplex. Daher kann ich auch an dieser Stelle nur zusätzliche, auf den Fußboden bezogene Hinweise geben.

Abdichtung von Bodenplatten aus Beton

Grundlage der Planung (Konstruktion und Bemessung) ist DIN 18533. Darin wird unterschieden nach

- Bodenfeuchte
- Nichtdrückendes Wasser
- Von außen drückendes Wasser

Estrichbetriebe verlegen in der Regel nur Abdichtungen nach DIN 18533 oder dampfbremsende Schichten. Estrichbetrieben ist dringend zu empfehlen, niemals eigene Vorschläge zu unterbreiten und damit Planungsaufgaben zu übernehmen. Kein Estrichbetrieb fachlich kompetent genug, eine Bauwerksabdichtung zu planen. Auch Architekten werden in der Regel Sonderfachleute hinzuziehen müssen.

Der Auftragnehmer von Estricharbeiten muss jedoch wissen, dass grundsätzlich abgedichtet werden muss oder eine dampfbremsende Schicht anzuordnen ist. Ist eine derartige Abdichtung nicht erkennbar oder eine vorhandene offensichtlich und ohne besondere Untersuchungen als fehlerhaft (beschädigt) einzustufen, muss der Estrichleger Bedenken vorbringen. Auch dann soll er keine Vorschläge machen, da er die unten genannten Einflüsse nicht übersehen kann. Nicht selten wird von Estrichbetrieben lapidar die „Abdichtung einer Bodenplatte" gefordert. Oft fordert der Planer einfach nur eine Dampfbremse, obwohl er eine Abdichtung meint. Eine derart knapp beschriebene Leistung ist nicht kalkulierbar und nicht ausführbar. Es muss eine Planung und Beschreibung im Detail gefordert werden.

Wenn Bauteile so wasserundurchlässig sind, dass das Bauwerk dauerhaft trocken und nutzbar bleibt, kann auf eine Abdichtung verzichtet werden. Die Norm gilt nicht für Konstruktionen aus wu-Beton (wasserundurchlässiger Beton).

DIN 18533 fordert, die Art der Abdichtung festzulegen nach

- der Nutzung des Bauwerks bzw. -teils
- der Angriffsart des Wassers
- der Bodenart
- der Geländeform
- dem Bemessungswasserstand, in der Regel die Geländeoberfläche

Hierauf darf verzichtet werden, wenn stets so geplant wird, als ob die höchste Wasserbeanspruchung vorliegen würde. Das wäre sicher nicht ökonomisch. Diese Parameter kann jedoch nur der Planer erfassen und in Details umsetzen.

Neben älteren Bauten mit relativ dünnen Betonplatten als Kellerfußboden, dürften in der Regel zwei Bauweisen anzutreffen sein:

- Betonsohle aus wu-Beton mit Wänden aus anderen Baustoffen. In der Literatur wird diese Konstruktion manchmal auch als „schwarzweiße" Wanne bezeichnet.
- Weiße Wanne, Sohle und aufgehende Bauteile als wu-Konstruktion

Abdichtungsstoffe müssen der DIN 18195 entsprechen oder einen anderen qualifizierten Verwendbarkeitsnachweis haben.

Die folgende Aufstellung zeigt, wann eine relativ einfache Abdichtung nach DIN 18533 bzw. eine Dampfbremse (wu-Betonsohle) ausreichen könnte, um den Fußboden zu schützen. Eine funktionstaugliche Dränung verringert die Wasserbeanspruchung der Abdichtung):

- Bei nicht stauendem Sicker-, Kapillar- und Haftwasser
- Bei stauendem Sicker-, Kapillar- und Haftwasser bei einer wu-Bodenplatte (schwarz-weiße Wanne)
- Bei aufstauendem Sicker- und Schichtwasser mit Dränung

Die Abdichtung des Fußbodens nach DIN 18533 schützt nur den Fußboden. Soll in Verbindung mit der Abdichtung anderer Bauteile eine Art Wanne nach DIN 18534 geschaffen werden, so ist diese im Detail zu planen, damit Anschlussmöglichkeiten materialgerecht möglich sind und diese in der Bauphase geschützt werden können. Der Schutz des Fußbodens gegenüber Bodenfeuchte und Dampfdiffusion ist allein durch ein seitliches Hochführen bis OK Belag gewährleistet. Dringt dann jedoch Wasser in flüssiger Form im Bereich anderer Bauteile ein, kann der Fußboden und/oder der Wandputz durchfeuchtet werden. Davor schützt eine Abdichtung nach DIN 18533 nicht, was auch für eine Dampfbremse auf wu-Beton gilt.

Hat der Estrichbetrieb also nur eine derartige Abdichtung nach DIN 18533 auszuführen, so muss er nicht an andere Abdichtungen, z. B. im Wandbereich dichtend anschließen. Vielmehr reicht ein Heranführen, wie es auch DIN 18533 als ausreichend ansieht. Tritt dann Wasser auf, das nicht als Bodenfeuchte definiert werden kann, so ist mit einer Durchfeuchtung zu rechnen, ohne dass der Estrichbetrieb hierfür verantwortlich gemacht werden könnte. Dann handelt es sich um einen Planungsfehler oder um einen Ausführungsfehler an anderen Bauteilen. Anders ausgedrückt: Bei einer Beanspruchung, die nur eine Abdichtung nach DIN 18533 erfordert, muss nicht mit flüssigem Wasser gerechnet werden, das zu einer Durchfeuchtung des Fußbodens führen könnte. Das ist der Grund, weshalb ein Heranführen der Abdichtung der Bodenplatte an die Abdichtung unter der Wand genügt. Die Dichtigkeit an dieser Stelle wurde von der Norm nie beabsichtigt und wäre baupraktisch auch nur mit hohem Aufwand zu realisieren. Dass die horizontale Abdichtung in der Wand gelegentlich von Putz überbrückt ist, der Feuchte auch nach oben transportiert, ist ein Mangel, der nicht vom Abdichtungsbetrieb zu vertreten ist. Aber wenn diese Brücken vom fachkundigen Abdichter erkannt werden können, muss dieser Bedenken gegen die Vorleistung vorbringen, bzw. seiner Hinweispflicht nachkommen, bevor die möglicherweise am Estrich hochgeführte Abdichtung diesen Mangel verdeckt. Gerichtsentscheidungen fordern, dass man über den eigenen Tellerrand hinausblickt.

Ein wu-Beton (Betondicke ab ca. 15 cm mit einem w/z-Wert $\leq$0,60 und einer Festigkeit mind. C 25/30) lässt Wasser in flüssiger Form nur in sehr geringem Umfang durch, aber in jedem Falle Wasser als Wasserdampf. Aus dem Erdreich in Richtung Innenraum wird von Teilen der Fachkreise ein ständiger Diffusionsstrom angenommen, der zu einer ebenso ständig höheren Luftfeuchte im Innenraum führen könnte. Aber das muss nicht so sein, denn je nach Nutzung kann sich ein Diffusionsstrom in anderer Richtung ergeben. Andere gehen von keinen relevanten Diffusionsproblemen aus. Noch ist diese Diskussion nicht abgeschlossen. Was man jedoch in jedem Fall annehmen kann, ist ein Kondensieren von Raumluft an der kalten Oberfläche der Betonbauteile. Insofern dürfte eine dampfbremsende Maßnahme oberhalb der Dämmschicht des Estrichs eine technisch sinnvolle Maßnahme sein. Die Dämmschicht selbst sollte dann über eine sehr geringe Wasseraufnahmefähigkeit verfügen (Abb. 8.1).

Ganz entscheidend ist die Nutzungsart:

- In einfachen Kellerräumen wird bei einer wu-Betonsohle keine Abdichtung erforderlich sein. Da im Kellerbereich jedoch in der Regel Estriche auf Trennschicht verlegt werden, wird eine Trennschicht aus 2 × PE-Folie je 0,2 mm zu einem sd-Wert von 40, und damit bereits zu einer Begrenzung der Diffusion führen.
- Liegt kein wu-Beton vor, so wird zumindest nach DIN 18533 abzudichten sein.
- Gussasphaltestriche sind gut als Dampfbremse einzusetzen.
- Benötigt man wegen der Tragfähigkeit, z. B. in Verkaufsräumen, eine Verbundkonstruktion und will man dennoch den Dampfdurchgang mindern, so kann die obere Zone der Betonsohle mit einem Reaktionsharz gesättigt werden, das im noch klebrigen Zustand zur Herstellung einer mineralischen Oberfläche deckend abgesandet (feuergetrockneter Quarzsand) werden muss. Der Harzverbrauch wird bei mind. ca. 1 kg/m^2 liegen (Abb. 8.2).

Während Abdichtungsbahnen an den Überlappungen entsprechend der normativen Festlegungen oder den Verwendbarkeitsnachweisen zu verkleben oder zu verschweißen sind, genügt bei einer Schicht zur Begrenzung der Dampfdiffusion eine unverklebte Überlappung von mind. ca. 20 cm.

Die aktuelle Rechtsprechung geht davon aus, dass bei Neubauten von Kellerräumen immer zunächst von einer höherwertigen Nutzung ausgegangen werden muss, z. B. als Hobbyraum. Ständig erhöhte Luftfeuchtigkeitswerte wegen des Weglassens von

Abb. 8.1 Als Abdichtung wegen der vielen nicht abgedichteten Durchdringungen fragwürdig, als Dampfbremse noch funktionsfähig

Abb. 8.2 In diesem Keller waren weder Abdichtung noch Dampfbremse vorhanden, obwohl ein Estrich auf Dämmschicht verlegt wurde

Abdichtungen oder Dampfbremsen sind daher als Mangel einzustufen. Nur in Ausnahmefällen, wenn es der Auftraggeber nach entsprechender eingehender Beratung wünscht, können diese Maßnahmen entfallen, wenn sie nicht aus anderen Gründen sowieso erforderlich sind. Verbundestriche oder Estriche auf dampfdurchlässigen Trennschichten dürfte es daher nur noch in den reinen Abstellkellern von Mehrfamilienhäusern geben.

Abdichtungen von Küchen, Bädern, Balkonen
Hier ist u. a. zu beachten:

- Die wasserführende Schicht sollte das Wasser weitgehend in Abläufe leiten können, wobei ein wirksames Gefälle in Außenbereichen ab ca. 1,5 % beginnt. In gewerblichen Küchen kann ein Gefälle von 1,5 % bereits die Funktion beeinträchtigen, weshalb man häufig ein Gefälle deutlich unter 1,5 % plant. Es sollte jedoch 1,0 % nicht unterschreiten. In gewerblichen Küchen, Schlachthöfen, Lebensmittelindustrie besteht oft die Anforderung, dass Wasser ohne mechanische Unterstützung (Wasserschieber) selbsttätig abfließt. Dies ist ab einem Gefälle von 1 % gewährleistet. Insoweit besteht immer eine Gratwanderung zwischen Arbeitssicherheit und dem Wunsch nach guter Entwässerung.
- Ist die wasserführende Schicht wasserdurchlässig (Fliesenbelag), so sollte der darunter liegende Estrich bereits durch eine Abdichtung (Verbundabdichtung) zwischen Estrich und Fliese geschützt werden. Verbundabdichtungen (AIV) sind immer das System aus dem Abdichtungsstoff und der Schutzschicht aus Fliesen oder Platten. Das Bauprinzip „Verbundabdichtung" gehört zu den anerkannten Regeln der Technik. Das Produkt selbst muss auf den jeweiligen Einsatzzweck abgestimmt sein und über einen Verwendbarkeitsnachweis nach anerkannten Prüfgrundsätzen verfügen. Die AIV liegt optimal auf der wasserführenden Seite. Da diese Schicht jedoch mechanisch beansprucht wird und daher auch verletzt werden könnte, wird eine AIV nur in Verbindung mit einer Abdichtung nach DIN 18333, als duale Abdichtung empfohlen. Eine ausschließliche Entwässerungseben ist erfahrungsgemäß ein Sammelbecken für Schmutzwasser. Dies sollte vermieden werden.

- Bei einer AIV in Bädern wird darüber diskutiert, ob die AIV unter den Badewannen und Duschtassen ausgebildet werden muss. Das würde bedeuten, dass der Estrich stets ebenso unter den Wannen verlegt werden müsste. Da die AIV das System aus Abdichtung und der Schutzschicht aus Fliesen ist, müsste unter den Wannen auch gefliest werden. Das allerdings wäre sinnfrei, denn unter den Wannen wird die Abdichtung nicht mechanisch beansprucht und benötigt daher die Schutzschicht nicht. Hier ist der Planer gefordert, die richtige Ausführung im Detail zu planen.
- Bei einer AIV werden im Randbereich Dichtungsbänder verlegt, die schlaufenartig die Randfuge überdecken. Der später einzubringende Fugenfüllstoff wird je nach Beanspruchung irgendwann zu erneuern sein. Wird dieser dabei mit einem Messer herausgeschnitten, darf das Dichtungsband dahinter nicht beschädigt werden. Auch hier sind Lösungen im Detail zu planen.
- Es kann immer sein, dass Fliesen beschädigt wurden und erneuert werden müssen. Bei dem Rückbau könnte die AIV beschädigt werden. Man sollte daher eine AIV verwenden, die man problemlos nachbessern kann.
- Ist die wasserführende Schicht eine Reaktionsharzbeschichtung und zugleich die dichtende Schicht, so sollte sie frei von schwer abzudichtenden Durchdringungen sein. Reaktionsharzbeschichtungen, die zugleich als obere Abdichtung fungieren sollen, sind ungeregelte Sonderkonstruktionen, deren Eignung nachzuweisen ist. Das Prinzip hat sich wegen der Fugenlosigkeit und guten Reinigungsfähigkeit durchaus bewährt (länger als AIV), sollte jedoch wegen der Verletzbarkeit nur in Verbindung mit einer Abdichtung nach DIN 18334 ausgeführt werden. Es müssen Reaktionsharze eingesetzt werden, die mit heißem Wasser beansprucht werden können. Der Hersteller sollte das Material explizit für den Einsatz in gewerblichen Küchen deklarieren. Referenzobjekte sollten in Augenschein genommen werden.
- Ein besonderes Problem stellen die Anschlüsse an Rinnen, Bodenwannen und Abläufe bei AIV und Reaktionsharzbeschichtungen dar. Für beide Varianten gibt es spezielle Randprofilausbildungen dieser Einbauteile, die jeweils ein dichtes Anarbeiten ermöglichen. Weiche Fugendichtstoffe sind wartungsbedürftig und sehr schadensanfällig. Sie sollten vermieden werden.
- Immer muss man die Abdichtung der Wände in die Planung einbeziehen. In einem Gewerbebetrieb mussten aus hygienischen Gründen mehrmals am Tag die Wände (Fliesenbelag) mit Wasser unter Druck gereinigt werden. Über die Wandfliesen gelangte Wasser in den beschichteten Estrich. Bereits nach kurzer Zeit entstanden osmotische Blasen.
- Nassräume, besonders gewerbliche Küchen, über schalltechnisch schutzbedürftigen Räumen sollten unbedingt vermieden werden. Liegt der Fußboden auf einer weichen Trittschalldämmschicht, weist er unter Last vertikale Bewegungen auf, die es erheblich schwieriger machen, dichte Anschlüsse herzustellen. Der Wartungsaufwand an Fugen ist erheblich größer. Trittschalldämmschichten nehmen Wasser auf, was die Dämmfähigkeit beeinflussen kann. Es entstehen sehr schnell Schallbrücken. Derartige Konstruktionen sind bereits planerisch eine Herausforderung, zudem in der praktischen Ausführung nicht sicher beherrschbar.

- In Außenbereichen sind sowohl dichte wasserführende Oberflächen möglich, als auch wasserdurchlässige Schichten mit Abdichtung unter dem Estrich, der z. B. ein Monokorn-Estrich sein könnte.
- Eine Abdichtung unter dem Estrich sollte im Gefälle liegen und entwässert werden.
- Abdichtungsstoffe sind auch auf die Art des Wassers abzustimmen, z. B. bei fettigen Schmutzwässern in Großküchen.

Beispiel

In einer Großküche hatte man die Betonsohle zunächst mit einer Bitumenschweißbahn abgedichtet. Diese Ebene wurde über wenige Bodenabläufe entwässert, zumindest theoretisch, denn ein Gefälle unter der Abdichtung war nicht ausgeführt worden. In die Türöffnungen setzte man dann Stahlzargen. Der Zementestrich auf einer kombinierten Dämmschicht aus Mineralfaser und Hartschaum wurde mit Bewegungsfugen unterteilt. Das auf der Oberseite zu Rinnen und Abläufen geplante Gefälle wurde mit diesem Estrich ausgebildet. Auf dem Estrich wurde ein keramischer Belag im Dünnbettmörtel verlegt. Die Bewegungsfugen wurden mit Messingprofilen eingefasst und mit einem elastischen Fugendichtstoff gedichtet. Der Anschluss an die Stahlzargen erfolgte ebenso mit elastischen Fugendichtstoffen.

Was war bei dem Rückbau ca. 4 Jahre nach Erstherstellung festzustellen:

- Das oberseitige Schmutzwasser lief nicht nur in Rinnen und Abläufe, sondern „verschwand“ auch im Bereich von Bewegungsfugen und an Stahlzargen, denn der Fugendichtstoff haftete an vielen Stellen nicht mehr.
- Der Estrich war in voller Dicke durchfeuchtet.
- Die Mineralfaserdämmschicht war nicht nur feucht, sondern nass und wies nur noch ca. 30 % der ursprünglichen Dicke auf.
- Auf der Bitumenschweißbahn stand an vielen Stellen eine stinkende Brühe, die selbst gestandene Abbrucharbeiter für unerträglich hielten.
- Schmutzwasser war teils bereits über die Türdurchgänge in viele Nebenräume gelaufen.

Die wesentlichen Planungsfehler dieses Beispiels:

- Da auf der Abdichtung der beschriebenen Konstruktion mit Wasser zu rechnen war, hätten unter der Abdichtung ein Gefälle und in der Fläche hinreichend viele Abläufe ausgeführt werden müssen.
- Die Ausbildung des Gefälles mit dem Estrich (Lastverteilungsschicht) ist regelwidrig. Das Gefälle hätte mit einem Ausgleichestrich unter der Abdichtung ausgeführt werden müssen.
- Von Fugendichtstoffen zwischen Messingprofilen und an Türzargen durfte man keine dauerhafte Dichtigkeit erwarten.

- Stahlzargen dieser Art durchdringen den Fußboden, da sie vor dem Estrich eingebaut wurden. Sie sind dann kaum noch abzudichten und stellen sehr häufig einen Schwachpunkt dar. Jede abdichtende Schicht muss hinter der Stahlzarge hochgeführt werden (Abb. 8.3).
- Mineralfaserdämmschichten sind an dieser Stelle völlig ungeeignet, da sie bei Durchfeuchtung die Dicke verringern und sich bei alkalischer Feuchte u. U. weitgehend auflösen (Abb. 8.4).

Bei der Neuherstellung wurde daher zunächst auf der Sohle ein Gefälleestrich hergestellt. Dieser wurde mit einer fettsäurebeständigen Abdichtung versehen. Auf einer druckfesten Wärmedämmschicht wurde dann ein Schnellzement-Estrich als Lastverteilungsschicht hergestellt. Nach Erreichen der Belegreife wurden alle Scheinfugen Kraft übertragend verfüllt.

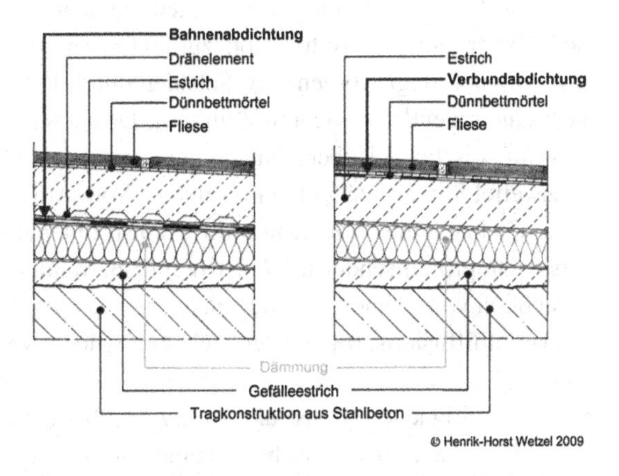

Abb. 8.3 Gegenüberstellung von Bahnenabdichtung und Verbundabdichtung Quelle Wetzel, Seminarunterlage, 2009. In gewerblichen Nassbereichen empfehle ich eine Kombination beider Abdichtungen

Abb. 8.4 Dieser Hohlkehlsockel in einer Hotelküche (Spülküche) wurde ständig von Wasser hinterlaufen, das im Keller wieder austrat. Planung und Ausführung waren mangelhaft

Eine Reaktionsharzbeschichtung stellte die wasserführende und dichte Schicht dar. Rinnen und Abläufe wurden nicht mit elastischen Dichtstoffen angedichtet, sondern starr mit einem Reaktionsharz. Bei Stahlrinnen ist hierzu die Voraussetzung, dass ihre flächige Auflagerung in einem Mörtelbett eine schnelle Wärmeabfuhr ermöglicht, um größere Längenänderungen zu verhindern.

8.2 Dampfdiffusionsbegrenzende Maßnahmen

Oft wird in Fachbüchern für Estriche und Bodenbeläge derart ausführlich, und dennoch in gewisser Weise unvollständig, über Dampfdiffusionsprobleme gesprochen. Das ist selbst für Physiker ein sehr komplexes und keinesfalls voll erfasstes Thema. Berechnungen allein nach dem Glaser-Verfahren helfen nicht weiter, da dynamische Vorgänge zu berücksichtigen sind. Aus Experimenten, die teils nicht praxisnah und keinesfalls mit wissenschaftlicher Methodik durchgeführt wurden, wurden sofort Regeln gemacht. Und schon tauchen die ersten Gutachten auf, die eine Blasenbildung in einem Bodenbelag auf Dampfdiffusion zurückführen wollen, obwohl der Belag erst wenige Tage zuvor verlegt worden war. Schäden durch Diffusionsprozesse entstehen jedoch erst nach einem deutlich längeren Zeitraum. Daher werden auch zu diesem Thema, das sich teils mit Abschn. 8.1 überschneidet, nur ergänzende Hinweise gegeben. Der Planer muss im Zweifel Sonderfachleute hinzuziehen. Vom Auftragnehmer der Estricharbeiten darf er keine Fachkenntnisse zu Dampfdiffusionsproblemen erwarten. Die Art und Lage möglicher dampfbremsender und/oder dampfsperrender Schichten ist nach DIN 18560 ausschließlich vom Planer festzulegen.

Dampfdiffusionsprobleme entstehen möglicherweise

- bei einseitig kalten Konstruktionen, z. B. über Durchfahrten und belüfteten Tiefgaragen
- bei Konstruktionen zwischen Räumen mit sehr unterschiedlichen Temperaturen
- bei Konstruktionen zwischen Räumen mit deutlich unterschiedlicher Luftfeuchte
- bei Konstruktionen gegen Erdreich
- bei erwärmten Deckenunterseiten

Der Widerstand von Schichten gegen Dampfdiffusion, wird durch den s_d-Wert in m gekennzeichnet. Je höher der Wert, je geringer ist der Dampfdurchgang.

$$s_d = \mu \times s$$

μ = Diffusionswiderstandszahl
s = Schichtdicke in m

Neuerdings soll auch die Kernfeuchte in neuen Massivdecken eine Diffusion von Wasserdampf durch Estriche auf Dämmschichten hindurch entstehen lassen, die u. a. für die Schüsselung von Parkett (unterseitiges Quellen) verantwortlich sein soll. Der Grund, weshalb dies nicht schon sehr viel früher zu häufigen Schäden geführt hat, soll darin liegen, dass heute schneller gebaut wird und daher Estrich und Parkett früher verlegt werden. Betrachtet man jedoch den zeitlichen Verlauf der Austrocknung einer Betondecke, die zudem sehr ungern ihr Wasser abgibt, so spielen wenige Monate frühere Belegung keine entscheidende Rolle. Es hätte also schon immer Probleme geben müssen, gab es jedoch nicht! Es gibt sicher Probleme, wenn die Deckenunterseite, z. B. bei Versorgungsleitungen in Unterdecken, deutlich erwärmt wird. Aber zwischen gleichartigen Wohnungen wird das nicht der Fall sein und die Decke wird vorwiegend nach unten austrocknen. Denn an der freien Unterseite ist die Luft in Bewegung und der Diffusionswiderstand ist auf dieser Seite sehr viel geringer. Überschlägige Berechnungen zeigen, dass je nach Annahme der Parameter sehr viele Monate oder Jahre bis zum Schadenseintritt vergehen müssten, wenn man Quellvorgänge an einem Parkett auf den Einfluss der Kernfeuchte der Decken zurückführen wollte. Es fragt sich auch, warum dann sehr empfindliche und dampfdichte elastische Beläge und wasserempfindliche Dispersionsklebstoffe keine Schäden zeigen. Es gibt erhebliche Zweifel an der praktischen und generellen Relevanz der Kernfeuchte aus Betondecken bei Feuchteschäden. Die Restfeuchte im Estrich in der unteren Estrichzone hat eine weit größere Bedeutung.

Nach DIN 18560 Teil 2 ist die Dämmung vor rückseitiger Feuchtebelastung zu schützen. Ist mit nachstoßender Feuchtebelastung aus Rohbetondecken zu rechnen müssen geeignete Schutzmaßnahmen durch den Planer entschieden und festgelegt werden. Meist reicht eine doppellagige oder 0,3 mm dicke einlagige PE-Folie als Dampfbremse aus.

Bei dieser Konstruktion (Dampfbremse auf der Decke) besteht jedoch die Gefahr einer Kondenswasserbildung auf der Dampfbremse, wenn die Dämmschichtabdeckung zu durchlässig ist, z. B. bei üblichem Bitumenabdeckpapier. Sind die Decken im Winter nämlich sehr kalt, wird die hohe Baufeuchte aus dem Estrichmörtel auf der unteren Folie kondensieren. Das wurde oft als fühlbare Wasserschicht auf Folien und Abdichtungen

Tab. 8.1 Typische Kennwerte

Baustoff	Schichtdicke s (m)	s_d-Wert (m)
Zementestrich	0,05	1,25
Calciumsulfatestrich	0,04	0,4
Gussasphaltestrich	0,03	60
Parkett, unversiegelt, Mittelwert	0,02	4
Linoleum	0,003	1,5
PVC-Belag, Elastomer-Belag	0,003	150
PVC-Folie	0,0012	ca. 45
PE-Folie	0,0002	20
Fliesen, Mittelwert	0,01	2,5
EP-Reaktionsharz	0,003	200
EP-Reaktionsharz	0,0003	20
Bitumenschweißbahn	0,005	150

festgestellt. Dieses Wasser hat zu Schäden an Parkett und Holzpflaster geführt! Ohne diese Folie/Abdichtung auf dem kalten Untergrund wäre das Kondensat in der oberen Betonzone entstanden und hätte sich kaum negativ ausgewirkt. Daher ist es zweckmäßig, als Dämmschicht-Abdeckung ebenso eine Folie zu verwenden, wie es auch DIN 18560-2 fordert. Das gilt im Prinzip auch für Estriche auf Sohlen gegen Erdreich. Auch hier niemals eine Abdeckung aus gut diffusionsdurchlässigen Stoffen verwenden. Die jeweiligen s_d-Werte sind vom Planer festzulegen (Tab. 8.1).

Aber nochmals: Für Holzfußböden besteht keine generelle Gefahr, dass die Feuchte aus den Decken zwischen Wohnungen zu Quellvorgängen führt, wenn auf Maßnahmen zur Begrenzung der Dampfdiffusion verzichtet wird. Decken in besonderen Bereichen (unterseitige Erwärmung, über Kellerräumen u. Ä.) mussten schon immer auf mögliche Probleme untersucht werden. In diesen Fällen können dampfdiffusionsbegrenzende Maßnahmen sinnvoll und notwendig sein.

9 Estriche auf Balkonen und Terrassen

Estriche auf Balkonen, Dachterrassen u. Ä. unterliegen der Bewitterung und erheblichen Temperaturschwankungen im Tagesverlauf. Hinsichtlich der Bewitterung ist vorrangig an Frosteinwirkungen und an Auswaschungen durch Regenwasser zu denken. Feuchteempfindliche Estriche, wie CA, CAF und MA scheiden hier aus. Geeignet sind Zementestriche CT, Kunstharzestriche SR und Gussasphaltestriche AS. Die Darlegungen im Nachfolgenden beschränken sich auf Zementestriche.

Der Estrichleger muss eine Gesteinskörnung mit erhöhten Anforderungen an den Frostwiderstand vereinbaren. Quellfähige Bestandteile sollten möglichst nicht enthalten sein. Wird ein Zementestrich beschichtet, so führen alkalireaktive oder quellfähige Bestandteile in der Gesteinskörnung manchmal zu kleinen Abplatzungen.

Der Planer sollte darauf achten, dass Wasser oberseitig über kurze Gefällestrecken zügig abgeleitet wird. Muss damit gerechnet werden, dass ein Estrich durchfeuchtet wird, so ist die unter dem Estrich liegende Abdichtung im Gefälle zu verlegen und zu entwässern. Eine Drainageschicht soll ein Aufstauen verhindern. Abb. 9.1 zeigt eine bewährte Konstruktion.

Hinweis zum Abb. 9.1: Zu empfehlen ist, die Fliesen nicht im Mörtelbett mit Kontaktschicht zu verlegen, sondern im Dünnbett, und dann im Buttering/Floating-Verfahren. Damit ist eine hohlraumfreie Verlegung der Fliesen gewährleistet.

Verbundestriche Folgende Festigkeitsklassen sind erforderlich:

- CT – C 35, wenn der Estrich direkt genutzt oder mit einem Reaktionsharz beschichtet werden soll.
- CT – C 25, wenn der Estrich mit keramischen oder elastischen Belägen belegt wird.

Die Nenndicke beträgt 30 bis 50 mm. Mit dem Estrich kann kein Gefälle hergestellt werden, welches zu größeren Dickenunterschieden führt, als dieser Bereich der Nenndicke. Stärkere Gefälle müssen beim Betonieren des Untergrundes hergestellt werden.

H. Timm et al., *Estriche, Parkett und Bodenbeläge*,
https://doi.org/10.1007/978-3-658-25847-4_9

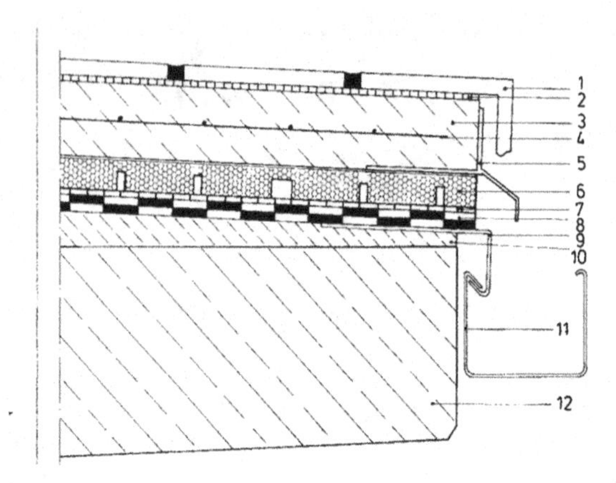

Abb. 9.1 Balkonabschluss (Quelle GUTJAHR Innovative Bausysteme): 1 Randfliese, abgewinkelt, 2 Dünnbettmörtel bzw. Kontaktschicht, 3 Zementestrich, 4 Bewehrung, 5 AquaDrain®Abschlussprofil, 6 AquaDrain® FE Drainageplatten 10 oder 20 mm, 7 Trennlage, 8 Abdichtung nach DIN 18195, 9 Rinnenblech, 10 Ausgleichestrich zur Gefälleausbildung, falls nicht in Betonplatte vorhanden, 11 Rinne, 12 Betonplatte, (AquaDrain® ist ein Markenzeichen der Fa. GUTJAHR)

Soll der Estrich Reaktionskunstharzschichten als Belag erhalten, ist an der Oberfläche eine Oberflächenzugfestigkeit von im Mittel mind. 1,0 N/mm^2 zu fordern, wenn der Hersteller der Beschichtung keinen höheren Wert fordert. Sonst gelten die allgemeinen Grundsätze einer Estrichverlegung im Verbund. Wegen der aufwendigen Vorbereitung des Untergrundes mit verbleibenden Risiken ist diese Verlegeart nicht zu empfehlen.

Estriche auf Dämm- und Trennschichten Auszuschreiben sind die folgenden Festigkeitsklassen:

- CT – F 5, wenn der Estrich direkt genutzt wird und wenn er mit einem Reaktionskunstharz beschichtet werden soll.
- CT – F 4, unter keramischen und elastischen Belägen.

Die Nenndicke muss mind. 50 mm betragen. Soll der Estrich Reaktionskunstharzschichten als Belag erhalten, ist eine Oberflächenzugfestigkeit von im Mittel mind. 1,0 N/mm^2 zu fordern, wenn der Hersteller der Beschichtung keinen höheren Wert fordert.

Gemäß DIN 18353 ist ein Estrich auf Dämm- und Trennschicht unter keramischen Belägen zu bewehren. Geeignet sind Baustahlgitter mit 50 mm Maschenweite und 2 mm Stabdurchmesser, oder nicht korrodierende Fasern. Über den Sinn einer solchen Bewehrung wird gestritten (siehe Kap. 5). Von einer Gitterbewehrung ist abzuraten, weil die möglichen Nachteile überwiegen.

Mit Estrichen auf Dämm- und Trennschichten ist kein Gefälle herstellbar. Ein Gefälle muss bereits im Untergrund (bei einer Abdichtung unterhalb dieser Abdichtung!) vorhanden sein. Entweder liegt die Betonplatte bereits im Gefälle oder das Gefälle wird mit einem Ausgleichestrich hergestellt. Dringend wird eine Drainageschicht (Drainagematte) zwischen Estrich und Abdichtung empfohlen, um ein Aufstauen von Wasser zu verhindern. In jedem Fall ist der Estrich von einer Abdichtung durch eine Gleitfolie zu trennen. Bodenabläufe sollen auch eine Entwässerung in der Abdichtungsebene sicherstellen.

Durch Bewegungsfugen sind gedrungene Felder mit Seitenlängen von 2 bis 3 m (in Ausnahmefällen bis zu 5 m), bei einem Seitenverhältnis von höchstens 1:2, herzustellen. Fugenprofile und Fugendichtstoffe sind als besondere Leistungen auszuschreiben.

Bei einer Fugenausbildung mit Fugendichtstoffen ist zu beachten:

- Fugentiefe ungefähr gleich Fugenbreite,
- Einlegen eines Hinterfüllmaterials,
- Primern der Fugenflanken,
- Fugendichtstoff darf nur an den Flanken und nicht am Hinterfüllmaterial haften

Fugen mit Fugendichtstoffen sind wartungsbedürftig! Obwohl DIN 18540 nur für Fugen im Mauerwerk angewendet werden soll, bildet sie eine gute Grundlage für Fugen in Fußböden im Außenbereich.

Bei Dachterrassen ist mit einem Sonderfachmann die Art und Lage von Abdichtung und Dampfsperre zu klären. Ebenso muss eine Dämmschicht unter Berücksichtigung des Wärme- und Schallschutzes geplant werden. Im Geschosswohnungsbau bestehen Anforderungen an den Trittschallschutz bei Terrassen, Loggien und Laubengängen gegenüber fremden Aufenthaltsräumen.

Balkongeländer sollten nie durch den Estrich bzw. Fußboden geführt werden, sondern vorzugsweise an der Balkonunterseite befestigt werden.

10 Estriche auf Parkflächen

Estriche in Tiefgaragen, auf Parkdächern und auf Rampen werden vorwiegend schleifend beansprucht. Sie sind zudem Temperaturschwankungen und chemischen Einwirkungen (Wasser, Tausalze, Reinigungsmittel usw.) ausgesetzt. Eine Druckbeanspruchung tritt nur in Höhe des Reifendrucks auf und ist daher vernachlässigbar. Bei Estrichen auf Dämm- und Trennschichten, sowie im Bereich von Hohllagen bei Verbundestrichen, treten Biegespannungen auf, deren Höhe von der Radlast, der Aufstandsfläche und der Estrichdicke abhängt.

Estriche für Parkflächen auf Decken, allgemeiner auf Untergründen, die zum Tragwerk gehören, müssen in der Regel mit einem Oberflächenschutzsystem OS beschichtet werden. Estriche allein können diese Aufgabe in der Regel nicht übernehmen. Welches OS erforderlich ist, richtet sich nach der Deckenkonstruktion, möglicher Rissbildungen und deren Breitenbegrenzung. Risse aus dem Untergrund markieren sich nach aller Erfahrung immer auch in einem Verbundestrich. Die Betonsohlen von Garagen und Parkhäusern gehören selten zum Tragwerk gemäß DIN 1045, weshalb dort nicht zwingend ein OS ausgeführt werden muss. Dort wird der Beton so konzipiert, dass er der korrekten Expositionsklasse entspricht.

10.1 Öffentliche Tiefgaragen mit hoher Frequentierung

Es werden Estriche im Verbund eingesetzt. Die Festigkeitsklasse richtet sich nach der Frequentierung.

- CT – C 45 oder C 55 – V (Verbundestrich) jeweils mit Einarbeitung von Hartstoffen zur Verbesserung der Oberflächenfestigkeit, Nennwert Schleifverschleiß A: 9 cm^3/50 cm^2, Nenndicke: 30 bis 40 mm, Empfehlung: Tiefenimprägnierung.

H. Timm et al., *Estriche, Parkett und Bodenbeläge*,
https://doi.org/10.1007/978-3-658-25847-4_10

- Hartstoffestrich CT – F 9A, monolithisch mit dem Beton hergestellt oder nachträglich als Verbundestrich in max. 10 mm Dicke. Die nachträgliche Verlegung als Verbundestrich stellt wegen des spannungsreichen Hartstoffmörtels sehr hohe Anforderungen an den Untergrund. Der Beton sollte als C 30/35 über eine mittlere Oberflächenhaftzugfestigkeit von mind. ca. 2 N/mm^2 verfügen. Ein zweischichtiger Hartstoffestrich mit einer Übergangsschicht aus einem CT – C 35 ist ebenso ausführbar, aber nur von Fachbetrieben, die diese schwierige Verlegeart wirklich beherrschen.
- Polymermodifizierte Zementestriche mit Edelsplitten in der Festigkeitsklasse CT – C 45 oder C 55, Nennwert Schleifverschleiß A: 9 cm^3/50 cm^2, Nenndicke: 25 bis 30 mm, Empfehlung: Tiefenimprägnierung.

Besonders geeignet sind Gussasphaltestriche (auf Rampen im Verbund, sonst auch auf Trennschicht). Gerade auf Rampen sollten nur Gussasphaltestriche eingesetzt werden. Bitumenemulsionsestriche müssen vor Nutzungsbeginn weitgehend ausgetrocknet sein. Werden sie zu frisch mit nassen Rädern beansprucht, entstehen gelegentlich Abtragungen der oberen Estrichzone durch Re-Emulsionseffekte.

10.2 Garagen für kleinere Hotels oder geringe Frequentierung

Mind. Zementestrich CT – C 35 – V (Verbundestrich), ggf. mit Einarbeitung von Hartstoffen, Nennwert Schleifverschleiß A: 9 oder 12 cm^3/50 cm^2, Nenndicke: 30 bis 40 mm, Empfehlung: Tiefenimprägnierung.

Geeignet sind auch alle höherwertigen Zementestriche, sowie Gussasphaltestriche.

Eine Verlegung auf Trennschicht ist möglich, wenn Dicke und Festigkeit auf die Radlasten abgestimmt werden. Vorzuziehen ist zur Vermeidung belastungsbedingter Rissbildungen die Verlegung im Verbund. Nachteilig ist der hohe Fugenanteil bei zementgebundenen Estrichen auf Trennschicht. Gussasphaltestriche werden in der Regel sowieso auf Trennschicht verlegt.

Bei befahrenen Zementestrichen mit einer Kunstharzbeschichtung sollte die Beschichtung in Übereinstimmung mit DIN 18560-3 mit mind. 1,5 N/mm^2 am Estrich haften. Entsprechend ist die Estrichfestigkeit auszuwählen.

Gefälleausbildungen sind mit Verbundestrichen nach DIN 18560 und DIN 18353 unzulässig, aber als Sonderkonstruktion in Grenzen ausführbar. Mit Estrichen auf Dämm- und Trennschichten ist eine Gefälleausbildung nicht möglich. Das Gefälle muss also bereits im Untergrund ausgebildet werden, damit der Estrich in möglichst gleichmäßiger Dicke, wie es die vorgenannten DIN-Normen fordern, verlegt werden kann.

10.3 Parkdächer

Auf Erfahrungen aufbauend, können in Außenbereichen aus verschiedenen Gründen nur Asphalt-Konstruktionen empfehlen werden! Die folgenden Hinweise für Zementestriche werden daher nur hilfsweise gegeben. Zementestriche in Außenbereichen sind schadensanfällig!

Als Mindestfestigkeit ist ein CT – C 35 bei niedriger Frequentierung und unter Beschichtungen oder Belägen erforderlich. Die Einarbeitung von harten Gesteinskörnungen in die Oberfläche ist wegen der hohen schleifenden Beanspruchung zu empfehlen. Bei Zementestrichen, die beschichtet werden sollen, ist eine Zugfestigkeit von im Mittel mind. 1,5 N/mm^2 an der Oberfläche zu fordern.

Auswaschungen von Kalkhydrat sollte durch eine schnelle Ableitung des Wassers ohne Staumöglichkeit entgegengewirkt werden. Wirksame Maßnahmen sind z. B. ein ausreichendes Gefälle >1,5 % mit kurzen Gefällestrecken zu den Abläufen und eine Beschichtung.

Der Estrichleger muss eine Gesteinskörnung mit erhöhten Anforderungen an den Frostwiderstand verwenden. Quellfähige und alkalireaktive Bestandteile sollten möglichst nicht enthalten sein. Die Folge wären u. U. Ausplatzungen in der Oberfläche.

Die Nenndicke für zementgebundene Estriche sollte bei Verlegung auf Trennschicht und Schaumglas mind. 60 mm, sowie auf Dämmstoffen Typ DEO ds und dx, jeweils bei PKW-Verkehr, mind. 80 mm betragen. Verbundestriche sollen eine Dicke von 50 mm, besser 40 mm, nicht überschreiten.

Der Estrich ist von der Abdichtung und/oder Dämmschicht durch eine Gleitschicht zu trennen.

Zementestriche auf Dämm- und Trennschicht werden durch Bewegungsfugen in Felder von 2 bis 3 m Seitenlänge unterteilt, in Ausnahmefällen bis zu 5 m. Es sollen gedrungene Felder mit einem Seitenverhältnis nicht schlanker als 2:1 entstehen.

Mit einem Sonderfachmann ist die Art und Lage von Abdichtungen, Dämmstoffen und Dampfsperren zu klären. Fugenprofile und Fugendichtstoffe sind als besondere Leistungen auszuschreiben. Fugen mit Fugendichtstoffen sind wartungsbedürftig! Fugenprofile, deren Schenkel im Estrichmörtel liegen, sind eher ungeeignet.

10.4 Rampen

Estriche auf Rampen sind im Verbund auszuführen, da mit Schubkräften zu rechnen ist.

Ein Estrich CT – C 45 oder 55 ist auf Rampen brauchbar. Die Oberflächenstruktur (Waffel, Fischgrät o. Ä.) ist, ggf. mit Muster, zu vereinbaren. Wegen der hohen schleifenden Beanspruchung sollten Hartstoffe in die obere Estrichzone eingearbeitet werden. Der Nennwert des Verschleißwiderstandes ist mit ca. 9 cm^3/50 cm^2 zu vereinbaren.

Bei beheizten Rampen wird zunächst die untere Estrichschicht im Verbund verlegt. Dann verlegt, in der Regel ein Elektriker, die Heizelemente, die dann mit einer weiteren Estrichschicht abgedeckt werden. Zwischen beiden Schichten entstehen häufig Verbundstörungen, weil die Verlegung der Heizelemente nicht schnell genug erfolgt und die untere Schicht bereits erstarrt ist. Die hohlliegenden Bereiche weisen dann nach einiger Zeit stets Risse auf. Diese Bauweise ist nicht zu empfehlen! Werden gar die Heizelemente unmittelbar auf dem Untergrund befestigt, so kann eine sichere Verbundverlegung nicht mehr gewährleistet werden. Der Untergrund kann wegen der Heizelemente nicht fachgerecht vorbereitet werden, die Haftbrücke kann nicht korrekt aufgebracht werden und der Verbund ist an jedem Element unterbrochen. Entweder wird bereits der Betonuntergrund beheizt oder es sollte eine Asphaltkonstruktion ausgeführt werden. Gussasphalt ist die bessere Wahl im Außenbereich.

Industrieestriche

11

Industrieestriche müssen nach sogenannten „hochbeanspruchbaren Estrichen“ gemäß DIN 18560-7, nach Estrichen gemäß DIN 18560-2, -3, -4 und nach „nicht genormten Estrichen“ unterschieden werden.

Estriche nach DIN 18560-7
Hartstoffestrich CT mit Hartstoffen nach DIN 1100: F 9A – A 6, F 11M – A 3, F 9KS – A 1,5
Magnesiaestrich MA: F 8 – SH100, F 10 – SH150, F 11 – SH200
Gussasphaltestrich AS: IC 10, IC 15, IC 40, IC 100
Kunstharzestrich SR: C 40 – F 12, C 60 – F 20

Estriche nach DIN 18560-2, -3, -4
Zementestrich CT: C 45 und C 55 im Verbund, F 5 bis F 7 auf Dämm- oder Trennschicht

Modifizierung durch Kunststoffe zur Erhöhung der Biegezugfestigkeit und durch Einarbeitung von Hartstoffen nach DIN 1100 in die Oberfläche zur Verbesserung des Widerstandes gegenüber schleifenden Beanspruchungen.

Calciumsulfat-Fließestriche CAF können in Einzelfällen geeignet sein, wenn sie nicht direkt genutzt, sondern z. B. mit einem Kunstharz SR beschichtet werden.

Nicht genormter Estrich
Bitumenemulsionsestrich

Bei einer Ausschreibung von Industrieestrichen nach DIN 18560-7 sollen die folgenden Kurzbezeichnungen, neben den o. g. Estrichkurzzeichen, verwendet werden:

S Estrich auf Dämmschicht
T Estrich auf Trennschicht
V Verbundestrich
F Hochbeanspruchbar im Sinne der DIN 18 560-7

H. Timm et al., *Estriche, Parkett und Bodenbeläge*,
https://doi.org/10.1007/978-3-658-25847-4_11

Ein Hartstoffestrich auf einer Dämmschicht könnte z. B. so beschrieben werden:

Hartstoffestrich DIN 18560 – F 9 A – S 10/80 F
10/80 bedeutet: Hartstoffschicht d = 10 mm, Übergangsschicht d = 80 mm.
Zu berücksichtigen sind folgende Anforderungsbereiche:

- ruhende Beanspruchungen, z. B. aus Regallasten
- dynamische Beanspruchungen, z. B. von Flurförderfahrzeugen
- optisches Erscheinungsbild
- besondere Maßtoleranzen, z. B. bei Hochregalbetrieb
- chemische Beanspruchungen
- besondere Beanspruchungen, wie Temperatur o. Ä.
- rutschhemmende Eigenschaften
- elektrische Ableit- bzw. Isoliereigenschaften
- Grundwasserschutz nach WHG (Wasserhaushaltsgesetz)

Diese Beanspruchungen können einzeln und im Zusammenwirken auftreten. Daher ist in der Planung ein Anforderungsprofil zu erarbeiten. So kann bei vorwiegend ruhenden Lasten eine niedrigere Festigkeitsklasse gewählt werden. Der Widerstand gegen schleifende Beanspruchungen durch Fuß- und Fahrverkehr wird z. B. durch Einarbeitung von Hartstoffen verbessert. Fahrbeanspruchungen mit Stoßen und Kollern von Gütern fordern u. U. einen Hartstoffestrich. Sollen die Flächen auch optischen Ansprüchen genügen, so müssen Magnesiaestriche und Kunstharzestriche in die Auswahl einbezogen werden, aber auch bei der Einfärbung von zementgebundenen Estrichen sind erhebliche Fortschritte gemacht worden. Letztlich sollte trotz Berücksichtigung der Kosten ein gewisses Vorhaltemaß eingeplant werden, da sich einerseits die Nutzung eines Fußbodens schnell ändert und andererseits ein Austausch des Fußbodens immer erhebliche Probleme bereitet.

Hinsichtlich der ruhenden und dynamischen Beanspruchungen sowie des optischen Erscheinungsbildes sind eindeutige Zuordnungen von Estrichen möglich. Bei ruhenden Beanspruchungen sind die Einzellasten vorrangig zur Planung heranzuziehen. Bei dynamischen Beanspruchungen ist die Bereifungsart der Flurförderzeuge von maßgeblicher Bedeutung, natürlich neben sonstigen schleifenden, stoßenden und schlagenden Beanspruchungen.

Anforderungen an die Optik von Industrieestrichen sind mit Absicht in keinem Regelwerk definiert bzw. gestellt worden. Es sind nachrangige Anforderungen. Stellt der Auftraggeber besondere Anforderungen an das optische Erscheinungsbild, so sind diese Anforderungen genau zu definieren. Der Auftraggeber sollte sich Referenzflächen ansehen, um die Grenzen der Machbarkeit zu erkennen. Kleine Labormuster taugen nicht zur Darstellung des späteren Gesamtbildes. Vereinbart man Verlegung nach Muster, so darf nicht erwartet werden, das Muster und Ausführung genau übereinstimmen. Vielmehr werden auch dann die materialbedingten und ausführungsbedingten Schwankungen zu geringen Abweichungen führen. Muster und Ausführung sollen und können nur im Wesentlichen übereinstimmen.

Bei Estrichen auf Dämm- und Trennschichten sind die Biegespannungen zu berechnen. Hierzu werden die Einzellasten (Regallasten, Radlasten) herangezogen. Die vom Estrich erreichbare Biegezugfestigkeit in der Bestätigungsprüfung muss sehr deutlich (mind. Faktor 2) über der errechneten Biegespannung liegen. Hinweise enthält Kap. 6. Die Tragfähigkeit von Industrieestrichen auf Dämm- und Trennschichten ist daher im Vergleich zu Verbundkonstruktionen außerordentlich begrenzt! Einzel- und Radlasten über 10 kN setzen daher fast immer eine Verbundkonstruktion voraus (Abb. 11.1, 11.2 und 11.3).

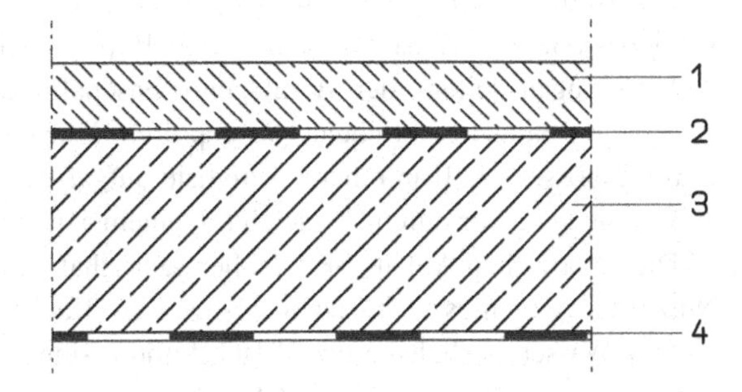

Abb. 11.1 Industrieestrich auf Trennschicht: 1 Lastverteilungsschicht abgestimmt auf die Beanspruchung und auf Einzellasten nach Dicke und Biegezugfestigkeitsklasse, 2 Trennschicht nach DIN 18560-4, 3 Untergrund nach Abschn. 2.2, 4 Gleitschicht

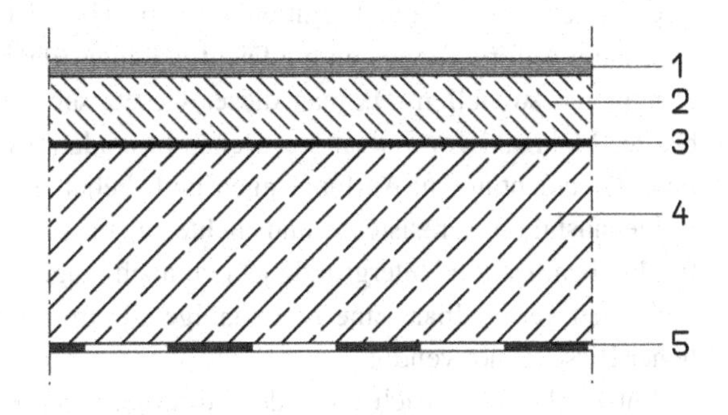

Abb. 11.2 Industrieestrich, zweischichtig im Verbund: 1 Nutz- bzw. Verschleißschicht, 2 Estrich für die Nutzschicht geeignet oder Übergangsschicht bei einem zweischichten Hartstoffestrich oder Unterschicht, 3 Haftbrücke, 4 Untergrund nach Abschn. 2.3, 5 Gleitschicht

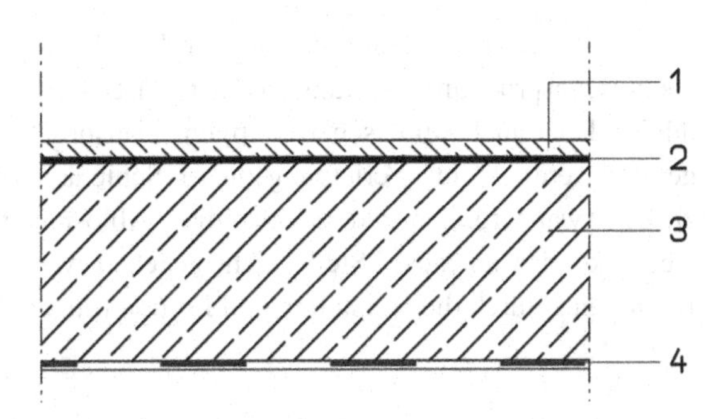

Abb. 11.3 Industrieestrich im Verbund: 1 Industrieestrich, 2 Haftbrücke, 3 Untergrund nach Abschn. 2.3, 4 Gleitschicht

Bei den chemischen Beanspruchungen kommt es auf die Einwirkungsdauer und die Konzentration von Substanzen an. Hier sind von den Anbietern in jedem Fall entsprechende Prüfzeugnisse zu fordern. Besondere Beanspruchungen können besondere Schutzmaßnahmen erfordern. So haben z. B. herabfallende heiße Teilchen in einer Druckguss-Fabrik sehr tiefe Löcher in einem Hartstoffestrich hervorgerufen. Hier hätte der Estrich mit Stahlplatten geschützt werden müssen. Alternativ hätten im Spritzbereich Stahlplatten-Beläge verlegt werden können.

Alle chemischen und besonderen Beanspruchungen sind im LV genau zu beschreiben und zum Vertragsbestandteil zu machen. Konzentration und Einwirkungsdauer sind anzugeben.

Hinsichtlich der rutschhemmenden Eigenschaften ist in Abhängigkeit von der Art des Betriebes eine der Einstufungsklassen R 10 bis R 13 zu fordern, sofern entsprechende Anforderungen seitens der Berufsgenossenschaft bestehen. Das Prüfverfahren ist im Abschn. 6.8 kurz beschrieben. Die geprüften Estriche sind in dem BIA-Handbuch der Berufsgenossenschaft in einer Positivliste aufgeführt. Eine Ausführung nach Muster ist zu vereinbaren. Nur durch Vergleich mit einem Muster ist eine Beurteilung möglich.

Die elektrischen Ableit- bzw. Isoliereigenschaften sind genau zu beschreiben und vor Nutzungsbeginn messtechnisch nachzuweisen (Kap. 6).

Das Wasserhaushaltsgesetz WHG fordert sinngemäß, dass Anlagen zum Lagern, Abfüllen, Herstellen und Behandeln wassergefährdender Stoffe so beschaffen sein müssen, dass eine Verunreinigung der Gewässer oder sonst eine nachteilige Veränderung ihrer Eigenschaften nicht eintreten kann. Hier ist bereits der Planer aufgefordert, besondere Anforderungen an die Dichtigkeit der Flächen, Fugen, Anschlüsse und Durchdringungen zu stellen. Da man dieses Gesetz sehr eng auslegen muss, sind vermutlich bei der Mehrzahl von Industrieestrichen besondere Maßnahmen notwendig, z. B. zusätzliche Beschichtungen, Auffangrinnen und -behälter bzw. -wannen, Wandanschlüsse mit Kehlenausbildung, resistente und dichte Fugen usw.. Die Beschichtungen müssen rissfrei bleiben. Da die Untergründe jedoch noch lange schwinden, sind Risse nie mit letzter Sicherheit vermeidbar. Eine regelmäßige Kontrolle und eine sofortige Sanierung möglicher Risse ist notwendig.

Entspricht der Estrich nicht den Anforderungen des WHG, so kann der Untergrund in Form einer wannenartigen wu-Betonkonstruktion diese Aufgabe möglicherweise übernehmen.

Kunstharzestriche benötigen in der Regel eine abschließende Versiegelung, die je nach Beanspruchung wartungsbedürftig ist. Bei Beschichtungen und Versiegelungen dürfen daher auch keine scharfkantigen Beanspruchungen auftreten oder Stahlrollen eingesetzt werden. Eine Verletzung dieser Schichten führt häufig bei Nassbeanspruchung zu Unterwanderungen und großflächigen Ablösungen. Mehr als diese allgemeinen Hinweise, können an dieser Stelle nicht gegeben werden. Spezielle anwendungstechnische Beratungen durch die Hersteller sind für den Einzelfall notwendig.

Um Estriche den unterschiedlichen Beanspruchungen zuordnen zu können, wurden Beanspruchungsgruppen eingeführt. Dabei müssen unterschieden werden:

- Beanspruchungsgruppen der Forschungsgemeinschaft Bauen und Wohnen FBW (Erste bekannte Veröffentlichung 1975)
- Beanspruchungsgruppen der Arbeitsgemeinschaft Industriebau e. V. (Darstellung der Beanspruchungsgruppen in den AGI-Arbeitsblättern ist praxisnah!)
- Beanspruchungsgruppen der DIN 18560 Teil 7

Leider sind gerade die Beanspruchungsgruppen der DIN 18560-7 auch in der Neufassung fachlich nicht nachvollziehbar und praxisfremd. Dort entscheiden z. B. 1 bis 2 mm Mehrdicke einer Hartstoffschicht darüber, ob nur auf Tischen montiert oder ob auch Holz, Papier und Kunststoff gekollert werden darf. Die Norm sieht für die Beanspruchungsgruppe III (leicht) max. 100 Fußgänger am Tag vor, lässt aber bei einem um 2 mm dickeren Hartstoffestrich oder bei einem Magnesiaestrich F 10 – SH 150 statt F 8 – SH 100 immerhin bis zu 1000 Personen je Tag zu. Das ist technisch gesehen Unsinn und nicht nachvollziehbar. Lediglich die Zuordnung der Bereifungsarten in DIN 18 560-7 ist für die Planung hilfreich, weil die Pressung der Räder letztlich die Höhe der dynamischen Beanspruchung bestimmt. Stahlrollen mit Pressungen >40 N/mm² sind bei Industrieestrichen nach DIN 18560-7 nicht zulässig! (Tab. 11.1).

Die hochbeanspruchbaren Industrieestriche können in folgende Beanspruchungsgruppen eingeteilt werden:

I schwer
II mittel (nach Norm)
II mittelschwer (Praxis)
III leicht (nach Norm)
III mittel (Praxis)
IV nach Norm nicht hoch beanspruchbar
IV leicht (Praxis)

Die nach DIN 18560-7 zugehörigen Bereifungsarten sind:

I Stahl und Polyamid
II Urethan-Elastomer (Vulkollan) und Gummi
III Elastik- und Luftreifen

Tab. 11.1 Typische Pressung von Bereifungsarten bei Flurförderfahrzeugen

Bereifungsart	Pressung in N/mm²
Stahl	ca. 75–125
Polyamid	ca. 10–50
Vulkollan Elastomer	ca. 5–10
Vollgummi Elastik	ca. 2–5
Luftbereifung	ca. 1–3

11.1 Zementestrich

Zementestrich nach DIN 18560, CT – C 45/C 55 bzw. F 6 bis F 7
Ausgangsstoffe:
Zement nach DIN, Zusätze bei Bedarf, Gesteinskörnung nach DIN EN 13139

Anwendung:

- Beanspruchungsgruppe IV
- Verschleißwiderstandsklasse A 15 oder A 12
- Anwendung in Lagerräumen ohne optische Ansprüche, Garagen, bedingt in Werkstätten

Besonderheiten:
Zementestriche tendieren je nach Nennwert des Schleifverschleißes zu geringfügiger Staubbildung. Grundsätzlich ist zur Verbesserung der Pflegeeigenschaften und zur Einschränkung des Eindringens flüssiger Stoffe eine Tiefenimprägnierung zu empfehlen. Sie verringert in der Praxis die Staubentwicklung, führt jedoch nicht zu einer nennenswerten Verbesserung des Schleifverschleißes nach Norm. Der Estrich ist nach 3 Tagen begehbar, nach 7 Tagen leicht belastbar und nach 21 Tagen voll belastbar. Er ist mind. die ersten 7 Tage vor zu schneller Austrocknung zu schützen (Abdecken mit einer dünnen Folie). Auch danach dürfen nicht sofort starke Luftbewegungen oder Temperaturänderungen einwirken. Die rutschhemmenden Eigenschaften können durch die Art der Oberflächenbearbeitung in Grenzen eingestellt werden.

Zementestrich CT – F 6 bis F 8 polymermodifiziert
Ausgangsstoffe:
Zement nach DIN, Polymerdispersionen u. -emulsionen, Gesteinskörnung, Edelsplitte

Anwendung:

- Beanspruchungsgruppe IV und III
- Verschleißwiderstandsklasse A 12 oder A 9
- Anwendung in Lagerräumen, Werkstätten, Hochregallager, Produktion, Garagen

Besonderheiten:
Die Polymermodifizierung führt zu einer deutlich höheren Biegezugfestigkeit. Kleinflächige Verbundstörungen oder -unterbrechungen sind daher nicht immer kritisch. Die Nenndicke sollte bei ca. 20 bis 25 mm liegen und 40 mm keinesfalls überschreiten. Ansonsten gelten die vorstehenden Ausführungen zu Zementestrichen. Bei Verlegung auf Dämm- und Trennschicht sind im Vergleich zu Estrichen ohne Polymere wegen der höheren Biegezugfestigkeit etwas geringere Dicken möglich.

Zementestrich CT – C 45/C 55, F 6 bis F 7 hartstoffvergütet
Ausgangsstoffe:
Zement nach DIN, Zusätze bei Bedarf, Gesteinskörnung, Hartstoffe nach DIN 1100 Gruppe A

Anwendung:

- Beanspruchungsgruppe IV und III
- Verschleißwiderstandklasse A 9
- Anwendung in Lagerräumen ohne optische Ansprüche, Werkstätten, Garagen, Rampen

Besonderheiten:
Die Einarbeitung von Hartstoffen (ca. 1–3 kg/m^2, Menge muss vertraglich vereinbart werden) in die obere Estrichzone führt zu einer erheblichen Verbesserung des Widerstandes gegenüber schleifenden Beanspruchungen. Ansonsten gelten die vorstehenden Ausführungen zu Zementestrichen.

11.2 Hartstoffestrich

Hartstoffestrich nach DIN 18 560-7, CT – F 9 A oder F 11M oder F 9KS
Ausgangsstoffe:
Zement nach DIN, Zusätze bei Bedarf, Hartstoffe nach DIN 1100, Gruppen A (allgemein), KS (Elektrokorund/Siliziumkarbid) oder M (Metall).

Anwendung:

- Beanspruchungsgruppen I–III, je nach Hartstoffart und Schichtdicke
- Verschleißwiderstandsklasse A 6 (Gruppe A), A 3 (Gruppe M), A 1,5 (Gruppe KS)
- Alle Lagerflächen ohne optische Ansprüche, Werkstätten, Rampen, Garagen usw.

Besonderheiten:
Als Hartstoffestrich darf nur ein Estrich mit Hartstoffen nach DIN 1100 bezeichnet werden. Die Verlegung erfolgt ausschließlich im Verbund mit dem tragenden Untergrund oder – bei Estrichen auf Dämm- und Trennschicht – auf einer ausreichend bemessenen Lastverteilungsschicht, die zumindest eine Dicke von 80 mm aufweisen und aus Beton hergestellt werden muss. Der Estrich ist nach 3 Tagen begehbar, nach 7 Tagen leicht belastbar und nach 21 Tagen voll belastbar. Er ist so früh wie möglich und mind. die ersten 7 Tage vor zu schneller Austrocknung zu schützen (Abdecken mit einer dünnen Folie). Auch danach dürfen nicht sofort starke Luftbewegungen oder Temperaturänderungen einwirken. Netzartige Haarrisse werden häufig festgestellt. Sie sind erfahrungsgemäß für die Nutzung nicht von Nachteil. Die Beurteilung sollte ein

erfahrener Sachverständiger durchführen. Die Dicke der Hartstoffschicht richtet sich gemäß DIN 18 560-7 nach der Beanspruchungsgruppe und der Hartstoffgruppe. Schäden für alle Beanspruchungsgruppen sind selbst bei den niedrigsten Nenndicken nicht zu befürchten. Auch ist die Einhaltung der Nenndicke verlegetechnisch schwierig zu gewährleisten. Aus technischer Sicht wäre es besser, nur die Mindestdicke zu vereinbaren. Die Einhaltung einer mittleren Dicke ist für den Zweck und die Funktion ohne Bedeutung. Die rutschhemmenden Eigenschaften können durch die Art der Oberflächenbearbeitung in Grenzen eingestellt werden.

11.3 Magnesiaestrich

Magnesiaestrich nach DIN 18 560, MA – F 8 – SH100 bis F 11 – SH200

Ausgangsstoffe:
Magnesiabinder nach DIN, Salzlösung (in der Regel Magnesiumchlorid), organische Zuschlagstoffe, Quarzkörnung, Hartstoffe usw., Farbpigmente bei Bedarf

Anwendung:

- Beanspruchungsgruppen I–III
- Alle Lagerflächen, die optisch etwas ansprechender aussehen sollen, auch Verkaufsflächen, Produktionsbereiche, Werkstätten usw. Durch die Möglichkeit der Einfärbung in vielen Farben (Farbunterschiede innerhalb einer Fläche, geringe Strukturunterschiede und farbige Wolkenbildungen, manchmal auch Salzausblühungen, gehören zum häufigen Erscheinungsbild) ist ein eingeschränkt ansprechendes Aussehen möglich.

Besonderheiten:
Der Estrich ist nach einem Tag begehbar und nach 7 Tagen voll belastbar. Magnesiaestriche sollen keiner dauernden Feuchtbeanspruchung ausgesetzt werden, da sie sonst sehr weich werden. Kurzzeitige Feuchtbeanspruchung schadet nicht, wenn ein Abtrocknen in kurzer Zeit erfolgen kann. In Erdreich berührten Flächen ist ein Überdecken eines Magnesiaestrichs mit Dampfdichten oder diffusionsbehindernden Belägen nicht möglich. Wegen des Anteils an Magnesiumchlorid sind alle Metallteile durch Schutzanstriche zu schützen. Edelstahlprofile sind dann durch Lochkorrosion gefährdet, wenn sie oberseitig z. B. durch eine Kunstharzversiegelung o. Ä. abgedeckt werden. Bewehrungen des Untergrundes müssen ausreichend überdeckt sein. Der Estrich ist durch seine hohe Dichte und Geschlossenheit relativ glatt. Sind nutzungsbedingt bestimmte rutschhemmende Eigenschaften erwünscht, ist eine Ausführung nach Muster zu vereinbaren.

Diese Estrichart wird zunehmend wegen der guten Beanspruchbarkeit und Durchfärbbarkeit als Nutzestrich in Objektbereichen (Hochschulen, Museen, Theaterfoyers usw.) eingesetzt. Der industrielle Charakter soll mit der Architektur des Gebäudes und der Nutzungsart harmonieren. Sehr oft ist die Enttäuschung hinsichtlich der Optik groß, weil man die typischen Grenzen und Eigenheiten dieses Materials nicht erkannt hatte. Bei diesem Estrich muss mit Farb- und Strukturänderungen innerhalb einer funktionellen Fläche gerechnet werden. Dieses Buch enthält hierzu einige Fotos. Aber in solchen Fällen gilt: Wer einen Industrieestrich bestellt, darf sich nicht wundern, wenn er ihn auch erhält.

11.4 Gussasphaltestrich

Gussasphaltestrich nach DIN 18 560, AS – IC 10 bis IC 100
Ausgangsstoffe:
Bitumen nach DIN, mineralische Zuschlag- und Füllstoffe

Anwendung:

- Beanspruchungsgruppen I–III
- Härteklassen IC 10 oder 15 in beheizten Räumen, IC 15 oder 40 in nicht beheizten Räumen oder im Freien, IC 40 oder 100 in Kühlräumen oder im Freien
- Alle Lager- und Werkstattflächen ohne Ansprüche an die Optik, Garagen

Besonderheiten:
Der Estrich wird heiß eingebaut und ist nach Abkühlung voll belastbar. Auch aus diesem Grund ist er für Sanierungen gut einsetzbar. Dort, wo hohe Flächendrücke relativ lange einwirken, kann es zu Verformungen kommen. Wegen des Bindemittels Bitumen ist keine Beständigkeit gegenüber Ölen, Benzin, Lösemitteln usw. gegeben. Bei Einsatz in Tierställen scheint sich eine gewisse Unbeständigkeit gegenüber Bestandteilen der Gülle, hier besonders in Verbindung mit Grünfutter, abzuzeichnen. Die Trittsicherheit ist in der Regel gewährleistet. In Tierställen sollte kein Splitt, sondern Rundkorn eingesetzt werden, ebenso keine kalkhaltigen Füller. Nach heutigem Kenntnisstand gehen vom erkalteten Gussasphaltestrich keine Gesundheitsbeeinträchtigungen aus. In der Literatur gibt es Hinweise auf möglicherweise schädliche Aerosole während der Heißphase. Durch Zusatz von Wachsen kann die Einbautemperatur, und damit das Risiko, etwas gesenkt werden. Die Zusammensetzung des Estrichs für den jeweiligen Einsatzbereich obliegt ausschließlich dem Auftragnehmer. Der Estrich muss besonders auf Temperatureinflüsse abgestimmt werden. Durch Einsatz von Polymerbitumen können Estriche für eine größere Temperaturbandbreite hergestellt werden.

11.5 Kunstharzestrich

Kunstharzestrich nach DIN 18560, SR – C 40/F 12 oder SR – C 60/F 20
Ausgangsstoffe:
Reaktionskunstharze, in der Regel Epoxidharze (EP) oder Polymethylmethacrylate (PMMA), Quarzsande
Anwendung:

- Beanspruchungsgruppen I–III
- Alle Flächen mit hohen Ansprüchen an die Optik, Pflegeleichtigkeit, Beständigkeit

Besonderheiten:
Der Estrich ist nach Aushärtung voll belastbar. Die Aushärtungszeit ist vom Kunstharz und von der Temperatur abhängig. Die Art des Estrichs, seine Dicke und seine Oberflächenbeschaffenheit müssen auf den Einsatzzweck genau abgestimmt sein. Daher empfiehlt sich immer eine anwendungstechnische Beratung durch den Hersteller des Systems. Die Trittsicherheit kann durch die Kornstruktur in der Oberfläche eingestellt werden. Generell sind Kunstharzestriche mehr oder weniger kratzempfindlich.

11.6 Calciumsulfatestriche

Im Vergleich mit Zementestrichen weißen Calciumsulfatestriche eine größere Empfindlichkeit gegenüber Feuchtigkeit auf. Daher sind Calciumsulfatestriche nur bedingt im industriellen Bereich geeignet. Sie müssen mit wasserundurchlässigen Belägen ausgestattet werden um hinreichend widerstandsfähig zu sein. Das bedingt, dass der Estrich vor Beschichtung einen maximalen Restfeuchtegehalt von 0,5 CM-% (besser max. 0,3 CM-%) aufweisen darf und sich nach der Beschichtung keine Feuchtezunahme im Estrichgefüge einstellt. Die Konstruktion muss also nachhaltig hinsichtlich abdichtender Maßnahmen nach DIN 18533 und DIN 18534 und diffusionshemmender Maßnahmen untersucht, geplant und ausgeführt werden. Hier kann beispielsweise auch die Kernfeuchte von Betonuntergründen kritisch sein und zu umfangreichen Schäden führen. Der Einsatz ist zudem nur im Dauer-Trockenbereich denkbar, da eine Beschädigung der Beschichtung schon bei einer Nassreinigung zu Schäden am Estrich im Nahbereich der Eintrittsstelle führen würde.

11.7 Beheizte Industrieestriche

Grundsätzlich können alle diffusionsoffenen oder dauerhaft trockenen Industrieestriche beheizt werden. Wegen der geringen Estrichdicke, ist jedoch eine Einbettung der Heizelemente direkt im Estrich nicht möglich. Die Übergangsschicht bei Hartstoffestrichen darf in der Regel nicht zur Einbettung von Heizelementen herangezogen werden. In der Regel müssen die Heizelemente bereits in der Betonsohle eingebaut werden. Die Betonsohle sollte auf einer funktionsfähigen Gleitschicht liegen, z. B. aus 2 Lagen PE-Folie 0,2 mm oder einem gleichwertigen Vlies-Material. Sie ist – genau wie der Estrich – mit Randstreifen aus weichem Material bis OK Estrich von allen aufgehenden und hindurchführenden Bauteilen zu trennen.

Die Dämmschicht im Erdreich – soweit erforderlich – muss auf den erforderlichen Wärmeschutz abgestimmt, für die einwirkenden Lasten geeignet sein und darf keine Feuchtigkeit aufnehmen.

Da es sich um ein sehr träges System handelt und mit hohen Vorlauftemperaturen nicht zu rechnen ist, sind wegen der Beheizung keine Bewegungsfugen in der Fläche auszubilden. Mit einer Rissbildung über Press- und Scheinfugen des Betons ist zu rechnen. Der Beton ist so zu konzipieren, dass eine wirksame Rissbreitenbeschränkung gegeben ist. Durch das Austreiben von Restfeuchte aus dem Beton durch das Beheizen ist mit einem höheren Schwinden zu rechnen. Die im Beton eingebettete Heizung kann jedoch, bei minimaler Temperatur im Vorlauf, eingesetzt werden, um den Beton nach dem Betonieren gegen Auskühlung, und damit auch gegen frühe Rissbildungen, zu schützen.

Ein Beispiel, das eine typische Fehlplanung beschreibt:

Für eine Halle mit Schwerlastverkehr in Form von Flurförderfahrzeugen mit Radlasten von ca. 30 kN sollte ein beheizter Industriefußboden geplant und ausgeführt werden. Der Planer ließ wegen der hohen Radlast eine Betonsohle mit einer Dicke von 250 mm ausführen. Hierauf ließ er eine Wärmedämmschicht, damals Typ WD-WS, verlegen. Dann wurde eine ca. 10 cm dicke Betonschicht zur Aufnahme der Heizrohre verlegt. Die Rohrüberdeckung betrug ca. 80 mm. Als Verschleißschicht wurde ein ca. 15 mm dicker Magnesiaestrich vorgesehen. Nach einiger Zeit der Belastung kam es zu ersten Rissbildungen, die sich immer mehr fortsetzten. An den vielen Bewegungsfugen entstanden Kantenschäden.

Der Denkfehler des Planers lag darin, dass sich nicht die Betonsohle mit den Lasten auseinanderzusetzen hatte, sondern die beheizte Schicht oberhalb der Wärmedämmschicht. Hier entstanden unter Last Biegespannungen über 8 N/mm^2, also weit oberhalb der Biegezugfestigkeit dieser Schicht.

Der Planer hätte die Konstruktion sehr viel einfacher halten können, wenn er die Wärmedämmschicht in das Erdreich gelegt und die Heizrohre in einer ausreichend bemessenen Betonplatte angeordnet hätte. Unter Umständen hätte man nach der Wärmelinsen-Theorie auf die Dämmschicht verzichten können. Der Magnesiaestrich ist eine geeignete Nutz- bzw. Verschleißschicht. Bewegungsfugen sind dann in der Regel nicht notwendig, jedoch auf die Feldlänge abgestimmte Randfugen bzw. Raumfugen. Sollten vereinzelt Risse entstehen, wären diese unkritisch und im Vergleich mit einer Bewegungsfuge auch weniger anfällig, wenn sie mit Rollen und Rädern beansprucht werden. Auch Regalfüße lassen sich in einem Beton-Fußboden sicherer befestigen.

11.8 Lastverteilungsschichten – Übergangsschichten

Immer dann, wenn Estriche, Bodenbeläge wie z. B. Fliesen und Platten, Beschichtungen u. Ä. wegen ihrer geringen Dicke und Festigkeit nicht selbst für die vorgesehenen Lasten hinreichend tragfähig sind, müssen sie im Verbund mit einem tragfähigen Untergrund verlegt werden. Das sind in der Regel Betonsohlen und -decken.

Werden tragende Untergründe oberseitig mit Abdichtungen, diffusionshemmenden Schichten, Dämmschichten, Trennschichten versehen, so ist eine Verbundverlegung nicht mehr möglich. Da aber in der Schicht oberhalb dieser trennenden bzw. dämmenden Schichten unter Last Biegespannungen entstehen, muss zunächst erneut ein tragender Untergrund hergestellt werden. Dieser tragende Untergrund oberhalb der trennenden bzw. dämmenden Schichten wird als Lastverteilungsschicht bezeichnet, bei Hartstoffestrichen als Übergangsschicht. Sie wird nach Dicke und Festigkeit auf die einwirkenden Verkehrslasten, Einzellasten und/oder Radlasten abgestimmt. Hinweise enthält Kap. 6.

Sofern die Nutzestriche bzw. -beläge nicht im „Frisch-in-Frisch"-Verfahren mit der Lastverteilungsschicht verlegt werden können oder dürfen, muss zudem je nach Belag die Austrocknung der Lastverteilungsschicht abgewartet werden (insbesondere bei Fliesen und Platten). Das kann zu einer Verzögerung von Wochen und Monaten führen.

Industrieböden auf Dämm- oder Trennschichten sind demnach immer sehr aufwendige und kritische Konstruktionen, für die eine entsprechende Konstruktionshöhe einzuplanen ist. Eine Verlegung im Verbund sollte daher grundsätzlich Vorrang haben (Abb. 11.4 und 11.5).

Beispiel: In der Abfertigungshalle eines Kreuzfahrtterminals wurde ein Naturwerksteinbelag mit einem Mörtelbett im Verbund verlegt. In einem Randbereich wurden mit dieser Konstruktion Stahlblechkanäle überbrückt. Diese Kanäle kreuzten jedoch auch die Tore, die mit Gabelstaplern bis zu 12 t Gesamtgewicht durchfahren wurden. Die Fläche zeigte keine Schäden, aber im Bereich der Tore brach die Konstruktion ein. Die

Abb. 11.4 Streifenartiger Einbruch über dem überdeckten Kanal

Abb. 11.5 Zu geringe Kanalüberdeckung

Überdeckung der Kanäle betrug teils nur wenige Zentimeter. Der Belag darf nicht eingerechnet werden. Im Bereich der Kanäle war es eine Konstruktion auf Trennschicht, die unter den hohen Radlasten einbrach.

11.9 Monolithische Betonindustrieböden

In der Regel werden Verbundestriche auf bereits erhärteten neuen oder alten Untergründen aus Stahl-, Faser- oder Walzbeton verlegt. Hierzu ist neben einer intensiven Vorbereitung des Untergrundes eine zuverlässige Haftbrücke notwendig. Die monolithische Bauweise bietet im hochbelasteten Industriebodenbereich Vorteile, da die Bodenplatte und die Nutz- bzw. Verschleißschicht in einem Guss, eben monolithisch, hergestellt werden. Der gesamte Fußboden kann nach Fertigstellung der Gebäudehülle witterungsgeschützt eingebaut werden.

Im Nachfolgenden werden die wesentlichen Planungsgrundsätze und die weiterführende Literatur für die Detailplanung empfohlen.

Regelaufbau

- Nutzschicht/Verschleißschicht
- Betonplatte
- Gleitschicht, auch auf Wärmedämmschicht oder Sauberkeitsschicht
- Tragschicht
- Untergrund

Nutz- bzw. Verschleißschicht

Häufig wird ein Gemisch aus Hartstoffen (Einstreuverfahren nach DIN 18560-3) nach DIN 1100 (o. Ä. harten Zuschlagstoffen) und Zement in die noch frische Betonoberfläche eingearbeitet. Einstreumengen bis ca. 3 kg/m^2 sind möglich. Größere Mengen sind wegen der Schwierigkeit des Einarbeitens nicht praxisgerecht. Das Einstreuen sollte mit einer mechanischen Vorrichtung erfolgen, um eine möglichst gleichmäßige Verteilung zu gewährleisten.

Ebenso ist die Verlegung eines Hartstoffestrichs frisch-in-frisch auf dem Beton möglich. Die Dicke der Nutzschicht kann nach DIN 18560-7 festgelegt werden. Leider orientieren sich die Werte der Norm nicht an der Praxis. In der Regel sind Dicken zwischen 6 mm und 10 mm für übliche Nutzungen mit Flurförderfahrzeugen völlig ausreichend. Untersucht man alte Hartstoffschichten, die seit 20 Jahren und länger mit Flurförderfahrzeugen beansprucht wurden, erkennt man, dass der eingetretene Verschleiß marginal ist. Zudem ist die Belastbarkeit einer derartigen Verbundschicht von der Dicke unabhängig, worauf auch in DIN 18560-3 hingewiesen wird. Die Festlegungen der DIN 18560-7, wonach ansteigende Dicken bei steigender Beanspruchung zu planen sind, sind technisch nicht nachvollziehbar. Die erforderliche Mindestdicke ergibt sich allerdings wegen des Größtkorns von ca. 5 mm.

Eine Verschleißwiderstandsklasse A ist zu vereinbaren. Sie ergibt sich bei Einsatz von Hartstoffen nach DIN 1100 aus den Vorgaben der DIN 18560-7. Bei anderen Hartstoffen wird der Hersteller den erreichbaren Wert deklarieren. Bei dem Einstreuverfahren wird in der Regel A 9 bis A 6 erreichbar sein.

Als Problem bekannt, sind manchmal Ablösungen (Verbundstörungen) der Verschleißschicht und Krakelee in der Verschleißschicht. Die Verbundstörungen führen häufig zu einer Zerstörung der Oberfläche, die Krakeleerisse sind in der Regel unkritisch, wenn zugleich keine Verbundstörungen vorhanden sind. Das ist fachkundig abzuklären.

Betonplatte Sie ist in der Regel kein Teil des Tragwerks und unterliegt daher nicht den Festlegungen der DIN 1045 bzw. EN 206. Dennoch sollte man sich an dieser Norm orientieren. Nach der europäischen Normendefinition in DIN EN 13318 handelt es sich um einen Estrich. Gemäß DIN 18560-1 sollen Estriche ab einer Nenndicke von 80 mm nach betontechnologischen Grundsätzen hergestellt werden. Es sind also spezielle betontechnologische Kenntnisse notwendig, weshalb nicht jeder Estrichbetrieb für die Ausführung geeignet ist.

Hinsichtlich möglicher Rissbildungen wegen des unvermeidlichen Schwindens, gibt es zwei Möglichkeiten der Begrenzung. Will man möglichst keine oder nur wenige Risse, so wird man sehr kleine Felder, begrenzt von Scheinfugen (und evtl. Press- oder Arbeitsfugen) ausführen müssen. Da Fugen wegen ihrer Anfälligkeit gegenüber mechanischen Beanspruchungen immer einen Schwachpunkt darstellen, werden heute in der Regel große Felder angelegt. Die Bewehrung wird dann so ausgelegt, dass die Rissbreite, der dann u. U. in großer Zahl entstehenden Risse, begrenzt wird. Rissbreiten um 0,3 mm bis max. 0,4 mm sind erfahrungsgemäß als unkritisch anzusehen.

Grundsätzlich geht es bei diesen Fußböden nicht um die Verhinderung von Rissen, sondern um die Begrenzung der Rissbreite von unvermeidbaren Rissen.

Häufig wird ein Stahlfaserbeton eingesetzt. Dabei ist auf eine ausreichende Überdeckung der Stahlfasern an der Oberfläche zu achten. In der Regel ist hierzu eine ca. 6 bis 10 mm dicke Verschleißschicht aus einem Hartstoffestrich erforderlich. Sonst besteht immer die Gefahr, dass Stahlfasern aus der Oberfläche herausstehen, korrodieren oder Schäden an Rollen und Rädern verursachen.

Randfugen, die hier als Raumfugen bezeichnet werden, sind an allen aufgehenden und hindurchführenden Bauteilen ab Gleitschicht bis OK Verschleißschicht auszubilden. Jeder Festpunkt, der durch eine unvollständige Raumfuge entsteht, wird einen Riss verursachen.

Scheinfugen werden so früh wie möglich, möglichst am Tag nach dem Einbau eingeschnitten. Die Tiefe muss ca. 1/3 der Plattendicke betragen, nicht wesentlich weniger. Eine obere Bewehrung muss sicher durchtrennt werden, da sonst die Fuge in ihrer Funktion behindert wird. Die Folge wären weitere Risse im Feld. Schneidet man Fugen in einen Stahlfaserbeton mit geringer Verschleißschichtdicke, so darf nicht zu früh geschnitten werden, da sonst die Fasern, die quer zur Schneidrichtung weit oben liegen, ausreißen. Das ist nicht immer sicher zu vermeiden, allenfalls mit einem Hartstoffestrich als Verschleißschicht (Abb. 11.6 und 11.7).

Abb. 11.6 Ohne Hartstoffschicht stehen häufig Stahlfasern aus der Oberfläche heraus

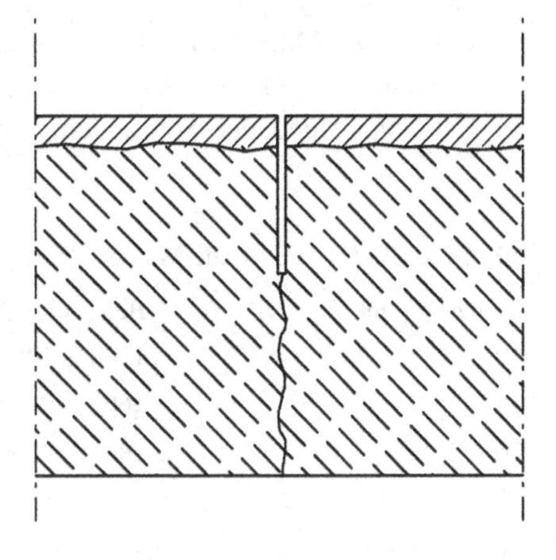

Abb. 11.7 Prinzipdarstellung einer Scheinfuge bei einer monolithischen Bauweise mit dem Soll-Riss unter dem Einschnitt

Funktionieren einzelne Scheinfugen nicht, so kann es auch zu einem Paketreißen kommen. Das Schwinden der Felder mit der nicht funktionierenden Scheinfuge addiert sich und führt bei einer anderen Fuge zu einer sehr breiten Öffnung.

Ansonsten sind die üblichen Schutzmaßnahmen gegen eine zu schnelle Austrocknung und/oder Abkühlung zu treffen. Besonders wenn im Herbst oder Winter betoniert wird, wirken Schwinden und Abkühlen kumulierend. Die Gefahr der Rissbildung ist dann besonders groß. Andererseits sind Risse in der Regel unkritisch. Sie sollten zwar fachkundig beurteilt und beobachtet werden, stellen aber in den meisten Fällen keine Funktionsbeeinträchtigung dar.

Entlang eines Risses entstehen manchmal kleine Parallelrisse. Die sich dadurch in der Oberfläche bildenden kleinen Schollen werden durch die Räder der Flurförderfahrzeuge häufig ausgebrochen. Es entstehen sich schnell ausbreitende Kantenschäden.

Die Betonplatte wird – ob bewehrt oder unbewehrt – nach Dicke und Festigkeit auf die einwirkenden Rad- bzw. Einzellasten abgestimmt. In der Regel wird ein Beton der Druckfestigkeitsklassen C25/30 oder C30/37 eingesetzt. Hinsichtlich der Beanspruchung muss der Planer dem Fußboden Expositionsklassen nach DIN 1045 zuordnen (Tab. 11.2).

Werden bei beheizten Betonplatten Heizelemente integriert, so sollten diese aus statischen Gründen möglichst in Plattenmitte liegen. Liegen sie unten auf der Gleitschicht, so kann nur die Dicke oberhalb der Heizelemente für die Lasten angerechnet werden.

Zwischenschichten Ob zwischen Beton und Tragschicht eine Gleit- bzw. Trennschicht in Form einer PE-Folie in ein oder zwei Lagen liegen sollte, ist umstritten. Die Befürworter befürchten ohne Gleitschicht eine zu hohe Reibung am Untergrund in der Schwindphase, mit der Folge wilder Rissbildungen. Die Gegner befürchten eine ungleichmäßige Austrocknung, die dann ja nur nach oben erfolgen kann. Der entstehende Feuchtegradient könnte zu einem Schüsseln an Feldrändern führen.

Diese Gleit- oder Trennschicht könnte aber aus einem Vlies bestehen, das eine Austrocknung nach unten ermöglicht, aber die Reibung am Untergrund dennoch reduziert. Der vollständige Verzicht auf eine Gleitschicht ist oft mit umfangreichen Rissbildungen verbunden.

In dem DBV-Merkblatt „Industrieböden aus Beton für Frei- und Hallenflächen" vom November 2004 wird der Begriff „Zwischenschichten" für die Schichten zwischen der Betonplatte und der Tragschicht verwendet. Das durchweg sehr empfehlenswerte

Tab. 11.2 Richtwerte für die Mindest-Dicke der Betonplatte bei verschiedenen Radlasten

Radlast/Einzellast (kN)	Beton C25/30 (mm)	Beton C30/37 (mm)
10	120 bis 140	–
15	160	–
20	180	160
30	–	200

Merkblatt enthält bei der Beschreibung der Zwischenschichten eine Unstimmigkeit. Nach diesem Merkblatt sollen Trennlagen aus einem Geotextil das Abwandern von Zementleim in den Untergrund verhindern und zugleich das Austrocknen des Betons auch nach unten ermöglichen. Zugleich erfolgt der Hinweis, dass die Trennlage keine Gleitschicht ist. Als Gleitschicht zwischen Sauberkeitsschicht und Beton werden dann PE-Folien oder PTFE-Folien empfohlen. Hier schließt das Eine das Andere aus. Ein die Austrocknung ermöglichendes Vlies kann nur funktionieren, wenn es einen Wassertransport vom Beton in Richtung Sauberkeitsschicht oder Tragschicht ermöglicht. Eine zusätzliche Gleitschicht in Art einer Folie mindert jedoch die Austrocknungsmöglichkeit. Insofern macht es nur Sinn, wenn das Textil zugleich ein ausreichendes Gleiten in der Schwindphase ermöglicht, also niedrige Reibbeiwerte aufweist. In der Praxis haben sich Folien als Trenn- und Gleitschicht allerdings durchaus bewährt.

Eine Sauberkeitsschicht aus Beton oder anderen gebundenen Baustoffen ist nur erforderlich, wenn die Tragschicht nicht so beschaffen ist, dass auf ihr direkt Bewehrungshalter verlegt werden können, die die korrekte Lage der Bewehrung sichern. Aber auch die Gleitschicht muss, um eine optimale Wirkung zu erzielen, auf einem sehr ebenen Untergrund liegen. Kann die Tragschicht diese Forderung nicht erfüllen, muss eine Sauberkeitsschicht ausgeführt werden.

Dicke Noppenbahnen, wie sie auch an Kelleraußenwänden als Schutzbahnen eingesetzt werden, sollen Sauberkeitsschicht und Gleitschicht in Einem sein. Auch das bedingt, dass die Tragschicht sehr eben ist, da sich die Noppenbahn der Ebenheit der Tragschicht anpasst. Das Verkürzungsbestreben des Betons in der Schwindphase und Abkühlphase könnte jedoch wegen der in engem Abstand vorhandenen Noppen deutlich behindert werden, was die Rissbildung unterstützen könnte. Reibbeiwerte zu dieser Bahn liegen nicht vor. Der Zweck einer Gleitschicht ist ja gerade die Minderung von Zwängungsspannungen. Deshalb sind Gleitschichten aus den üblichen bewährten Folien oder Vliesen die bessere Wahl.

Wärmedämmschichten im Erdreich müssen hinreichend belastbar sein und dürfen nur in marginalem Umfang Wasser aufnehmen.

Tragschicht und Untergrund Tragschicht und Untergrund müssen hinreichend verdichtet sein. Auf eine Tragschicht kann verzichtet werden, wenn der Untergrund den Anforderungen entspricht, die an eine Tragschicht gestellt werden. Die Regelanforderungen an eine Tragschicht sind nach dem o. g. Merkblatt des DBV:

→ Proctordichte $D_{Pr} \geq 100\ \%$

oder

→ Verformungsmodul $E_{v2} \geq 100\ MN/m^2$ und E_{v2} zu $E_{v1} \leq 2{,}2$

Estrich und Belag 12

Ohne Anspruch auf Vollständigkeit werden hier Probleme und Erscheinungsbilder im Zusammenwirken von Estrich und Belag und bei der Verlegung der Bodenbeläge, die in der Fachpraxis immer wieder zu beurteilen sind, behandelt. Unter „Bodenbeläge" versteht man als Sammelbegriff vereinfachend alle Bodenbeläge (elastische, textile, Fliesen, Platten, Schichtstoffelemente, Parkett, Holzpflaster u. v. m.), die unmittelbar auf Estrichen verlegt werden. Analog dazu versteht man unter dem Begriff „Bodenleger" allgemein den Auftragnehmer derartiger Verlegearbeiten.

Während Estriche in der Regel nur dort direkt ohne Bodenbelag genutzt werden, wo Optik keine große Bedeutung hat, stehen bei Bodenbelägen nicht selten die optischen Eigenschaften im Vordergrund. Entsprechend hoch ist die Erwartungshaltung der Auftraggeber. Die Qualifizierung der Bodenleger muss hier mithalten. Planer und Bauleiter sind zudem gut beraten, Bedenken und Hinweise der Auftragnehmer ernst zu nehmen.

Die Verlegung von Estrichen ist noch relativ fehlertolerant. Fehler bei der Verlegung von Bodenbelägen sind hingegen fast immer auffällig und werden nicht übersehen. Aber auch das spätere Nutzerverhalten führt zu Schäden, die von denen einer mangelhaften Verlegung abgegrenzt werden müssen. In diesem Zusammenhang ist von besonderer Bedeutung, dass Auftragnehmer ihre Auftraggeber auf wichtige Besonderheiten im Umgang und der Pflege mit bzw. von Bodenbelägen rechtzeitig hinweisen. Der Verweis auf eine Norm oder die alleinige Übergabe eines Regelwerks genügt zumindest bei Fachunkundigen nicht. Von einem Nutzer oder einem privaten Bauherren kann nicht erwartet werden, dass er z. B. eine Norm des DIN einschl. vorhandener fachlicher Erläuterungen nach einem Durchlesen auch versteht. Wichtige Hinweise müssen vielmehr so aufbereitet werden, dass der Nutzer sein Verhalten unmissverständlich darauf ausrichten kann. Davon besonders betroffen sind Holzbeläge, die nicht selten nach Verlegung in einem ungeeigneten, weil nicht überwachten, Klima betrieben werden, obwohl die empfohlenen Grenzen der relativen Luftfeuchte in einer übergebenen Pflegeanweisung

H. Timm et al., *Estriche, Parkett und Bodenbeläge*,
https://doi.org/10.1007/978-3-658-25847-4_12

benannt wurden. Die möglichen Folgen sollten sehr viel eindringlicher beschrieben werden, besonders bei Hölzern mit hoher Anpassungsgeschwindigkeit (Feuchtewechselzeit, Reaktionszeit auf Änderungen der relativen Luftfeuchte).

Hinsichtlich des geschuldeten Werkes gelten zwar vorrangig die vertraglichen Vereinbarungen, aber diese sind nach dem BGH überlagert von dem Zweck und der Funktion. Das versteht sich eigentlich von allein. Ist der vertraglich geforderte Bodenbelag in einem bestimmten Bereich erkennbar ungeeignet oder nur mit Einschränkungen geeignet, kann dieser noch so perfekt verlegt worden sein. Er wird niemals dem Zweck entsprechen und funktionieren. Er weist dann einen Sachmangel auf. Weit vor Ausführung beginnt daher bereits die Prüfungs- und Hinweispflicht für die Planer und Auftragnehmer. Für Auftragnehmer besonders dann, wenn keine Planung vorliegt und der Vertragspartner erkennbar als Laie (Endverbraucher) einzustufen ist.

12.1 Prüfen und Vorbereiten des Untergrundes

Prüf- und Hinweispflichten sind allgemeine Pflichten, die nicht besonders in einem Vertrag erwähnt werden müssen. Diese Pflichten beginnen bei der Abgabe eines Angebots. Rechtlich scheint sich die Auffassung durchgesetzt zu haben, dass Bedenken gegen die Art der vorgesehenen Ausführung bereits bei Angebotsabgabe vorzubringen sind, wenn sich Gründe dafür eindeutig aus dem LV-Text ergeben. Diese Auffassung ist bedenklich, denn es herrscht so keine „Waffengleichheit" bei der Kalkulation. Hält man eine ausgeschriebene Leistung für nicht ausführbar, kann man keinen Preis angeben. Gibt man einen Preis für die geänderte Leistung an, muss man diese beschreiben und übernimmt Planungsaufgaben mit allen Risiken. Die abgegebenen Preise der Anbieter sind dann sowieso nicht mehr vergleichbar. Und Preisangaben unter Vorbehalt dürften unzulässig sein. Also muss man die ausgeschriebene Leistung kalkulieren, auch wenn diese fehlerhaft beschrieben wurde. Gesondert, aber zeitgleich, muss man seine Bedenken mitteilen, begründen, aber keinesfalls Vorschläge zur Ausführung machen.

Als Auftragnehmer wird man dann rechtzeitig vor Ausführung eine Einsicht in die Planungsunterlagen der Untergründe nehmen. Bodenleger müssen nach einer Gerichtsentscheidung über den eigenen Tellerrand hinausschauen und von den angrenzenden Gewerken bzw. Konstruktionen das fachlich wissen, was für den Erfolg der eigenen Leistung von Bedeutung ist. Es genügt hierzu zunächst die Einsicht in die relevanten Planungsdetails, wie z. B. Estrichart, Estrichdicke, Art und Lage von Bauwerksabdichtungen, Fugen u. v. m. Keinesfalls muss ein Bodenleger prüfen, ob diese Gewerke frei von Mängeln ausgeführt wurden. Darauf darf er vertrauen. Ausnahme: Gewerkübliche manuelle Prüfungen des unmittelbaren Verlegeuntergrundes, soweit es für den Erfolg der eigenen Leistung relevant ist. Er muss auch keine Bauteilöffnungen durchführen, um einen Soll/Ist-Vergleich durchzuführen. Auch hier darf er den Angaben des Planers vertrauen. Ohne einen Architekten aufseiten des Auftraggebers ist allerdings größte Vorsicht geboten.

Beispiel

Der Bodenleger soll im EG eines Hauses ein Parkett verlegen. Er entnimmt den Planungsunterlagen, dass das Haus keinen Keller hat. Aus dem Aufbau des Estrichs geht nicht hervor, dass eine Bauwerksabdichtung ausgeführt wurde. Der Bodenleger ist jetzt verpflichtet, diesen Punkt zu hinterfragen, weil er weiß, dass das Parkett möglicherweise innerhalb kürzester Zeit Schäden aufweisen könnte. Bekommt er auf seine Frage keine Antwort, wird er Bedenken an den Auftraggeber richten müssen. Wird ihm seitens des Auftraggebers das Vorhandensein einer Bauwerksabdichtung schriftlich bestätigt, so kann er diesen Punkt als erledigt betrachten, sofern der Auftraggeber einen Architekten auf seiner Seite hat. Gibt es keinen Architekten, ist es nicht so einfach. Dann wird man sehr eindeutig und verständlich beschreiben müssen (schriftlich), was eine Bauwerksabdichtung ist, was sie verhindern soll und welche Schäden ohne Abdichtung eintreten könnten. Möglicherweise muss man einen Gewährleistungsausschluss für Schäden dieser Ursache (Feuchte aus dem Untergrund) vereinbaren. Einseitige Erklärungen eines Gewährleistungsausschlusses sind rechtlich unwirksam. Bei Baulaien als Auftraggeber besteht immer die Gefahr, dass diese später sagen, sie hätten nicht verstanden, warum sie zu einem Gewährleistungsausschluss gedrängt wurden. Wer dann nicht nachweisen kann, dass er hinreichend informiert und aufgeklärt hat, könnte in der Haftung sein.

In den Kreisen der Bodenleger ist man häufig der irrtümlichen Auffassung, die Prüfungspflicht der Vorleistung erstrecke sich nur darauf, was mit handwerksüblichen Methoden geprüft werden könne. Tatsächlich unterliegt Alles der Prüfungspflicht, was für den geschuldeten Erfolg von Bedeutung sein könnte. Wenn das mit Hinterfragen, durch Augenschein und mit üblichen Hilfsmitteln erreicht werden kann, spricht nichts dagegen. Das wird bei Neubauten durchaus häufig der Fall sein. Bei der Sanierung von Bestandsbauten wird das in der Regel nicht genügen. Und erneut geht es nicht um Bauteilöffnungen, sondern zunächst um die Einsicht in Planungsunterlagen. Im Bestandsbau kennt häufig niemand den genauen Aufbau des alten Fußbodens. Wenn sich jetzt der Bodenleger darauf beschränkt, ein bisschen mit Bordmitteln hier zu klopfen und dort zu kratzen, ist das keine ausreichende Prüfung. Er muss vielmehr vom Auftraggeber genaue Angaben zur Schichtenfolge, also zur Art des alten Fußbodens in allen Schichten, verlangen. Fehlen diese Angaben oder sind diese unvollständig, muss er Bedenken vorbringen und den Auftraggeber auffordern, die fehlenden Angaben beizubringen.

Beispiel

Die Inhaberin eines Fachgeschäftes für Brillen, gelegen im EG eines Bürohauses, beauftragt einen Bodenleger mit der Verlegung eines Polyolefin-Designbelages in Plankenform. Einen Architekten gibt es nicht. Hilfreich wie Bodenleger in der Regel sind, verweist dieser auf seine Kompetenz. Er nimmt den vorhandenen Teppichbelag an einigen Stellen auf. Auge und Nase sagen ihm, dass es keine Anzeichen für Feuchtigkeit gibt. Ein paar Hammerschläge auf den Untergrund deuten nicht auf Hohllagen der Spachtelmasse hin. Ebenso macht die alte Spachtelmasse keinen labilen Eindruck. Er bietet die Aufnahme des alten Belages an. Fehlstellen im Untergrund will der Bodenleger mit einer Ausgleichsmasse verfüllen. Er will grundieren und den Untergrund nochmals insgesamt zementär spachteln bzw. ausgleichen. Einige Monate nach der Ausführung hat die Auftraggeberin keine Freude mehr an dem Bodenbelag. Dieser zeigt flächige Aufbeulungen. Untersuchungen ergeben, dass sich unter der alten Ausgleichsmasse, es gab übrigens mehrere Schichten davon, ein Fliesenbelag befand. Recherchen ergaben, dass dort in den 60er Jahren Fleischwaren verkauft wurden. Von diesen Fliesen hatte sich die alte Schichtenfolge abgelöst. Ausgelöst wurde das Ablösen von den Schwindkräften der neu aufgebrachten Ausgleichsmasse. Mit einer Masse auf Basis Calciumsulfat wäre vermutlich kein Schaden entstanden. Der Bodenleger kann sich nicht darauf berufen, er habe von den Fliesen nichts gewusst. Er hat hier quasi die Planung übernommen und in dieser Funktion den Untergrund unzureichend geprüft. Derartige Prüfungen bis in den Untergrund hinein sollen Bodenleger auch keinesfalls selbst vornehmen. Sie sollen diese Untersuchungen vom Auftraggeber verlangen, der sich hierzu eines Sachverständigen bedienen kann (Abb. 12.1).

Abb. 12.1 Oberhalb der Fliesen gab es viele alte Spachtel- und Kleberschichten

Es ist im Bestandsbau nur zu empfehlen, alle alten Schichten (Klebstoffe, Spachtel- und Ausgleichsmassen) zu entfernen. Es geht dabei nicht nur um alte labile oder mäßig haftende Schichten, sondern auch um mögliche Wechselwirkungen mit alten Klebstoffen. Auf dem so freigelegten Estrich, der seinerseits natürlich auch zu prüfen ist, kann neu aufgebaut werden. Kein stichprobenartiges Prüfen und Abklopfen kann zu einer sicheren Aussage über die Eignung alter Schichten führen. Wenn der Auftraggeber diese Mehrkosten nicht tragen will, sind Bedenken vorzubringen. Sofern möglich (Trockenbereich), sollte dann aber eine tatsächlich sehr schwindarme Ausgleichsmasse auf Basis Calciumsulfat verwendet werden. In der Regel ist dann zumindest auch ein Absperren alter löslicher Klebstoffe mit Reaktionsharz notwendig.

Die üblichen Prüfungen des Untergrundes werden in vielen Merkblättern und Fachbüchern beschrieben. Es bleibt zudem dem Bodenleger überlassen, wie er prüft und damit zu dem Ergebnis kommt, dass ein belegreifer Untergrund vorhanden ist. Regelwerke und die Literatur können nur Beispiele aufzeigen und Prüfungen fordern, die Mängel verhindern sollen. Bodenleger sind gut beraten, hier sehr sorgfältig und kompromisslos vorzugehen.

12.2 Prüfen der Belegreife

Eine wichtige Prüfung ist seit Jahren in Fachkreisen in der Diskussion, und zwar hinsichtlich der Methodik und Aussagekraft. Es geht um die Prüfung des Feuchtegehaltes des Untergrundes, besser um die Feststellung der noch vorhandenen Feuchte in Estrichen, die mit Wasser hergestellt wurden. Im Bestand (Sanierung) geht es allgemein um das mögliche Vorhandensein von Feuchte im Untergrund. Das ist bei einem Altestrich dann keine Prüfung der Belegreife. Bodenbeläge dürfen erst dann auf neu hergestellten Estrichen verlegt werden, wenn der Estrich seine Belegreife erreicht hat. Belegreif ist ein Estrich, wenn er der Art des Bindemittels nach ausreichend ausgetrocknet ist und als Zementestrich zudem kein relevantes Schwinden mehr aufweist.

Die Estriche erreichen nur den Feuchtegehalt, den die umgebende Raumluft zulässt. Man bezeichnet diesen Wert als Ausgleichsfeuchte. Später wird sich die Feuchte jedoch langsam dem mittleren Raumluftzustand der Nutzung anpassen. Genau diese Differenz zwischen der Ausgleichsfeuchte der Bauzeit und der späteren Ausgleichsfeuchte der Nutzungszeit, kann zu Schäden führen, wenn sie zu groß ist. Sie wird u. a. Parkett und Holzpflaster zum Quellen bringen, Klebstoffe in der Klebkraft beeinträchtigen und Oberflächen von CA-/CAF-Estrichen zerstören. Daher muss ein niedriger Feuchtegehalt (Grenzfeuchtegehalt) erreicht werden, notfalls durch künstliche Trocknung, bevor ein Bodenbelag verlegt werden kann. Zumindest für Zementestriche gilt, dass es den einen Grenzfeuchtegehalt nicht gibt. Man müsste eigentlich für jede Estrichzusammensetzung einen eigenen Grenzwert bestimmen. Die Werte, die man in der Praxis als Grenzwerte allgemein anerkannt hat, sind reine statistische Mittelwerte aus Versuchen, die vorwiegend Werner Schnell, IBF Troisdorf, durchführte. Wenn der Grenzwert bei Zementestrichen mit 2 CM-% festgelegt wurde, kann es sein, dass ein Estrich erst mit 1,8 CM-% tatsächlich belegreif ist, aber auch bereits mit 2,4 CM-% belegreif sein könnte. Anscheinend wirkt sich diese Unsicherheit in der Praxis nicht negativ aus.

Aber auch alte Untergründe im Bestandsbau sind stets vor dem Belegen hinsichtlich des Feuchtegehalts zu prüfen. Niemand weiß, ob alte Bauwerksabdichtungen versagt und zu einer Durchfeuchtung geführt haben. Aber auch andere Ursachen können Estriche durchfeuchten. Der Verzicht auf eine Prüfung, begründet mit dem Alter des Estrichs, wäre fahrlässig.

Keinesfalls kann im Zuge der Prüfung des Feuchtegehaltes festgestellt werden, ob der Estrich an jeder Stelle ausreichend trocken ist. Derartige Prüfungen sind mit vertretbarem Aufwand nicht durchführbar, mit dem CM-Gerät sogar auszuschließen. Bei den Prüfungen der Belegreife und der Prüfung auf Feuchte bei einem Altestrich im Bestand handelt es sich nur um Stichproben. Lokal (kleinflächig) können Ereignisse während des Bauens eintreten, die eine Austrocknung behindern, verhindern oder erneut Feuchte zuführen. Das kann ein Prüfender nicht erkennen. Derartige Bereiche können nur gezielt untersucht werden, wenn der Prüfende seitens der Bauleitung explizit darauf hingewiesen wird. So kann lange Baumaterial auf Estrichen gelagert worden sein, das die Austrocknung lokal behindert hat. Oder es hat eine Leckage an Rohren gegeben oder ein Wasserbehälter wird zeitnah vor dem Belegen umgestoßen. Das sind Ereignisse, die der Bauleitung teils bekannt sein müssten, aber teils auch von anderen Gewerken verschwiegen werden könnten. Der zur Prüfung verpflichtete Bodenleger kann aber für spätere Schäden nicht haften, die auf diesen lokalen Einflüssen beruhen. Wenn es also später einen auf Feuchte basierenden Schaden gibt, muss ein Sachverständiger erkennen, ob es sich um ein flächiges Schadensbild handelt (zu hohe Restfeuchte als Ursache dann möglich) oder um ein lokales Ereignis.

In der Regel wird man je 100 bis 150 m^2 eine Messung durchführen. Ist jedoch eine große Fläche (Büro, Kaufhaus) zu prüfen, deren Estrich in gleicher Weise zusammenhängend eingebaut und insofern gleichmäßig austrocknen konnte, wird man nur an wenigen Stellen messen müssen, um die Belegreife einschätzen zu können.

Wo im Estrichquerschnitt gemessen wird, war und ist umstritten. Während die Berufsverbände in der Regel eine Probe über den gesamten Querschnitt empfehlen, messen die Parkettleger grundsätzlich in der unteren Estrichhälfte oder im unteren Drittel. Da Estriche in der Regel oben schnell austrocknen, aber unten lange feucht bleiben, ist das Messen in der unteren Hälfte generell zielführend und nicht zu beanstanden. Das Messen ist auch kein Selbstzweck. Man will damit Schäden verhindern. Und dazu muss man die Feuchte dort messen, wo sie im Querschnitt angelagert ist. Nach dem Belegen kann sich die Feuchte im Querschnitt verlagern und sogar unter dem Belag konzentrieren. Aus fachlicher Sicht gibt es daher große Bedenken gegenüber einer Probe aus dem gesamten Querschnitt. Die Gefahr ist groß, dass ein zu niedriger Feuchtegehalt gemessen wird, weil der Estrich vielleicht wirklich nur ganz unten zu feucht ist. Wegen der möglichen späteren Umlagerung kann dann dennoch ein Schaden entstehen. Bisher völlig unbeachtet blieb das Problem sehr dicker Estriche. Bei gleichem prozentualem Feuchtegehalt ist die absolute Feuchtemenge deutlich größer und bei einer Verlagerung nach oben möglicherweise kritischer.

Mit der Neufassung der DIN 18560 beschreibt nun erstmals eine Norm des DIN die Durchführung des CM-Verfahrens. Auch wenn diese Beschreibung keinesfalls eine anerkannte Regel der Technik ist, weil damit jegliche Erfahrungen fehlen, wird sie Beachtung finden. Dennoch bleibt es dem Bodenleger überlassen, mit welchem Verfahren er die Belegreife feststellt. Das Verfahren muss nur geeignet und nachvollziehbar sein. Nachstehend werden die gebräuchlichen Verfahren und deren Eigenheiten beschrieben.

Üblicherweise beurteilt man den Feuchtegehalt von Baustoffen oder Bauteilen in Masse-% oder Volumen-%. Bei Estrichen wird der Feuchtegehalt im Labor in Masse-% bestimmt. Das geschieht durch Trocknen (Darren) bei vom Bindemittel abhängigen Temperaturen. Zementestriche werden bei 105 °C getrocknet, Calciumsulfatestriche bei 40 °C. Man trocknet so lange, bis sich die Masse nicht mehr relevant ändert. Dazu benötigt man einen geeigneten Trockenschrank und eine präzise Waage. Das Ergebnis ist dann der Feuchtegehalt in Masse-% bezogen auf die Trockenmasse. Das Verfahren ist nicht anwendbar, wenn die Estriche mit Additiven hergestellt wurden, die Wasser an sich binden. Trocknet man dann bei 105 °C, erfasst man dieses locker gebundene Wasser, das jedoch keine Schäden verursacht. Die hohe Temperatur hat nur die Wasserbindung an das Additiv geknackt. Man hat zwar die richtige Gesamt-Wassermenge gemessen, aber ohne Aussagewert für die Belegreife, weil es für Darr-Werte keine Korrekturwerte gibt.

Da man dieses Darrverfahren auf der Baustelle kaum anwenden kann, entwickelte man drei Verfahren für die Baustellenprüfung. Das Verfahren mit in den Estrich geschlagenen Elektroden war nicht praxisgerecht und führte kaum zu verwertbaren Ergebnissen. Auch war die Messtiefe völlig unzureichend, denn in der Regel sitzt die kritische Feuchte in der unteren Estrichhälfte. Das Verfahren mit auf dem Estrich liegender Elektrode, meistens eine Kugel-Elektrode, ist bereits etwas praxistauglicher. Das Gerät erzeugt ein kapazitives Hochfrequenzfeld, das sich in Anwesenheit von Feuchte verändert. Das Gerät wird darauf kalibriert und die meisten Geräte zeigen das Ergebnis in Digits an, aktuelle Geräte auch in %. Digits müssen dann noch interpretiert, also in Feuchtegehalte umgerechnet werden. Auch diese Geräte hatten und haben in der Regel eine zu geringe Messtiefe und konnten keinesfalls zu sicheren Beurteilungen führen. Neuere Entwicklungen mit komplexerer Messwerterfassung und deutlich größerer Messtiefe lassen jedoch hoffen, dass dieses Verfahren zerstörungsfreie Prüfungen mit sicherem Ergebnis ermöglicht. Positive Erfahrungen waren bei vergleichenden Untersuchungen mit dem CM-Gerät feststellbar.

Das für den Handwerker gebräuchlichste Prüfverfahren zur Bestimmung der Restfeuchte ist das CM-Verfahren. Eine auszustemmende Probe des Festmörtels wird zügig zerkleinert, gemischt, gewogen und mit einem Reagenz aus Calciumcarbid in einer Stahlflasche vermischt. Es entsteht Acetylen-Gas. Vom Gasdruck, der nach einer definierten Zeit auf einem Manometer abgelesen wird, wird auf den Feuchtegehalt geschlossen. Das Manometer hat Skalen für verschiedene Prüfgutmengen. Man kann das Ergebnis direkt in CM-% ablesen.

Zwischen den CM-Werten und den Darr-Werten besteht der folgende, durch viele Versuche ermittelte Zusammenhang:

Zementestrich noch relativ feucht CM-% + 1,5 bis 2,0 = Masse-%
Zementestrich fast trocken CM-% + 1,0 bis 1,5 = Masse-%

Daraus folgt für die Praxis (Annäherungswerte):

Zementestrich CM-% + 1,5 entspricht etwa Masse-%
Calciumsulfatestrich CM-% = Masse-%

Das CM-Verfahren erfasst vorwiegend freies ungebundenes Wasser (gilt bei einigen Additiven nicht), während im Darr-Verfahren bei Zementestrichen auch locker gebundene Wasseranteile erfasst werden. Das erklärt im Wesentlichen den Unterschied.

DIN 18560 beschreibt die Durchführung des CM-Verfahrens, zusammengefasst, wie folgt. Die Prüfeinrichtung besteht aus der Druckflasche mit Manometer, drei bis vier Stahlkugeln, einer Calciumcarbid-Ampulle, einer Waage (+/− 2 g) genau, einer Uhr, einer Mörserschale und zwei Beuteln aus Polyethylen (PE). Es wird nun eine Durchschnittsprobe aus dem Estrich über den gesamten Querschnitt entnommen, wobei man bei festen und/oder dicken Estrichen ein elektrisches Stemmgerät für sinnvoll hält. Die Probe wird in dem ersten PE-Beutel in der Mörserschale so zerkleinert, dass ein völliges Zerkleinern später in der Stahlflasche möglich ist. Das gesamte Probenmaterial wird nun in den zweiten PE-Beutel umgefüllt, um die Probe zu homogenisieren. Aus diesem Prüfgut wird dann eine vom Bindemittel abhängige Teilprobe abgewogen, nämlich bei CT-Estrichen 50 g und bei CA-/CAF-Estrichen 100 g. Das Prüfgut wird dann vorsichtig zusammen mit den Stahlkugeln in die Stahlflasche eingefüllt. Die Calciumcarbid-Ampulle lässt man in die schräg gehaltene Flasche rutschen. Die Flasche wird verschlossen und kräftig bewegt, damit die Ampulle zerstört wird, das Reagenz sich im Prüfgut verteilt und die Stahlkugeln das Prüfgut weiter zerkleinern können. Das soll über 2 min fortgesetzt werden. 3 min später schüttelt und bewegt man die Flasche erneut für eine Minute. 4 min danach schüttelt man die Flasche erneut für ca. 10 s und liest dann am Manometer das CM-% Ergebnis ab. Danach soll man den Flascheninhalt kontrollieren. Wurde das Prüfgut in der Flasche nicht vollständig zerkleinert, soll das Prüfergebnis verworfen und die Messung wiederholt werden.

Kritikpunkt: Die Probenahme mit gleichen Anteilen aus allen Schichten (Durchschnittsprobe), wie es DIN 18560 fordert, ist in der Praxis nicht sicher möglich. Es wird bei jeder Probe generell verschiedene Anteile der verschieden feuchten Estrichzonen im Prüfgut geben. Man kann mit Stemmen von Hand, aber auch maschinell unterstützt, niemals gleiche Anteile erzeugen. Es nützt nichts, wenn das im Labor eines Institutes gelingt. Es muss vor Ort bei allen Konstruktionen auf Dämmschicht, Trennschicht, Abdichtungen und im Verbund ebenso umgesetzt werden können. Man wird immer etwas schräg stemmen. Es werden immer Teile ausbrechen. Es wird also stets die Frage bleiben: Habe ich im Prüfgut zu viel feuchte Anteile oder zu viel trockene. Ob diese Abweichungen von einer Durchschnittsprobe relevant sind, ist nicht die Frage. Es ist die nicht sicher umsetzbare Forderung einer Norm, die zu kritisieren ist.

Die Beschreibung steht auch in einer Norm für Estriche auf Trennschicht. Ein Teil der Trennschicht darf eine Bauwerksabdichtung sein. Auf dieser wird nun fröhlich gestemmt, um die Probe zu entnehmen. Der Meißel, egal ob von Hand oder maschinell geführt, zerstört natürlich die obere Trennschicht und die Abdichtungsbahn darunter, die nach derselben Norm ja auch nur dünn sein darf. Kann man dem zur Messung Verpflichteten wirklich dieses Risiko aufbürden. Es wird dringend zu Bedenken geraten. Das Risiko, ein fremdes und dazu wichtiges Werk zu zerstören, ist groß. Das gilt auch für Estriche auf Dämmschicht. Rohre und Kabel in der Ausgleichschicht sind vielleicht mit der Trittschalldämmschicht abgedeckt worden. Aber der Meißel durchdringt diese dünne Trittschall-Dämmschicht leicht. Löcher in Kabeln und Rohren bleiben zunächst vielleicht unentdeckt, aber irgendwann fällt der Schaden auf.

Es mag sein, dass die Grenzwerte der Restfeuchte auf Gesamtquerschnittsproben abgestimmt sind. Aber man kann nicht ernsthaft Grenzwerte auf ein risikobehaftetes und nicht bei allen Konstruktionen durchführbares Verfahren zur Entnahme der Proben stützen. Dann wäre es besser, die Grenzwerte wieder etwas anzuheben und das Prüfgut dort zu nehmen, wo die Feuchte anzutreffen ist.

Die Durchschnittsprobe über den gesamten Querschnitt erfordert ein Ausstemmen bis Unterkante Estrich. Dabei können sehr leicht Schäden an anderen Bauteilen entstehen. Eine derartig risikobehaftete Prüfanweisung darf nicht in einer Norm stehen. Bodenleger sollten Bedenken vorbringen und bei der bisherigen Methodik bleiben.

Darüber hinaus enthält die Beschreibung der Norm sehr unbestimmte Formulierungen zur Prüfgutzerkleinerung, Homogenisierung und Nachkontrolle. Wann ist das Prüfgut so weit zerkleinert, dass es in der Stahlflasche völlig zerkleinert werden kann? Was bedeutet „völlig zerkleinert"? Genügt wirklich ein einmaliges Umfüllen in einen anderen Beutel zur Homogenisierung? Da das Prüfgut im ersten Beutel zerkleinert wird, stellt sich die Frage, ob der Beutel dabei unversehrt bleibt, weil ja nur dann die Gesamtprobe umgefüllt werden kann. Muss der Beutel vielleicht eine hohe Foliendicke haben? Wird der erste Beutel bei der Zerkleinerung zerstört, darf dann auch das außerhalb des Beutels liegende Prüfgut in den zweiten Beutel gefüllt werden? Oder ist dann das Prüfgut insgesamt zu verwerfen? Diese Fragen können Relevanz haben, in den meisten Fällen vermutlich nicht. Aber bei Schäden geht es immer um Ursachen, die gewöhnlich nicht auftreten, aber in Einzelfällen doch. Was ist, wenn im Vertrag eine CM-Messung nach DIN 18560 vereinbart wurde und ein auf Feuchte beruhender Schaden eintritt. Ein Sachverständiger lässt sich dann die Messdurchführung beschreiben. Mit wenigen Fragen könnte er die Überzeugung haben, dass keinesfalls nach Norm gemessen wurde. In jedem Fall würden Zweifel an der Zuverlässigkeit der Messergebnisse aufkommen. Daher ist es noch wichtiger nur in Gegenwart der Bauleitung zu messen und die Messungen zu protokollieren. Anhang A der Norm enthält einen derartigen Vordruck. Unterschreibt man dieses Protokoll, bestätigt man allerdings zugleich, dass nach DIN 18560 gemessen wurde, obwohl man es zumindest nicht vollumfänglich getan hat. In diese Falle sollte man nicht gehen.

Es macht einen Unterschied, ob ein Hersteller von CM-Geräten eine Prüfanweisung beilegt, oder ein Normenausschuss diese veröffentlicht. Wenn letzterer das macht, muss es eine sicher umsetzbare, bei allen Konstruktionen einsetzbare und primär zielführende (schadenverhindernde) Methode sein. Dieses Ziel wurde verfehlt. Die Norm hätte durchaus auf das CM-Verfahren als die gebräuchlichste Messart hinweisen können. Die sehr genaue Beschreibung des Verfahrens könnte jedoch bei weniger kundigen Sachverständigen und Bauschaffenden, aber auch bei Juristen, den Eindruck entstehen lassen, dass Messergebnisse nur dann zuverlässig seien, wenn genau nach Norm vorgegangen würde. Und das wäre ein falscher Eindruck. Dazu ist die Beschreibung teils zu unbestimmt und Fehler bei der Durchführung können unbemerkt bleiben. Man sollte dem zur Prüfung Verpflichteten überlassen, wie er je nach Konstruktion des Estrichs die Belegreife feststellt. Man darf allerdings fordern, dass die Vorgehensweise genau protokolliert wird.

Man hätte nur fordern müssen, dass das ausgestemmte Prüfgut der oberen Querschnittshälfte verworfen und nur Prüfgut aus der unteren Estrichhälfte verwendet wird. Dann kann man sehr vorsichtig nach unten stemmen, weil man nicht mehr auf eine korrekte Durchschnittsprobe achten muss. Die Homogenisierung gelingt auch in der Mörserschale und der fragwürdige Einsatz von PE-Beuteln könnte unterbleiben. Das Verfahren wird dadurch einfacher, aber nicht weniger zielführend. Wenn man wirklich glaubt, dass die Grenzfeuchtegehalte dann nach oben korrigiert werden müssen, soll man es tun. Es ist jedoch zu empfehlen die Grenzwerte zur weiteren Sicherheit so zu belassen. Denn wir messen nur zur Sicherheit, um Schäden zu vermeiden. Für Estrichnenndicken ab ca. 60 mm sollte man die Grenzwerte sogar noch etwas absenken.

Im März 2012 gab die TKB (Technische Kommission Bauklebstoffe im Industrieverband Klebstoffe e. V.) den **TKB-Bericht 1, Belegereife und Feuchte,** Versuche zur Trocknung von Estrichen, heraus. Der Bericht wurde in Zusammenarbeit mit dem Institut für Bau- und Werkstoffchemie der Universität Siegen erstellt. Es gibt Zweifel an dem Praxisbezug dieser Veröffentlichung. Die TKB hat jedoch im Bereich der Bodenbeläge sehr gute Merkblätter erstellt und findet in Fachkreisen Beachtung. Der TKB-Bericht 1 ist schwer lesbar und etwas wissenschaftlich überfrachtet. Praktiker werden dazu neigen, gleich die Ziffer 4.4 Zusammenfassung zu lesen und dann bei zwei Aussagen zu erschrecken:

> Alle untersuchten Proben hatten CM-Werte unterhalb von 2,2 %, in der Regel sogar unmittelbar am Anfang des Versuches unter 2 %. Mit dem bekannten Grenzwert von 2 CM-% für die Belegereife wären damit auch nasse Estriche als trocken bewertet worden.

> Eine Beurteilung des Feuchtezustands dieser Proben ist zwar mit der CM-Methode möglich, man muss aber die Grenzwerte den einzelnen Rezepturen anpassen, so wie dies auch W. Schnell in einer ähnlichen Situation bereits 1985 vorgeschlagen hat.

Der Bericht hält die korrespondierende relative Luftfeuchte für den besseren Indikator, aber dafür fehlt ein für die Praxis geeignetes Messverfahren. Vielleicht nimmt man die Stahlflasche des CM-Gerätes, verzichtet auf das Calciumcarbid und die Kugeln, und ersetzt das Manometer durch ein Hygrometer mit Fühler. Man muss dann sanft schütteln und warten bis sich ein stabiler rH-Wert einstellt. Dann könnten die vielen CM-Geräte umgebaut und so weiter Verwendung finden.

Liest man die beiden Zitate aus dem TKB-Bericht 1, kommt man zwingend zu dem Ergebnis, dass das CM-Verfahren bei Zementestrichen ungeeignet ist. Alternativ müsste man die Bestimmung des Grenzwertes für jede Zementestrich-Rezeptur als Teil der normativ geforderten Erstprüfung zwingend einführen und dem Hersteller der Estriche das Feststellen der Belegreife übertragen. Überspitzt interpretiert: Das Messen mit dem CM-Gerät dient nur dem psychischen Wohlbefinden, aber die überwiegende Schadensfreiheit beruht wohl nicht darauf, dass wir einen bestimmten CM-Wert abgewartet haben, sondern dass Zementestriche fast immer nach einer gewissen Zeit belegreif sind, sofern die Verteilung der Feuchte im Querschnitt gleich ist und bleibt. Schadensfreiheit also als Standard auch ohne Messen und Feuchteschäden als Seltenheit, z. B. bei einer Feuchteverlagerung nach oben? Müssen wir also noch messen? Ja, weil alle Erfahrungen dafür sprechen und weil Feuchte eben nicht gleichmäßig im Querschnitt verteilt bleibt. Es ist jedoch notwendig, dass wir Methoden entwickeln und anwenden, die uns nicht wissenschaftlich korrekte Ergebnisse als Selbstzweck liefern, sondern Ergebnisse, die Schäden verhindern.

Die technische Entwicklung schreitet voran. Letzte Vergleichsmessungen auf einer Baustelle scheinen in der Tendenz die Tauglichkeit bestimmter elektrischer Messgeräte zu bestätigen. Die ablehnende Haltung von Berufsverbänden ist oft nicht nachvollziehbar und hat eher Ähnlichkeit mit einem Dogma. Das CM-Verfahren benötigt geschultes Fachpersonal, ist aber dennoch nicht fehlertolerant und, gemäß TKB-Bericht, möglicherweise ohne Aussagekraft bei Zementestrichen. Gut möglich, dass sich andere Messverfahren durchsetzen und das CM-Gerät weitgehend ersetzen werden. Dabei ist es zunächst nicht von Bedeutung, ob der Indikator ein kapazitives Hochfrequenzfeld oder die korrespondierende relative Luftfeuchte ist.

Da bestimmte Additive fast Standard geworden sind, ist das Darr-Verfahren dagegen kaum noch anwendbar. Dazu müssten die Additiv-Hersteller Korrekturwerte und Trocknungstemperaturen benennen. Und auch dann würden Sachverständige nur bei korrekter Dosierung des Additivs, was vom Sachverständigen jedoch nicht überprüfbar wäre, korrekte Ergebnisse erhalten. Sachverständige können Feuchtegehalte daher nur noch selten bestimmen oder sie müssen unter Anwendung des CM-Verfahrens auf die Bandbreite möglicher Fehler und Fragwürdigkeiten hinweisen.

Das Messen selbst, ist von dem bauleitenden Architekten zu veranlassen, persönlich zu beaufsichtigen und zu protokollieren. Es handelt sich um einen wichtigen Teil der Bauüberwachung. Dieses Protokoll ist auch bei der Schadenanalyse sehr hilfreich. Der Sachverständige muss nur prüfen, ob das Protokollierte auch nachvollziehbar, also plausibel ist. Oft bekommt man, ähnlich wie bei Aufheizprotokollen, Messprotokolle, die nachweislich erst am Tag der Anforderung erstellt wurden. Werte sind nur in Notizform festgehalten und man bekommt eine lesbare Reinschrift übergeben. Derartigen Protokollen ist nicht zu trauen bzw. ist dem Gericht eine Beurteilung dazu überlassen. Aber ebenso gibt es Zweifel, wenn ein im Sommer verlegter Zementestrich auf Dämmschicht mit einer Dicke von 60 mm bereits nach 3 Wochen als belegreif eingestuft wird. Dann wurde entweder nicht oder zu weit oben im Querschnitt gemessen. Bei dieser wichtigen Prüfung muss der Objektüberwacher oder Bauleiter persönlich zugegen sein. Er muss sich mit dem Messverfahren befasst haben und das Ergebnis protokollieren.

Die erste Messung ist als Nebenleistung vom Auftragnehmer zu erbringen. Ist der Estrich jedoch nicht belegreif, werden alle weiteren Messungen zu vergüten sein. Denn nur Bauherr und Bauleitung tragen dafür Sorge, dass der Estrich zum gewünschten Zeitpunkt belegreif ist. Ohne zusätzliche und rechtzeitige Trocknungsmaßnahmen kann nicht erwartet werden, dass ein Estrich seine Belegreife zu einem bestimmten Zeitpunkt sicher erreicht. Estrichbetriebe sollten sehr vorsichtig mit Zusagen zum Zeitpunkt der Belegreife sein. Sie können zum Zeitpunkt der Vertragsunterzeichnung überhaupt nicht absehen, unter welchen Bedingungen ihr Estrich austrocknen muss. Der Streit ist dann vorprogrammiert. Weicht ein Estrichbetrieb bei der Herstellung jedoch weit von den Herstellervorgaben ab und verschuldet er dadurch die verzögerte Austrocknung, so wird er dafür haften müssen.

Beispiel

Es wurde ein Schnellzement-Estrich hergestellt. Die Gesteinskörnung sollte nach Herstellervorgaben zwingend in einem Bereich zwischen den Sieblinien A 8 und B 8 nach DIN 1045 liegen. Die Untersuchung des Festmörtels ergab, dass eine Gesteinskörnung 0–4 mm mit etwas Überkorn bis 8 mm verwendet wurde. Um mit dieser Gesteinskörnung einen verarbeitungsfähigen Mörtel herstellen zu können, muss sehr viel Wasser zugegeben werden. Dass bedeutet, dass auch die Bindemittelzugabe deutlich erhöht werden musste, was hier jedoch nicht geschah. Das Bindemittel konnte also das Überschusswasser nicht binden, weshalb aus dem Schnellzement-Estrich ein normaler Estrich mit normaler Austrocknungszeit entstand. Bemerkenswert war, dass dennoch eine sehr hohe Biegezugfestigkeit erreicht wurde. Das spricht für die Qualität von Schnellzementen.

Es gibt Estriche mit Additiven, die zusätzlich Wasser an sich binden. Dieses Wasser wird auch von CM-Geräten erfasst. Der Additiv-Hersteller nennt dann Korrekturwerte, teils auch in Abhängigkeit vom Estrichalter, die vom CM-Messwert abzuziehen sind. Andere Hersteller setzen einfach den Grenzfeuchtegehalt um diesen Korrekturwert nach oben. Die bodenlegenden Gewerke können bei einem späteren flächigen Feuchteschaden in Beweisnot geraten. Der Korrekturwert bzw. der erhöhte Grenzwert gilt nämlich nur, wenn der Estrichleger den Estrich genau nach den Vorgaben des Additiv-Herstellers zusammengesetzt und das Additiv genau nach Vorgaben dosiert hat. Vergisst der Estrichleger das Additiv, nimmt er versehentlich einen anderen Zusatz oder dosiert er viel zu niedrig, wird das zunächst niemand bemerken. Zieht ein Bodenleger dann vom Messwert z. B. 1 % ab, kann es sein, dass der Estrich noch viel zu feucht und damit nicht belegreif ist. Ein Sachverständiger wird das kaum zuverlässig klären können, weil das eingeschaltete Labor keine Angaben bekommt, wonach es im Estrich suchen soll. Das

Labor des Additiv-Herstellers könnte helfen, aber kann man den Aussagen vertrauen? Die bodenlegenden Gewerke müssen daher bei Einsatz dieser Additive Bedenken vorbringen und die Belegreife allenfalls unter Vorbehalt feststellen. Das muss rechtlich abgesichert formuliert werden. Ersatzweise bieten die Additiv-Hersteller das Messen an und bestätigen die Belegreife. Nur ist das Messen in der Regel eine vertragliche Pflicht der bodenlegenden Gewerke. Der Additiv-Hersteller ist kein Vertragspartner. Auftraggeberseitig muss man daher die Bodenleger bei diesen Estrichen von der vertraglichen Prüfungspflicht der Belegreife befreien und die Verantwortung dem Estrichbetrieb übertragen. Nicht selten werden die Bodenbelagarbeiten in Bürogebäuden später vom Mieter oder für den Mieter ausgeführt. Der Bodenleger sollte dann genaue Angaben zum Estrich fordern, nach möglichen Additiven fragen und bei verwendeten Additiven, die Messwert-Korrekturen erfordern, Bedenken vorbringen.

Sehr wichtig
Estriche müssen in möglichst gleichmäßiger Dicke verlegt werden. Nur dann sind sie normenkonform. Werden hiervon abweichend Sonderkonstruktionen ausgeführt, wie z. B. die Ausbildung eines Gefälles mit dem Estrich, oder führen Toleranzen des Untergrundes zu teilflächigen deutlichen Erhöhungen der Estrichdicke, so muss die Bauleitung erstens hiervon Kenntnis haben und zweitens den Bodenleger hiervon in Kenntnis setzen, weil die Estrichdicke die Austrocknungszeit verlängert. Würde der Bodenleger jetzt in Bereichen mit normaler Dicke messen und die Belegreife feststellen, würde es in Bereichen mit höherer Estrichdicke lokale Schäden durch die dort höhere Restfeuchte geben. Die Bauleitung, nicht der Estrichbetrieb, der ja zu diesem Zeitpunkt nicht mehr vor Ort ist, muss dem Bodenleger genau die Bereiche mit hoher Estrichdicke bezeichnen. Dort sind die Messungen zur Feststellung der Belegreife auszuführen.

Gussasphaltestriche AS sind in der Regel nach dem Erkalten, ca. 8 h nach Einbau, belegbar. Fertigteilestriche sind nach vollständigem Erhärten der verbindenden Verleimung bzw. Verklebung belegreif. Alle Estriche, die unter Zusatz von Wasser hergestellt wurden, dürfen erst dann belegt werden, wenn das schadensrelevante Überschusswasser, das nicht gebunden wird, auf einen Wert ausgetrocknet ist, der auch bei einer späteren weiteren Austrocknung im Nutzungsklima keine Schäden herbeiführt. Bei speziellen Bindemitteln und Zusätzen sind die Angaben des Herstellers zur Belegreife und zum Messverfahren genau zu beachten.

Bei Heizestrichen ist ein deutlich geringerer Anteil an Restfeuchte zulässig, da sich sonst durch die Beheizung später eine schädliche Feuchtemenge durch Umverteilung unter dem Belag konzentrieren würde (Tab. 12.1).

Die Belegreife darf aber nicht allein auf die Restfeuchte reduziert werden. So ist bei Zementestrichen auch das Schwinden von Bedeutung. Bei einem konventionellen unbeheizten Zementestrich darf ab einem Restfeuchtegehalt von 2 CM-% belegt werden. Man weiß, dass dann ca. 70 % des Endschwindmaßes erreicht sind. Das Restschwinden ist dann nicht mehr kritisch. Es gibt jedoch Hinweise darauf, dass einige Estriche mit speziellen Bindemitteln, Compounds oder Zusatzmitteln trotz Erreichen der unkritischen Restfeuchte, noch kein unkritisches Schwindmaß erreicht haben.

Tab. 12.1 Derzeitige Grenzfeuchtegehalte bei Verlegebeginn (Belegreife)

Estrichart	Estrich unbeheizt (CM-%)	Heizestrich (CM-%)
Zementestrich	2	1,8
Calciumsulfatestrich	0,5	0,3
Zementestrich unter Fliesen, Naturwerkstein und Platten	2	2, Empfehlung: 1,8

Beispiel

Der Hersteller einer die Austrocknung beschleunigenden Komponente sicherte zu, dass der Zementestrich auf Trennschicht in ca. 50 mm Dicke 10 Tage nach Herstellung belegreif sei. Der Hersteller selbst prüfte die Restfeuchte mit dem CM-Gerät und gab den Estrich zur Belegung frei. Der Bodenleger legte alle Scheinfugen fest, grundierte und spachtelte. Ca. 3 Tage nach dem Spachteln zeigte sich eine Rissbildung innerhalb der Estrichfelder und einige der festgelegten Scheinfugen rissen erneut auf. Ganz offensichtlich war der Estrich zwar hinreichend trocken, aber wegen des relevanten Restschwindens dennoch nicht belegreif. Hier wurde Überschusswasser auf eine spezielle Weise gebunden. Das CM-Gerät erfasste diese zusätzlich gebundene Feuchtigkeit, weshalb gemäß Messanweisung des Herstellers 1 % vom Messwert abzuziehen war. Schwinden beruht jedoch auf der Volumenverringerung des Zementsteins. Nur bei Zementestrichen mit Wasserbindung allein durch den Zement korrelieren Feuchtegehalt und Schwinden so, dass unsere Erfahrungssätze stimmen. Erfordern Zusätze eine exotische Messung unter Abzug von Konstanten, empfiehlt es sich den Bodenlegern Bedenken vorzubringen. Sie können dann nicht mehr sicher die Belegreife (Feuchte und Schwindverhalten) beurteilen.

Das Schwinden ist auch bei Beschichtungen zu beachten. So ist es technisch kein Problem, Zementestriche schon bei einer Restfeuchte von 2,5 CM-% (ca. 4 Masse-%) zu beschichten, wenn die Haftzone trocken ist. Die erhöhte Feuchte wird keine Ablösung der Beschichtung bewirken, aber das weitere Schwinden des Estrichs kann zeitlich verzögert zu einem Aufreißen festgelegter Scheinfugen und zu Rissen in der Fläche führen.

Ganz extreme Wirkungen zeigen sich bei Fliesen und Platten, wenn ein relevantes Schwinden nach Belegung eintritt. Da das kritische Schwinden nur unten erfolgt, weil die starren Fliesen und Platten oben das Schwinden behindern, entstehen Verwölbungen. Die Raumecken werden nach unten gezogen, Fugendichtstoffe reißen auf, die Flächenmitte wölbt sich konvex nach oben und das Gewölbe bricht häufig nach Monaten oder Jahren mit Rissbildung ein. Obwohl Fliesenleger gemäß DIN 18352 schon immer verpflichtet waren, den Untergrund hinsichtlich einer zu hohen Feuchte zu prüfen, haben sie mehrheitlich erst nach Erscheinen eines Merkblattes mit konkreten Messvorschriften im September 1995 begonnen, diese kritische Restfeuchte messtechnisch zu bestimmen. Seither sind die typischen Schadensbilder (Randabsenkungen, Abrisse des Fugendichtsstoffes, Verwölbungen) langsam, aber merklich zurückgegangen. In diesem

Zusammenhang ist es sehr kritisch, dass die Industrie Dünnbettmörtel anbietet, die das Verlegen von Fliesen und Platten bereits 3 Tage nach Estrichverlegung auf Zementestrichen erlaubt. Tatsächlich haben wir zu diesem Zeitpunkt keinen ausgeprägten Feuchtegradienten (oben trocken, unten feucht) und Verwölbungen dürften ausbleiben. Das Schwinden wird zeitlich gestreckt verlaufen. Spannungen bauen sich langsam auf und werden günstigstenfalls im Gefüge und Dünnbettmörtel durch Verformung teils abgebaut. Dennoch besteht die Gefahr, dass sich Monate und Jahre später Risse einstellen. Kommt es gar zu einer zeitlichen Verzögerung der Belegung mit Fliesen um ein paar Tage, was auf Baustellen nicht selten sein soll, so haben wir im Estrich wieder einen ausgeprägten Feuchtegradienten mit der Folge der beschriebenen Verwölbungen. Dieses frühe Verlegen ist keine anerkannte Regel der Technik, weil keine Langzeiterfahrungen vorliegen und daher nicht von einem bewährten Verfahren gesprochen werden kann (Abb. 12.2 und 12.3).

Auch der Verwölbungsneigung von Zement-Fließestrichen soll durch ein frühzeitiges Einschließen der Restfeuchte mittels einer Epoxidharzbeschichtung entgegengewirkt werden. Das Absperren der Restfeuchte soll dann auch ein frühes Belegen ermöglichen. Aber auch hier stellt sich die Frage, ob der langsame, aber unvermeidbare Spannungsaufbau nicht zu zeitlich verschobenen Schäden bei Verlegung auf Dämm- und Trennschicht führt. Die Flächengröße sollte zumindest so begrenzt werden, dass keine Scheinfugen innerhalb einer zu belegenden Fläche liegen.

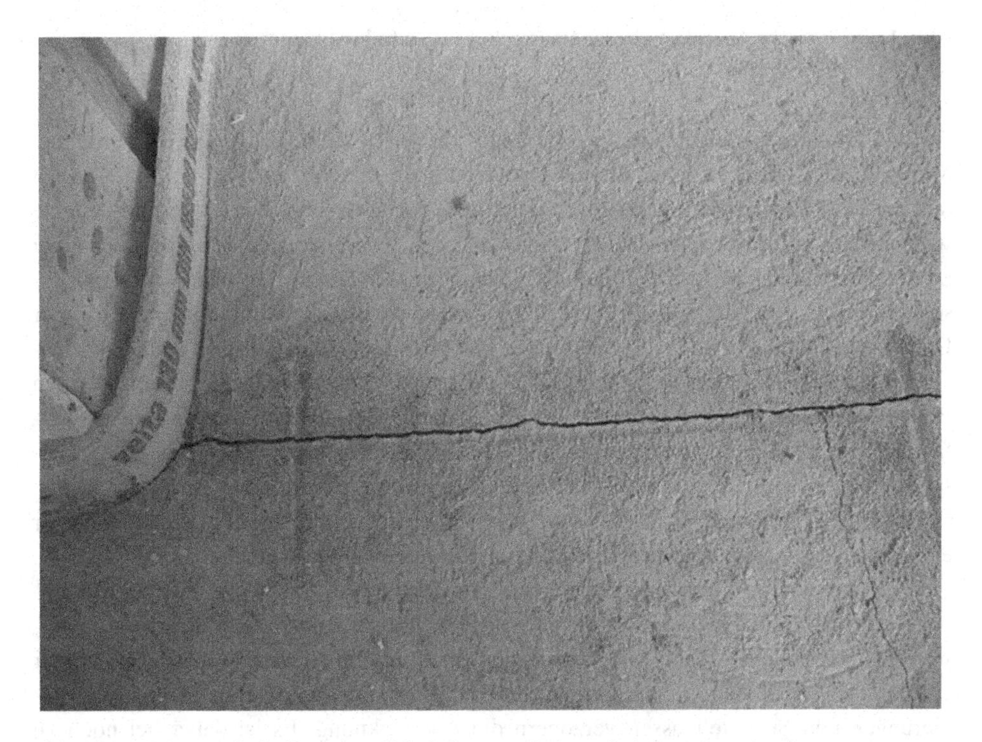

Abb. 12.2 Erneutes Aufreißen einer Scheinfuge, weil sie zu früh festgelegt wurde

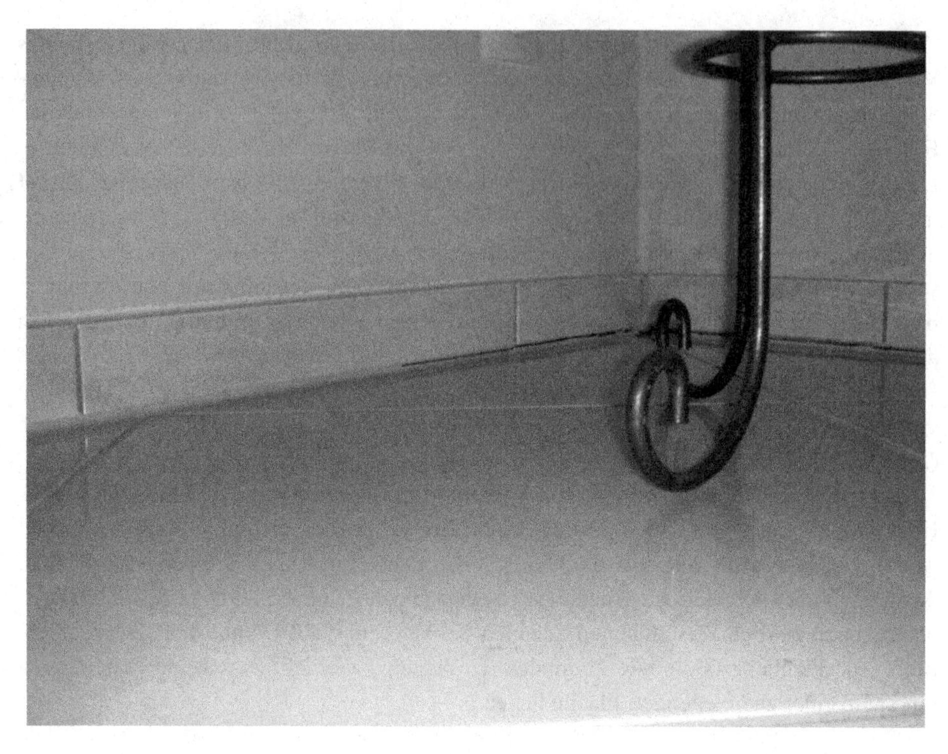

Abb. 12.3 Typische Absenkung in den Raumecken bei zu früher Fliesenverlegung

Eine ähnliche Strategie verfolgt die Industrie zur frühen Belegung von Estrichen. Man wartet nicht die üblichen Grenzwerte der Restfeuchte ab, sondern nur einen selbst definierten Grenzwert, der je nach Anbieter um 2,5 CM-% liegt. Die Überschussfeuchte wird mittels einer Kunstharzschicht eingeschlossen. Diese Sonderbauweise kann nicht zu den anerkannten Regeln der Technik gezählt werden. Auch hier muss an das Nachschwinden des Estrichs gedacht werden. In Zeiten, wo jeder Schimmelpilzbefall in der Dämmschicht als Gesundheitsgefahr angesehen wird, sollten Estriche zudem so trocken wie möglich vor der Belegung sein. Auch wenn selten eine Gefahr besteht, wurden Bodenleger allein durch die Kosten der Untersuchungen, des Gutachtens und der Verfahrenskosten in eine existenzbedrohende Lage gebracht. Auftraggeber müssen bei dieser Vorgehensweise zuvor über Risiken und Gefahren aufgeklärt werden.

Bei Heizestrichen der Bauart A sind Messstellen zu markieren, die dem Bodenleger ein gefahrloses Aufstemmen des Estrichs zur Prüfgutentnahme ermöglichen.

Es macht keinen Sinn, nach Erreichen der Belegreife, die Verlegung der Bodenbeläge zu verzögern. Estriche könnten erneut Feuchte aufnehmen oder durch Fremdeinwirkung mit Feuchte beaufschlagt werden. Daher sollten relevante Messungen immer erst kurz vor Beginn der Untergrundvorbereitungsarbeiten durchgeführt werden. Grundierungen und Spachtelmassen verzögern die Austrocknung. Es ist daher bei noch zu feuchten Estrichen unzulässig, das Festlegen und Verfüllen von Scheinfugen und/oder Rissen vorzuziehen, um Zeit zu gewinnen. Erst nach dem Erreichen der Belegreife dürfen Scheinfugen geschlossen, Risse saniert, Flächen grundiert, gespachtelt und belegt werden.

Ob Estriche vor dem Grundieren angeschliffen werden müssen, wurde lange diskutiert. Bei Zementestrichen war das nicht üblich. Dennoch sind auf Baustellen stets sehr verschmutzte Flächen (Farbe, Gipsputz u. v. m.) vorhanden, die mechanisch gereinigt werden müssen. Daher empfiehlt es sich immer, auch Zementestriche generell zwecks Reinigung anzuschleifen. Das gilt auch für Calciumsulfatestriche als CA und CAF, selbst wenn der Hersteller die Notwendigkeit des Anschleifens verneint. Anschleifen ist eine besonders auszuschreibende und zu vergütende Leistung. Es darf nicht mit Abschleifen verwechselt werden. Das Abschleifen weicher labiler Zonen ist stets eine Mängelbeseitigungsmaßnahme.

Alle Hilfsstoffe, wie Grundierungen, Spachtelmassen usw. sind auf den jeweiligen Untergrund abzustimmen. Es sind Hightech-Produkte, weshalb sie genau nach den Vorgaben der Hersteller anzuwenden sind. Alle den Autoren bekannten Hersteller bieten eine anwendungstechnische Beratung vor Ort an (Abb. 12.4).

Abb. 12.4 Typische Verschmutzungen, die mechanisch entfernt werden müssen

12.3 Ausgleichen und Spachteln

Spachtel- und Ausgleichsmassen sind Estriche im Sinne der DIN EN 13318. Die Oberfläche von Estrichen ist nicht immer geeignet, einen beliebigen Bodenbelag aufzunehmen. Unter elastischen und textilen Bodenbelägen ist in der Regel ein Spachteln erforderlich, während Holzbeläge und Fliesen häufig direkt auf dem (grundierten) Estrich verlegt werden können. Zunächst wird grundsätzlich beschreiben, wozu Spachtel- und Ausgleichsmassen dienen.

Bei elastischen und textilen Belägen muss die Stuhlrollenfestigkeit mit der Spachtelmasse hergestellt werden. Hierzu ist in der Regel eine Mindestdicke von 1 bis 2 mm erforderlich. Estriche haben eine zu geringe Oberflächenfestigkeit. Die Rollen mit der hohen Pressung würden die Oberfläche zermahlen. Bei CAF-Estrichen kann man u. U. auf eine Spachtelmasse verzichten, weil die Oberfläche der einer Spachtelmasse ähnlich ist. Fertigteilestriche sind in der Regel zu spachteln.

Spachtel- und Ausgleichsmassen dienen auch zur Herstellung der notwendigen Ebenheit und Neigung. Zwar gelten für Estrich und Bodenbelag die gleichen Grenzwerte der DIN 18202 für Ebenheitsabweichungen und Winkeltoleranzen, jedoch wurde bereits betont, dass die Erwartungshaltung an die Optik bei Bodenbelägen zweckentsprechend hoch ist. Gerade in elastischen Bodenbelägen zeichnen sich noch so geringe Strukturen des Untergrundes in der Oberfläche ab, weshalb der Verzicht auf eine Spachtelmasse bereits aus diesem Grund zu einem Mangel führen könnte. Man sollte aber unter elastischen Belägen ausschließlich selbstverlaufende Massen einsetzen, die im Rakelverfahren aufgebracht werden. Dann reduziert sich die Gefahr im Schräglicht sichtbarer Strukturen (Kellenschläge), die bei konventionell aufgespachtelten Massen immer wieder Streitgegenstand sind. Untergründe unter verklebten Holzdielen oder anderen Holzfußböden mit großen und/oder oberflächenfertigen Elementen, sollten ausnahmslos gespachtelt werden. Nur dann ist eine weitgehend hohlraumfreie Verklebung und eine hinreichende Benetzung der Elemente mit Klebstoff zu erreichen. Holzelemente ohne eine hinreichende Verklebung tendieren bei Feuchteänderungen schneller zu Verwölbungen.

Beispiel

In einem Ferienhaus, das nur vom Besitzer zeitweilig genutzt wird, wurden Holzdielen unmittelbar auf dem Estrich mit einem Elastik-Klebstoff verklebt. Bei Abreise im Spätherbst reduzierte der Nutzer die Heizung so, dass die Raumtemperaturen bei ca. 10 bis 15 °C lagen. Das führte zu einem Anstieg der relativen Luftfeuchte. Bei seinem nächsten Eintreffen bemerkte der Nutzer in allen Räumen ein deutliches konvexes Aufwölben von Dielen. Die Untersuchung zeigte, dass sich die Dielen nur dort verwölbt hatten, wo nie eine Verklebung erfolgt war. Die Unebenheiten im Estrich hatten bewirkt, dass große Anteile der Dielen nicht mit Klebstoff benetzt worden waren. Hier liegt erstens eine Nutzung außerhalb der empfohlenen relativen Luftfeuchte vor, die der Nutzer selbst durch die langanhaltende Temperaturabsenkung ausgelöst hat. Zugleich war die Verlegung der Dielen mangelhaft.

Bei Verklebung oder unverklebter Verlegung auf einer Unterlage gilt bei großformatigen Elementen aus Holz oder bei Fertigparkett oder bei Schichtstoffelementen (Laminat): In der Regel spachteln oder ausgleichen um eine weitgehend vollflächige Klebstoffbenetzung zu erzielen und/oder Bewegungen der Elemente unter Last zu verringern.

Fliesenleger haben gelegentlich Gründe, einen Ausgleich der Estrichoberfläche vom Auftraggeber zu verlangen, sofern der Planer das nicht von vornherein vorgesehen hat. Große Fliesenformate benötigen in der Regel eine Ebenheit des Untergrundes über die Grenzwerte der DIN 18202 hinaus. Die normativen Grenzwerte können mit dem Dünnbettmörtel nicht mehr aufgefangen werden. Die Folgen wären Höhenunterschiede zwischen den Fliesen (Überzähne). Das kann mit einer Spachtel- bzw. Ausgleichsmasse weitgehend verhindert werden.

Wandfliesen werden wegen der Erwartungshaltung an die Optik waagerecht verlegt. Estriche dürfen jedoch in den Grenzen der DIN 18202 Tab. 2 geneigt sein, ebenso die Bodenfliesen. Stoßen jetzt waagerecht verlegte Wandfliesen auf geneigt verlegte Bodenfliesen, wäre möglicherweise eine normenkonforme Leistung entstanden. Es entsteht zugleich jedoch ein sich verbreiternder Abstand zwischen Wand- und Bodenfliese, der optisch sehr auffällig ist. Das wäre ein Sachmangel im Sinne des BGH selbst dann, wenn nur die Einhaltung der Grenzwerte der DIN 18202 vertraglich vereinbart worden sind. Denn nach dem BGH überlagern Zweck und Funktion diese Vereinbarungen. Die Optik gehört zum Zweck und zur Funktion. Der Planer hätte einen Ausgleich als Passelement im Sinne der DIN 18202 planen müssen, also einen Ausgleich der Neigung. Die Toleranzen der Einzelgewerke müssen bei der Planung berücksichtigt werden, besonders wenn eine hohe Genauigkeit aus optischen Gründen (hier Wandbereich) mit einer normalen Leistung (hier Fußboden) abgestimmt werden muss. Ähnlich sieht es bei dem Zusammentreffen von Bodenbelägen und Sockelleisten aus.

Gussasphaltestriche (AS) haben häufig eine Ebenheit im Grenzbereich und negativ darunter. Hier ist zu beachten, dass sich ein AS-Estrich zwar verformen kann, wenn Kräfte langsam zeitlich gestreckt einwirken, aber nicht, wenn diese sich schnell über einen kurzen Zeitraum aufbauen. Genau das geschieht jedoch bei zementgebundenen Spachtelmassen, auch bei denen, die als spannungsarm bezeichnet werden. Meine Erfahrungen aus sehr vielen Schadensfällen führen zu der dringenden Warnung, die Dicke von zementgebundenen Spachtelmassen an keiner Stelle, also auch kleinflächig lokal, nicht über 2,5 mm Dicke auszuführen. Ab dieser Dicke habe ich Rissbildungen der Spachtelmasse mit Anrissen der oberen Estrichzone festgestellt. Ab ca. 3 mm Schichtdicke entstanden bereits Trennrisse im Estrich und zwar in einer sehr hohen Zahl in geringem Abstand. Benötigt man hohe Schichtdicken, sollte nur auf Basis Calciumsulfat gespachtelt bzw. ausgeglichen werden. Der Referent einer Sachverständigentagung des BEB im Jahr 2008 in Schweinfurt sah die kritische Grenze erst ab ca. 5 mm. Das widerspricht langjährigen Erfahrungen und es wird davor gewarnt, eine derartige Aussage ernst zu nehmen. Es gibt auch Schäden, die darauf hindeuten, dass Mittelbettmörtel unter Fliesen und Platten Spannungen aufbauen, die Trennrisse in einem Gussasphaltestrich erzeugen. Ohne eine eingehende Einbeziehung des Mörtelherstellers ist von dieser Verlegeart abzuraten.

Fertigteilestriche auf Basis Gipsfaser und Gipskarton verwölben sich je nach Schichtdicke der Spachtelmasse aus einem ähnlichen Grund konkav (Schüsselung), wenn diese zementär in zu hoher Dicke gespachtelt werden. Die Ecken des Estrichs wölben sich auf. Ursache ist das Schwindverhalten der Spachtel- bzw. Ausgleichsmasse. Aus diesem Grund sollten auch bei diesen Estrichen vorzugsweise Massen auf Basis Calciumsulfat eingesetzt werden.

Ein Hersteller weist auch auf die bei hohen Schichtdicken entstehenden Temperaturen in der Erhärtungsphase hin. Auch diese können die Rissbildung fördern. Risse aus diesem Grund wurden nur dann festgestellt, wenn zugleich der Verbund zum Untergrund aufgehoben wurde und das nur bei kritischen, eher labilen Untergründen. Wissen muss man jedoch: Das Risiko von Hohllagen und Rissbildungen in zementgebundenen Ausgleichsmassen steigt mit zunehmender Schichtdicke an.

Eine wesentliche Aufgabe von Spachtel- und Ausgleichsmassen ist die Herstellung eines gleichmäßig saugfähigen Untergrundes für Dispersionsklebstoffe. Diese Klebstoffe bauen im Zuge der Abgabe der enthaltenen Lösemittel (Wasser u. v. m.) Festigkeit auf. Da dichte Bodenbeläge in der Regel in das nasse Kleberbett gelegt werden, muss die Spachtelmasse die Lösemittel aufnehmen. Nur dann härtet der Klebstoff schnell aus, was für einige Bodenbeläge zwingend erforderlich ist.

In diesem Zusammenhang tauchte in den vergangenen Jahren ein Schadensbild verstärkt auf. Spachtelmassen sind heute optimierte Produkte, die Abweichungen von der vorgeschriebenen Herstellung nicht vertragen. Aber sie werden nun einmal erst auf der Baustelle mit Wasser angemischt, weshalb Mischfehler nicht auszuschließen sind. Zu wenig Wasser wird auf der Baustelle nicht zugegeben, weil die Masse dann nicht mehr verarbeitbar wäre. Zu viel Wasser bei der Zugabe ist weniger selten. Die Festigkeit sinkt erfahrungsgemäß dabei zunächst nicht auffällig ab, aber das Schwindverhalten wird negativ beeinflusst. Noch bedeutender sind jedoch die resultierenden Entmischungen, die zu Sedimentationen führen. Die enthaltenen Polymere werden aufgeschwemmt und liegen schichtbildend oben. Die Saugfähigkeit wird dadurch erheblich reduziert. Über die Erhärtungsstörungen des Klebstoffes treten dann in der Folge Schäden an den Belägen auf. Betrachtet man eine derartige Spachtelschicht im Schnitt unter dem Mikroskop, sieht man die Sedimentation. Es sieht aus, als wäre in mehreren Schichten gespachtelt worden. Bodenleger sollten also überlegen, ob sie vor dem Belegen die Saugfähigkeit prüfen. Dann kann möglicherweise noch reagiert werden, z. B. durch Einsatz eines Klebstoffes, der keinen saugfähigen Untergrund benötigt. Bodenleger sollten wissen, dass nach dem Belegen schnell die Nutzung erfolgt. Nachbesserungen der genutzten Flächen sind wesentlich aufwendiger und teurer.

Spachtel- und Ausgleichmassen ohne systemgerechte Grundierungen sind undenkbar. Estrichoberflächen können sehr unterschiedlich saugen. Die Grundierung kann das mindern und so verhindern, dass der Spachtelmasse lokal zu schnell Wasser entzogen wird, das zur Festigkeitsentwicklung benötigt wird.

Grundierungen können die Estrichoberfläche auch etwas verfestigen. Sie wirken als Haftvermittler und manchmal stellen sie auch erst überhaupt eine ausreichende Haftung her, z. B. auf nichtsaugenden Untergründen.

Ein sehr problematischer Untergrund für Spachtel- und Ausgleichsmassen sind Fliesenbeläge u. Ä. dichte Bodenbeläge. Bei Wohnbeanspruchung mag eine Ausführung unter Vorbereitung der Fliesenoberfläche und Einsatz geeigneter Grundierungen möglich sein, wobei erneut auf Spachtelmassen auf Basis Calciumsulfat als erste Wahl hingewiesen wird, wenn die Nutzung ein Trockenraum ist. Bei gewerblicher Beanspruchung (Büros, Verkaufsräume u. Ä.) sollten die Fliesen entfernt werden.

12.4 Elastische Bodenbeläge

Die wesentlichen elastischen Bodenbeläge sind PVC-, Polyolefin-, Linoleum und Elastomerbeläge. Letztere sind auch unter der Bezeichnung Gummi- oder Kautschukbelag bekannt. Diese Beläge weisen eine sehr gute Reinigungsfähigkeit auf. Sie sind hoch beanspruchbar und sehr langlebig. Sie haben jedoch auch einige Eigenschaften, die es zu beachten gilt, z. B. ungewollte Längenänderungen, verbleibende Resteindrücke, Anformung an kleinste Unebenheiten des Untergrundes, hohe Diffusionswiderstände, Verschrammungs- und Reinigungsprobleme bei beschichteten Belägen u. v. m. Auch bei diesen Belägen werden anhand von Beispielen die Besonderheiten beschrieben, mit welchen Sachverständiger häufiger beschäftigt sind.

Weniger in Elastomerbelägen, aber in Linoleum-, PVC- und Polyolefinbelägen werden häufig verbleibende Resteindrücke unter Stuhlbeinen, den Beinen von Praxisliegen oder Krankenhausbetten beanstandet. Der mögliche Resteindruck der unverklebten Beläge wird in der Regel in den technischen Daten der Beläge angegeben. Geprüft wird der Resteindruck nach DIN EN 433. Bei den genannten Belagarten beträgt die Prüflast 500 N auf 100 mm^2, also 5 N/mm^2. Bevor man dem Bodenbelag oder der Verlegung Mängel zuweist, sollte man die tatsächliche Belastung durch die Möbel vor Ort an der Eindruckstelle prüfen. Besonders in Schulen werden an Stühlen gerne Beine eingesetzt, die bei der vorgesehenen normalen Nutzung keine Probleme bereiten. Wer dann zusieht, wie die Stühle genutzt werden, muss umdenken. Schüler kippen die Stühle sitzend nach hinten. Die Last liegt dann nicht nur allein auf den beiden hinteren Beinen, sondern auf der hinteren Kante. Messen kann man mit Blaupapier auf Millimeterpapier. Das führt zu hinreichend sicheren und reproduzierbaren Ergebnissen. Bei Schulbestuhlungen und „schülerüblicher" Nutzung, bei kreisringförmigen Beinen von Untersuchungsliegen in Arztpraxen, bei Stühlen in Wartezimmern von Arztpraxen mit Beinen in Sägezahnform und sogar bei den Rollen von Krankenhausbetten, werden nicht selten Pressungen von weit über 5 N/mm^2 gemessen. Dann entstehen natürlich und unvermeidbar bleibende Eindrücke, die im Schräglicht besonders gut erkennbar sind. Bei der Auswahl des Mobiliars muss auch an den Belag gedacht werden. Sachverständige sollten unter den Bedingungen messen die der Praxis vor Ort entsprechen. der Nutzung messen, die der Praxis vor Ort entspricht. In der Sachverständigenpraxis wurde bei bleibenden Resteindrücken ein Zusammenhang mit der Dicke und der Beschaffenheit von Klebstoffen festgestellt. Ein stehender Klebstoffauftrag mit materialbedingter niedriger Festigkeit wird sich ab einer gewissen Pressung irreversibel zusammendrücken. Aber bevor man den Belag zur Unter-

Abb. 12.5 Der Fuß der Untersuchungsliege sieht groß aus. Tatsächlich ist die Aufstandsfläche nur ringförmig schmal und hinterlässt eine Vielzahl ringartiger Resteindrücke

suchung aufschneidet, sollte man die Pressung Messen. Liegt die Pressung unter 5 N/mm^2 und sind die Resteindrücke deutlich zu tief, muss der Klebstoff untersucht werden. Der Belag selbst als Ursache dürfte selten, aber nicht auszuschließen sein und muss an dritter Stelle untersucht werden. Der Klebstoff kann unzureichend fest sein, wenn die Spachtelmasse unzureichend saugfähig war. Auch das erzeugt hohe Resteindrücke (Abb. 12.5).

Maßänderungen an verlegten Belägen in Bahnen-, Platten- oder Plankenform führen häufig zu Fugenbildungen oder zu dachartigen Fugenaufwölbungen, den sogenannten Spitz- oder Stippnähten. Das wird häufig beanstandet und hat sehr verschiedene Ursachen.

Beispiel

In einer Zahnarztpraxis wurde ein Zementestrich mechanisch gereinigt, grundiert und zementär gespachtelt. Verlegt wurde dann ein Polyolefin-Belag in Plankenform. Bereits nach einer halbjährigen Nutzungszeit musste der Belag teilflächig erneuert werden, weil sich an den Schmalseiten vieler Planken Spitznähte gebildet hatten. Innerhalb einer Planke zeigten sich teils blasenartigen Aufbeulungen. Die Untersuchungen ergaben, dass zur Verklebung ein Dispersionsklebstoff verwendet wurde. Die gesamte Raumbreite jedes Behandlungsraumes war raumhoch verglast. Polyolefin-Beläge, die auch kurz PO-Beläge genannt werden, wurden entwickelt, weil PVC-Beläge aus ökologischen und gesundheitlichen Gründen wegen der Chloride und einiger kritischer Weichmacher als bedenklich eingestuft wurden. Zwischenzeitlich hat der PVC-Belag mit anderen Weichmachern wegen seiner hervorragenden Eigenschaften wieder Boden gewonnen. PO-Beläge werden aus Ethylen-Copolymeren hergestellt. Eine Eigenschaft dieses Belages verlangt von den Bodenlegern eine besondere Aufmerksamkeit. Der Belag reagiert sehr mit Längenänderungen auf thermische Beanspruchungen. Nur der Klebstoff kann diese Längenänderungen mit einer hohen Scherfestigkeit auf praktisch nicht relevante Größenordnungen begrenzen. Das bedeutet, dass der Belag vor dem Verlegen zunächst auf den am Verlegeort vorherrschenden Temperaturen konditioniert werden muss. Dies muss nicht zwingend vor Ort, sondern kann auch im temperierten Lager geschehen. Das bedeutet aber auch, dass das Bauklima bereits dem späteren Nutzungsklima entsprechen muss. Da der PO-Belag bei Feuchtigkeit auch noch leicht quillt, muss ein wasserhaltiger Dispersionsklebstoff sehr schnell Festigkeit aufbauen. Dabei ist er auf eine saugfähige Spachtelmasse angewiesen. In sonnenbeschienenen Bereichen, so wie hier in der Arztpraxis, kann der Dispersionsklebstoff den Belag nicht mehr hindern länger zu werden. Deshalb hatte der Belaghersteller sehr eindeutig gefordert, in thermisch beanspruchten Bereichen (Fußbodenheizung, sonnenbeschienene Flächen u. Ä.) ausschließlich Reaktionsharzklebstoffe einzusetzen, in der Regel sind das PU-Klebstoffe (Polyurethan-Klebstoffe). Eine blasenähnliche Beulenbildung entsteht dann, wenn der Belag nicht hinreichend benetzt wurde, also einen unzureichenden Kontakt zum Klebstoff hat. Dann kann auch hier die thermisch bedingte Längenänderung wirksam werden und eine Blase erzeugen. Der Bodenleger hätte in diesen Räumen mit Süd/West-Lage der Fenster die drohende thermische Beanspruchung erkennen und einen anderen Klebstoff einsetzen müssen.

In einem anderen Fall wurde ein Elastomer-Belag in Plattenform am Nachmittag vor dem Verlegen auf den Wagen geladen. Am nächsten Tag wurde er auf der Baustelle angeliefert und im Laufe des Tages verlegt. Die Folge waren Spitznähte an jedem Plattenstoß. Der Belaghersteller hatte eindeutig auf die Notwendigkeit der Klimatisierung des Belages hingewiesen. Die Platten sollen sich bereits entsprechend dem Klima in der Länge anpassen können, bevor sie verklebt werden. Die Anpassung erfolgte in der kühlen Nacht auf dem LKW, die Verlegung im wärmeren Bauklima. Da letztlich das spätere Nutzungsklima von Bedeutung ist, ist es so wichtig, dass Bodenbelagarbeiten generell in der Nähe des späteren Nutzungsklimas verlegt werden. Der Bauzustand muss entsprechend beschaffen sein.

PVC-Beläge tendieren eher zum Schrumpfen. Die Ursache sind Weichmacherabgaben. Das soll zwischenzeitlich wegen anderer Weichmacher der Vergangenheit angehören, aber so sicher scheint das nicht zu sein. Erkennbar waren diese Schrumpfungen an sich bildenden Fugen zwischen Bahnen und Platten.

Auch hier gilt: Der geeignete Klebstoff muss bei elastischen Belägen das Risiko von Maßänderungen minimieren. Dazu darf er selbst keine Wechselwirkungen mit dem Belag aufweisen, die Quellen oder Schrumpfen verstärken. Und er muss schnell eine Festigkeit aufbauen, die Maßänderungen weitgehend verhindern. Der schnelle Festigkeitsaufbau wird auch benötigt, wenn der Belag Eigenspannungen aufweist, wie z. B.

Linoleumbeläge am Rand. Textile Nadelvliesbeläge tendieren auch zum Schrumpfen und müssen daher ebenso mit einem Klebstoff verlegt werden, der schnell Festigkeit aufbaut.

Bei thermisch verschweißten Fugen sieht man gelegentlich Abrisse der Fugenschnur, häufig entlang der Fuge seitlich wechselnd. Die thermisch verschweißte Fuge kann Längenänderungen des Belages nicht verhindern. Die Fugenverfüllung mindert nur die Gefahr des Eindringens von Feuchtigkeit. Auch hier gilt, dass der Klebstoff, eigentlich fast immer ein Dispersionsklebstoff, schnell Festigkeit aufbauen muss, um den Belag weitgehend dimensionsstabil zu halten. Dass bei einem Abriss der Fugenschnur nicht immer nur das Schrumpfen des Belages die Ursache ist, zeigte die nähere Untersuchung in einem norddeutschen Herzzentrum. Dort waren viele Fugen außermittig gefräst worden, weshalb die Haftfläche auf einer Seite immer sehr gering war. Dann genügen bereits sehr geringe Zugkräfte aus dem Schrumpfen der Beläge, um Abrisse zu erzeugen (Abb. 12.6).

Überhaupt stellen thermisch verschweißte Fugen hohe Anforderungen an die Bodenleger. Bahnen und Platten dürfen nicht auf Abstand verlegt werden, sondern ohne Zwängung dicht gestoßen. Gefräst wird die Fuge nicht bis zum Untergrund, sondern etwa bis 2/3 der Belagsdicke und annähernd genau mittig über dem Stoß. Geschweißt wird mit einer abgestimmten Schweißdüse und einem Schweißautomaten. Der Überstand der runden Schweißschnur wird mit einem Schweißschlitten und einem scharfen (Viertelmond)-Messer abgeschnitten. Das Nacharbeiten erfolgt mit einem erhitzten, aber nicht angeschliffenen

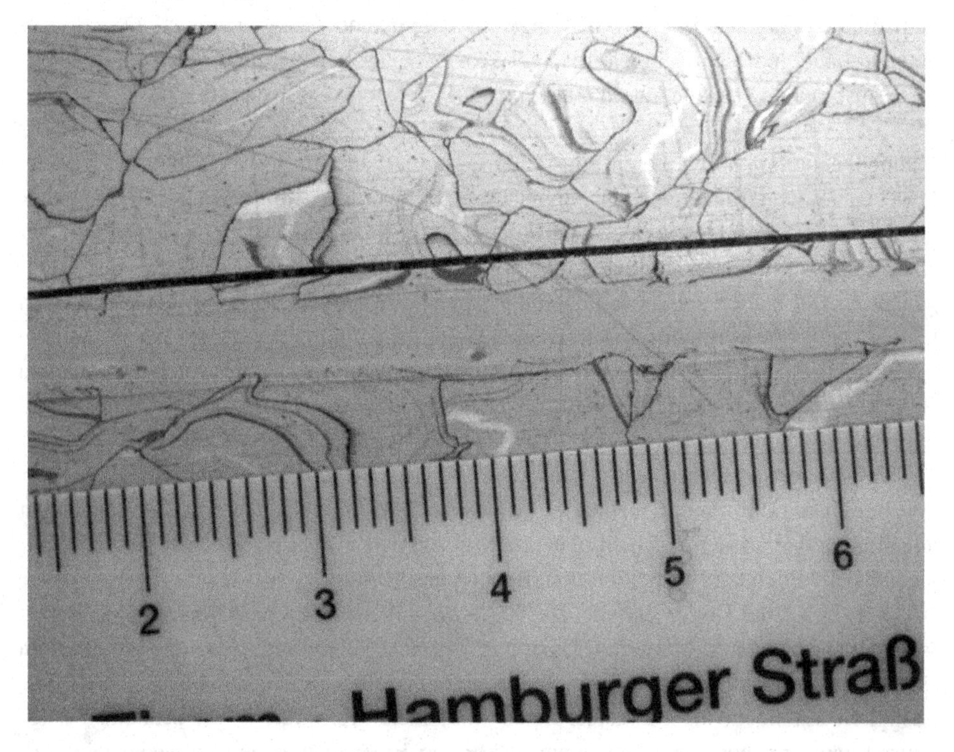

Abb. 12.6 Hier erfolgte das Ausbilden der verschweißten Fuge ca. 5 mm neben der Belagsfuge. Ein extremes, aber nicht seltenes Beispiel

Spachtel. Immer wieder versuchen Bodenleger mit dem Messer nachzuarbeiten und beschädigen den Belag dabei. Das sind dann rauere Stellen, die schneller anschmutzen. Nicht selten sieht man Doppelfräsungen, weil die erste Fräsung misslungen war. Dann passt keine Schweißschnur mehr und man versucht die Fuge irgendwie von Hand zu verfüllen. Bestenfalls ist das nur eine optische, häufig aber eine funktionelle Beeinträchtigung. Diese misslungenen Fugen schmutzen schneller an und sind schwerer zu reinigen (Abb. 12.7).

Elastische Beläge werden nicht nur wegen ihrer Schönheit eingesetzt, obwohl die Optik mit Designbelägen durchaus hohen Ansprüchen genügen kann, sondern wegen der Beanspruchbarkeit und Langlebigkeit. Ein wesentliches Argument ist die gute Reinigungsfähigkeit. In den letzten Jahren gab es jedoch eine Vielzahl von Fällen mit Mängelrügen, die sich auf Verschrammungen, Anschmutzungen und ungenügende Reinigungsfähigkeit bezogen. Es waren Objektbereiche, wie Kundenhallen von Banken, Arztpraxen und Krankenhäuser. Das Reinigungspersonal hatte durchweg Erfahrungen mit elastischen Bodenbelägen und war entsprechend ratlos. Ausnahmslos waren es elastische Beläge, die ab Werk zusätzlich beschichtet worden waren, um den späteren Reinigungsaufwand gering zu halten. Ausnahmslos wurde der Belag hoch mit Straßenschuhen frequentiert. In einem Fall wurde eine eine zu kurze Sauberlaufzone beanstandet. Sauberlaufzonen müssen so bemessen sein, dass eine sich darüber bewegende Person mindestens drei- vier-

Abb. 12.7 Die rauen Bereiche neben der Fuge wurden durch ein Nacharbeiten mit einem Messer verursacht. Der Belag weist dadurch einen irreversiblen Schaden auf

mal Schuhkontakt hat. Es waren gräuliche anhaftende Verschmutzungen, die bei näherer Analyse die Folge einer dichten Verschrammung waren. In diesen Schrammen hatte sich Schmutz abgesetzt. Dieser Schmutz wurde offensichtlich bei der üblichen Unterhaltsreinigung nicht entfernt. Wenn Beschichtungen angekratzt werden, z. B. durch Sandkörner am Schuhwerk, entstehen Riefen in der Beschichtung, die man vom unbeschichteten oder vor Ort beschichteten Belag so nicht kennt. Die Unterhaltsreinigung erfolgt in der Regel mit Maschinen unter Einsatz von roten Pads oder Pads aus Naturfaser. Diese können möglicherweise den Schmutz nicht aus der Vertiefung herausholen und aufnehmen. In der Regel müssen diese Beläge einer Grundreinigung mit Abtragen der Werksbeschichtung unterzogen werden. Dann wird neu beschichtet. Es wird oft zurecht darauf hingewiesen, dass bei Werksbeschichtungen die Bereiche der Schweißfugen unbeschichtet bleiben. Auch werden oft spezielle Schweißdüsen benötigt, damit die Werksbeschichtung in der Schweißphase frei von Schäden bleibt. Planer sollten also mit dem Auftraggeber sehr genau überlegen, ob Beläge mit Werksbeschichtungen zum Einsatz kommen sollen. Erfahrungen und Gespräche mit dem Fachbetrieb für Gebäudereinigung helfen hier weiter. In diesem Zusammenhang muss auch darauf hingewiesen werden, dass Designbeläge in Behandlungszimmer von Zahnarzt- und Arztpraxen eigentlich keine Verwendung finden dürfen. Maßgeblich sind für Hygiene- und Reinigungsvorschriften in Gesundheitsbereichen in Deutschland, die Vorschriften des Bundesgesundheitsamts. Diese werden in den Leitlinien des Robert-Koch-Instituts (Bundesinstitut im Geschäftsbereich des Bundesministeriums für Gesundheit) veröffentlicht. Sowohl das RKI, als auch die TRBA 250 verweisen darauf, dass Fußböden in Behandlungsräumen flüssigkeitsdicht sein müssen. Dies kann eigentlich nur durch Fußböden erreicht werden, welche keine Fugen aufweisen.

Ob es die Strukturen einer von Hand gespachtelten Fläche oder wenige Sandkörner sind, die bei der Belagsverlegung noch auf der Spachtelmasse lagen, elastische Bodenbeläge zeigen im Streif- oder Schräglicht all dies in der glänzenden Oberfläche. In einem PVC-Design-Belag zeichneten sich sogar Reste eines alten Teppichklebebandes ab. Ein PO-Belag ließ in kaum messbaren länglichen Vertiefungen Schmutz zurück, der mit der Pad-Reinigung nicht beseitigt werden konnte. Die Ursache waren Risse in der zementären Spachtelmasse, die wegen der Schichtdicke von ca. 3 mm einen Gussasphaltestrich in der Oberfläche angerissen hatten.

In einem anderen Fall waren pickelartige Erhebungen im PVC-Belag auf quellfähige Bestandteile der Gesteinskörnung des Estrichs zurückzuführen. Die Estrichoberfläche war jeweils sehr kleinflächig abgesprengt worden. Dazu war Feuchte in der oberen Estrichzone notwendig. Es genügte die Restfeuchte des Estrichs, die sich bei dichten Belägen gerne nach dem Belegen von unten nach oben umverteilt. Daher entstand der Schaden erst nach dem Belegen. Das stützt auch die Auffassung, die Restfeuchte nicht über den gesamten Querschnitt zu messen, sondern dort, wo die Feuchte sitzt. Das ist in der Regel die untere Hälfte des Estrichquerschnitts.

Elastische Beläge zeigen also in der Regel jede Struktur, auch winzigste kaum messbare Erhebungen und Vertiefungen des Untergrundes. Elastische Beläge überbrücken diese Erhebungen und Vertiefungen nicht, sondern formen sich diesen an. Die DIN-Normen und andere Merkblätter verweisen durchweg auf die Unerheblichkeit, sofern die Ebenheitsabweichungen nach DIN 18202 eingehalten sind. DIN 18202 ist jedoch keine geeignete Beurteilungsgrundlage. Die DIN 18202 wurde als Passungsnorm dafür nicht entwickelt. Ob derartige sich im Streiflicht abzeichnende Strukturen Sachmängel sind, dürfte sich allein nach den vertraglichen Vereinbarungen und der Überlagerung dieser Vereinbarungen von Zweck und Funktion richten. An dieser Stelle wird darauf hingewiesen, dass in vielen Fällen derartige Erhebungen oder Vertiefungen allenfalls mit einer genauen Messuhr erfassbar sind. Dennoch liegt eine optische und/ oder funktionelle Beeinträchtigung je nach Einsatzzweck vor. DIN 18202 bewegt sich bei kurzen Messpunktabständen bis 10 cm im Bereich von 1 mm oder 2 mm. Damit kann ein derartiges Erscheinungsbild nie erfasst und beurteilt werden. Sachverständige sind gefordert, diese sinnfreie Beurteilung nach DIN 18202 mit Sachverstand zu kommentieren und das vorhandene Erscheinungsbild ebenso sachverständig unter dem Gesichtspunkt von Zweck und Funktion zu beurteilen. Wer ein Spachteln im Rakelverfahren beauftragt hat, wird keine Kellenschläge des konventionellen Spachtelverfahrens hinnehmen müssen, wenn es sich um einen repräsentativen Bereich handelt. In einem Nebenflur mag ein gleiches Erscheinungsbild völlig anders beurteilt werden. Aber auch die Bauleitung muss die Gewerke so koordinieren, dass die Flächen ab Verlegebeginn für andere Gewerke gesperrt sind (Abb. 12.8 und 12.9).

Abb. 12.8 Die dunklen Streifen waren kaum tastbare mit Schmutz aufgefüllte Vertiefungen

Abb. 12.9 Die Ursache der Streifen waren Rissbildungen in der zementären Spachtelmasse

12.5 Parkett- und Holzfußböden

Die Verlegung von Holzfußböden (Parkett, Holzpflaster, Dielen) ist wohl das komplexeste Thema der gesamten Fußbodentechnik. Natürlich geht es um Optik (Ausnahme: Werkstattbeläge u. Ä.), die zudem wegen der extrem langen Nutzungsdauer (ca. 30 bis 60 Jahre und mehr) dieser Beläge auch anhalten muss. Wer im Wohnungsbau und im Objektbereich in einen Holzfußboden investiert, der tut das hauptsächlich wegen der Optik und der Langlebigkeit.

Das, was umgangssprachlich als „Arbeiten" des Holzes bezeichnet wird, ist die Reaktion des Holzes auf Änderungen seiner Feuchte in der Art von Schwinden bei Feuchteabgabe und Quellen bei Feuchtezunahme. Und dieses Schwinden und Quellen erfolgt anisotropisch, d. h. unterschiedlich je nach Faserrichtung (tangential und radial). Zudem reagieren die Holzarten auch noch unterschiedlich schnell auf Feuchteänderungen. Man spricht von der Feuchtewechselzeit und der Anpassungsgeschwindigkeit. Buche reagiert z. B. sehr schnell auf Änderungen der relativen Luftfeuchte, während Eiche deutlich träger ist. Letztlich ist das Verformungsverhalten noch abhängig vom Aufbau (Massivholz, Mehrschichtelemente, Elementgröße). Massivholz erfordert weit mehr Beachtung, als ein 3-Schicht-Mehrschichtparkett mit seinen oftmals querverlaufenden Gegenzügen und Trägerschichten unter der Nutzschicht. Und bei einem Massivholz sind es wieder die kleinen Elemente, die unkritischer hinsichtlich des Spannungsaufbaus sind.

Der Auftraggeber hat seine Optik im Kopf und interessiert sich wenig für Quellen und Schwinden oder Anpassungsgeschwindigkeiten. Kaum ein anderer Bodenbelag erfordert daher so viel Beratung und Hinweise, wie ein Holzfußboden. Viele spätere Schäden können bereits in diesem Stadium verhindert werden. Der Auftraggeber hat sich in die Rottöne und in die Härte der Buche verliebt und der Parkettleger sieht nur die kritischen Quell- und Schwindmaße dieser Holzart. Er wird Alles daran setzen, ein ruhigeres Holz zu empfehlen und seinem Auftraggeber dessen Optik schmackhaft zu machen. Das gelingt nicht immer.

Wenn der Holzfußboden nur quellen und schwinden würde, wäre das nicht dramatisch. Man würde ihn unverklebt, also spannungsfrei, auf einen Untergrund legen und ihm im Randbereich Platz für die Bewegungen lassen. Theoretisch ist das richtig. Praktisch haben wir über den Querschnitt keine gleichmäßige Feuchteeinwirkung. Die Feuchte kommt aus der Luft als relative Luftfeuchte und wechselwirkt mit dem Holz zunächst nur oben. Quellen und Schwinden würden demnach im oberen Holzbereich verstärkt wirken. Die Holzelemente würden sich wegen dieser Ungleichmäßigkeit verwölben. Zudem würden wir Einrichtungsgegenstände auf den Fußboden stellen und so wieder für teilflächige Behinderungen sorgen. Freies und gleichmäßiges Quellen und Schrumpfen findet also in der Praxis nicht statt.

Also ist es doch besser, wenn man die Elemente auf dem Untergrund verklebt, damit der Klebstoff dem Verwölben entgegenwirkt. Dazu darf der Klebstoff nicht selbst bereits die Feuchtequelle sein. Jede Behinderung des Formänderungsbestrebens führt jedoch zu einem Spannungsaufbau. Diese Spannungen sind Zug- bzw. Scherkräfte und müssen ohne Kleberabriss aufgenommen werden. Der Klebstoff muss also sehr fest aushärten und eine schubfeste Verklebung von Holzelement und Untergrund bewirken. Alle Spannungen werden so in den Untergrund abgeleitet. Meist ist der Untergrund ein Estrich auf Dämm- oder Trennschicht. Der hat zwar eine beeindruckend hohe Biegezugfestigkeit eines CT – F4 oder F5, aber eine vergleichsweise sehr geringe Zugfestigkeit. Die Spannungen aus dem Holz wirken im Estrich als reine Zugkraft und irgendwann werden die Spannungen im Estrich durch Rissbildung (schmale und sehr breite Risse in kurzem Abstand) abgebaut. Das ist ein häufiges Schadensbild und der Estrich ist nicht die Ursache.

Also muss man das Schwinden und Quellen begrenzen. Man muss die auslösenden Feuchteänderungen der Luft begrenzen, in der Bandbreite und der Einwirkungsdauer. Bei Buche mehr und bei Eiche kann man auch ein paar Spitzen der relativen Luftfeuchte (rH, relative humidity) in der einen oder anderen Richtung unbeachtet lassen. Die rH gibt an, wie hoch die Luft bei ihrer jeweiligen Temperatur bereits mit Wasser gesättigt ist. Bei gleichem absolutem Feuchtegehalt der Luft, steigt die rH bei Abkühlung an und bei Erwärmung sinkt die rH. Planer und Auftragnehmer können nur darüber aufklären, wie welche Holzart darauf reagiert. Das spätere Nutzerverhalten kann niemand beeinflussen.

Erfahrungsgemäß sollte besonders bei Mietwohnungen eine unempfindlichere Holzart gewählt werden, möglichst mit kleinen Elementen und möglichst als Mosaik wegen der dann unterschiedlichen Verlegerichtungen und dem deshalb geringeren Spannungsaufbau. Aber auch Mehrschichtparkett kann dem Nutzerverhalten besser gerecht werden.

Man weiß, dass im Jahresmittel eine relative Luftfeuchte in Wohnräumen um 50 bis 55 % rH normal ist. Mit Wissen um die mittlere rH in Wohnräumen, bestellt der Parkettleger jetzt ab Werk das Holz so, dass dessen Feuchtegehalt bei Einbau dieser mittleren rH bei einer mittleren Wohnraumtemperatur von ca. 20 bis 22 °C entspricht. Das sind ca. 9 % Holzfeuchte. Die Holzfeuchte bei Anlieferung sollte stichprobenartig elektronisch gemessen und protokolliert werden. Einzelne Elemente dürfen davon in beide Richtungen um bis zu 2 % abweichen. Bei Fertigparkett liegt die Einbaufeuchte etwas niedriger. Dem Auftraggeber wird dann eine Pflegeanleitung übergeben, die ihm empfiehlt, möglichst eine rH nahe bei 50 bis 55 % einzuhalten. Sonst muss er mit einer Fugenbildung im Winter rechnen. Denn im Winter wird geheizt und die rH sinkt daher in der Regel auf deutlich niedrigere Werte ab.

Die Tab. 12.2 zeigt den großen Einfluss der relativen Luftfeuchte auf die Holzfeuchte.

Hat man jetzt das Ziel eines schadenfreien Holzfußbodens erreicht? Man hat ein schubfest verklebtes Parkett, einen Nutzer der täglich auf sein Hygrometer sieht, um die rH-Bandbreite einzuhalten und in der Folge wenig Schwinden und Quellen und damit wenig Spannungen und keine Risse im Estrich. Also: Ziel erreicht! Nicht unbedingt. Denn der Nutzer betreibt eine Fußbodenheizung. Um im Winter 20 bis 22 °C Wohnraumtemperatur erreichen zu können, ist eine Oberflächentemperatur des Fußbodens notwendig, die über der Raumtemperatur liegt. Liegt die rH z. B. im Winter im Raum bei 22 °C bei gerade 50 %, eher weniger, liegt sie unmittelbar im Parkettbereich wegen der höheren Temperatur der Oberfläche von vielleicht 28 °C bei nur noch 40 %, eher weniger. Das Holz schrumpft daher und bildet Fugen zwischen den Elementen aus. Die Oberflächentemperatur ist daher nach DIN EN 1264 auf maximal 29 °C begrenzt.

Eine der Wohnungen ist vielleicht noch nicht bezogen. Der Vermieter beheizt die Wohnung aus Kostengründen auf niedrigem Niveau. Die rH steigt daher deutlich an. Damit kommt es zu Erhöhungen der Holzfeuchte und damit zu Quellungen mit entsprechenden Folgen. Sehr schnell reagiert der Vermieter und heizt, um weitere Schäden

Tab. 12.2 Holz-Ausgleichsfeuchte von Massivhölzern in Masse-% (gerundet)

Relative Luftfeuchte rH (%)	15–25 °C (%)
80	16
70	13
60	11
50	9
40	8
30	6
25	5

zu vermeiden. Tatsächlich sinkt die rH jetzt. Das Quellen geht in ein Schwinden über und der Vermieter erhofft den ursprünglichen Zustand. Tatsächlich hat sich das Holz während des Quellens irreversibel durch Druck verformt. Statt des alten Zustandes führt die Rücktrocknung jetzt zur Fugenbildung, kumulierend überlagert durch die bleibende Verformung. Der Vermieter reagiert prompt und lässt das Parkett zwecks Austausch aufnehmen. Man sieht einen streifen- und schollenartig gerissenen Estrich, weil über den Klebstoff bereits zu hohe Spannungen aus dem Quellen und Schwinden auf den Estrich übertragen wurden. In nicht genutzten Räumen muss daher selbstverständlich ebenso auf die Luftfeuchte geachtet werden.

Ein anderes Beispiel: Ein Gewerbeschullehrer ist begeistert von einem Holzpflasterbelag in einer der Werkstätten seiner Schule. Ihm gefallen die Strukturen der Hirnholzoberfläche. Es ist genau der Belag, den er sich privat für seinen neu gebauten Wintergarten wünscht. Dort wurde bereits höhengerecht ein Zementestrich auf Dämmschicht verlegt und natürlich wurde auch an eine Bauwerksabdichtung gedacht. Das Holzpflaster RE wurde verlegt und Petrus bescherte einen Sommer, der die Nutzung des Wintergartens bei ganztägig offener Schiebetür ermöglichte. Der Wintergarten wurde so zugleich zur überdachten Sonnenterrasse, aber auch das Außenklima zum Innenklima. Hirnholzoberflächen haben eine nochmals gesteigerte Anpassungsgeschwindigkeit und reagieren schnell auf Feuchteänderungen. Tagsüber stand warme und feuchte Luft über dem Holzpflaster, abends stieg die rH nochmals an, als sich die Luft im Wintergarten abkühlte. Und im Herbst wurde der Wintergarten zum Wohnraum mit zusätzlicher Beheizung. Die rH sank ab und die Rücktrocknung begann. Fugenbildungen und ein erheblich gerissener Estrich waren die Folgen.

Ein ähnliches Beispiel: In einem Dorfhaus, das nur gelegentlich für Feste und Bürgerversammlungen genutzt wurde, hatte man sich wegen der Pflegeleichtigkeit und Robustheit ebenfalls für einen Belag aus Holzpflaster entschieden. Abends wurde gefeiert und wo viele Menschen sind, steigt die rH. Die warme Luft konnte diese Feuchte gut aufnehmen. Der letzte Bürger schaltet wie immer das Licht aus. Das Haus wartet auf die nächste Veranstaltung und wird wegen der Kosten auch nur minimal beheizt. Die rH steigt daher an. Quellen und Schrumpfen stehen bei diesem Wechsel von Nutzung und Nichtnutzung mit großer Bandbreite an. Die Folgen waren ebenso klaffende Risse und Fugen in Estrich und Holzpflaster (Abb. 12.10).

Ein spezieller Schaden entstand bei einem Fertigteilestrich auf Basis von Gipsfaserplatten. Dieser Estrich ist für eine Parkettverlegung nur bedingt geeignet, da er sich leicht verformt. Man verlegte ein massives Parkett mit sehr kleinen Abmessungen, nämlich ein Mosaikparkett. Zudem verklebte man nicht direkt auf dem Estrich, sondern klebte ein Faserflies dazwischen. Statt einer Verlegung im üblichen Würfelmuster, verlegte man im Verband. Es handelte sich bei der Wohnung um eine Einliegerwohnung im Altbaugebäude. Aufgrund der früher geringeren Außendämmung kam es aufgrund der Abkühlung zur Erhöhung der relativen Luftfeuchte. Bereits nach kurzer Nutzungszeit wurden der Wohnungen Verwölbungen des Parketts im gesamten Wohnbereich bemerkt. Die weiteren Untersuchungen zeigten dann bereichsweise Holzfeuchten bis zu ca. 12 %,

Abb. 12.10 Breiter Riss im Zementestrich unter dem Holzpflaster. Die Ursache sind Zugkräfte, die von dem Holzpflaster über den harten Klebstoff auf den Estrich wirken

was einer länger anhaltenden rH von ca. 65 % entspricht. Verwölbt hatte sich nicht nur das Parkett, sondern der Trockenstrich oberhalb einer Ausgleichsschüttung. Im Untergrund wurde an keiner Stelle Feuchte vorgefunden. Hier gibt es nicht nur eine Ursache, sondern ein Zusammenwirken mehrerer Ursachen. Durch die hohe rH kam es zur Erhöhung der Holzfeuchte und als Folge dessen zur Quellung des Mosaikparketts. Diesen an sich völlig normalen Quellvorgängen konnten die Trockenestrichelemente nicht folgen, weshalb es aufgrund der nur geringen Verformungssteifigkeit zu Verwölbungen in der Verbundkonstruktion gekommen ist. Dies kann ein nur horizontal wirkendes Flies nicht verhindern (Abb. 12.11 und 12.12).

Die Quellkräfte wurden zudem dadurch unterstützt, dass nicht im Würfelmuster verlegt wurde, wie es der Hersteller des Estrichs empfahl. Das Quellen der einzelnen Elemente, das nur in der Breite der Elemente relevant ist, addiert sich. Bei einer Verlegung im Verband wirken die Kräfte in eine Richtung. Im Würfelmuster haben wir wegen der verschiedenen Verlegerichtungen deutlich verminderte Verwölbungskräfte. Die Textilbahn von ca. 1 mm Dicke kann nur sehr begrenzt reine horizontale Bewegungen abfangen, aber niemals Verwölbungskräfte. Der Parkettleger hätte hier Bedenken gegen

Abb. 12.11 Konvexe Verwölbung von Parkett und Fertigteilestrich

die Verlegeart vorbringen müssen, weil eine Verbandverlegung nicht den Empfehlungen des Estrichherstellers entsprach. Die Ursache des Schadens lag im nicht geeigneten System und in ungünstigen raumklimatischen Bedingungen begründet.

Es wurden nur einige Problemfälle beschrieben, die aber die Komplexität verdeutlichen. Ob ein derartiger Fußboden frei von Schäden bleibt, hängt vom Nutzerverhalten (vorwiegend Raumluftzustand), vom Zweck, von der Holzart, von der Art der Elemente, von der Verlegeart, von der Elementgröße, vom Untergrund, vom Klebstoff, von der Holzfeuchte bei Einbau, von den Einbaubedingungen u.v.m. ab. Darüber wurden ganze Bücher geschrieben, deren Studium durchaus empfehlenswert ist.

Bevorzugt sollten Hölzer mit niedrigen Feuchtewechselzeit verwendet werden. Das sind z. B. Eiche, Merbau, Wenge u. v. m. Diese Hölzer kommen dem Nutzerverhalten entgegen. Aus dieser Sicht weniger empfehlenswert sind Buche, Ahorn und Erle.

Bevorzugt sollten Hölzer mit geringen differenziellen Schwindmaßen, wie Eiche, Kirsche, Lärche, Nussbaum, besonders bei Fußbodenheizungen.

Die Oberflächentemperatur bei Fußbodenheizungen liegt im Regelbetrieb bei etwa 26–28 °C, darf jedoch nach Norm max. 29 °C erreichen.

Abb. 12.12 Die Randfuge des Fertigteilestrichs wird vom Parkett überbrückt

Bei kleinen Elementen entstehen auch im Winter nur jeweils schmale Fugen zwischen den Elementen. Diesen Vorteil hebt man möglicherweise wieder auf, wenn man die Flächen so versiegelt, dass die Elemente oberseitig wieder miteinander verklebt sind. Dann addiert sich das Schwinden paketartig mit Bildung weniger, aber entsprechend breiter, auch treppenartiger Fugen. Seitenverleimende Versiegelungen sollten daher bei Hölzern mit hohem Schwindmaß, wie z. B. Buche, unterbleiben. Nahezu alle gebräuchlichen wasserbasierten Lacke sind mehr oder weniger Seiten verleimend. Über den Einsatz spezieller Grundierungen kann jedoch das Eindringen der Deckschichtversiegelungen in die Ansatzfugen und damit eine Seitenverleimung deutlich reduziert werden.

Hohllagen, also unverklebte Bereiche, entstehen einmal durch Ebenheitsabweichungen des Untergrundes, aber auch durch einen unzureichenden Klebstoffauftrag. Mehrschichtparkett und Dielen benötigen fast ausnahmslos einen gespachtelten Untergrund. Die Ebenheitsabweichungen sollten nach dem Spachteln deutlich unter den Grenzwerten der DIN 18202 liegen. Beim Klebstoffauftrag sollte genau der Zahnspachtel verwendet werden, den der Hersteller vorschreibt. Abgenutzte Spachtel führen zu einem deutlich geringeren Klebstoffauftrag. So lösten sich bei einem Parkett aus Hochkantlamellen einzelne Lamellen aus dem Verbund und schoben sich durch die Bewegungen durch Schwinden und Quellen mit der Zeit langsam nach oben. Sie waren zudem etwas konkav verwölbt, was auf lange zu trockene Zeiträume hindeutet. Die Ursachen waren im Wesentlichen zu geringe Klebstoffmengen bzw. völlig unzureichende Klebstoffbenetzungen (Abb. 12.13 und 12.14).

Über Klebstoffe wurde in den Kreisen der Parkettleger schon immer diskutiert. Hersteller von Mehrschichtparkett und Dielen geben Empfehlungen für Klebstoffe, die nach Art und Menge zu beachten sind. In der Regel wird eine schubfeste Verklebung gefordert. Beispiele:

- PU-Klebstoff gehört zu den Reaktionsharzklebstoffen (Polyurethan). Da kein Wasser enthalten ist, ist er für Hölzer, die schnell quellen, gut geeignet, ebenso für dünnschichtige und großformatige Elemente. Wegen seiner Härte überträgt er Spannungen in hohem Maße auf den Untergrund. Schleifen und Versiegeln ist zeitlich früh möglich. Das Risiko liegt in Mischfehlern, die dann zu einem nicht ausgehärteten Klebstoff führen.
- Einige Elastik-Klebstoffe härten gummiartig aus und entlasten den Untergrund, weil Spannungen im Klebstoff durch Verformung abgebaut werden, bis letztlich der Klebstoff selbst abreißt. Allerdings kann sich das Holz deutlich besser verformen, was bei Massivholzdielen im Zusammenwirken mit ungeeigneten klimatischen Bedingungen zu erheblichen Schäden geführt hat, allerdings bleibt der Estrich frei von Rissen.

Abb. 12.13 Das Kleberbett unter den hochgewölbten Dielen hatte nie hinreichend Kontakt zur Diele

Abb. 12.14 Auch die Unterseite der Dielen zeigt keine nennenswerte Klebstoffbenetzung

- Klebstoffe, die aus Silan und PU formuliert werden, scheinen einen guten Kompromiss aus Festigkeit und Verformungsverhalten darzustellen. Bei ungeeigneten klimatischen Bedingungen, z. B. bei einem Quellen wegen hoher relativer Luftfeuchte, sind auch diese Klebstoffe nach allgemeinen Erfahrungen so fest, dass Risse im Estrich entstehen können.
- Dispersionsklebstoffe sollten sehr schnell Festigkeit aufbauen, damit das Wasser nicht unnötig zum Quellen der Holzunterseite beiträgt.
- Sofern der Parketthersteller keinen Klebstoff vorschreibt oder empfiehlt, sollte man sich auf die Erfahrung des Parkettlegers verlassen können.

Keine Kompromisse dürfen beim Grenzwert der Restfeuchte eingegangen werden. Die Feuchte bleibt im Estrich nicht dort, wo sie beim Messen war. Daher empfiehlt sich ausdrücklich nicht die Vorgehensweise gemäß BEB und DIN 18560, sondern die bei Parkettlegern übliche Methode im unteren Drittel bzw. der unteren Hälfte zu messen.

Keine Kompromisse auch bei den klimatischen Einflüssen. Das Parkett wird mit seiner Einbaufeuchte so verlegt, dass es im späteren Nutzungsklima die Chance hat, schadensfrei zu bleiben. Das bedeutet auch, dass man sich im Rahmen der Objektbetreuung um das Klima kümmern muss, wenn eine Fläche zeitlich verzögert an den Nutzer übergeben wird.

Holzpflaster RE (repräsentativer Bereich) sollte nur dort verlegt werden, wo keine größeren Schwankungen der relativen Luftfeuchte zu erwarten sind oder Klimageräte für eine Regelung sorgen. Sonst muss man mit deutlich erkennbaren Fugenbildungen und gerissenen Estrichen rechnen. Holzpflaster und Massivholzdielen können in der Quellphase bei aufgebrauchter Randfuge Wände verschieben, was bereits zu umfangreichen Schäden geführt hat.

Bei der Verlegung oberflächenfertiger Elemente (Dielen, Mehrschichtparkett) muss die Fläche vor dem Einfluss anderer Gewerke bis zur Abnahme oder Übergabe geschützt werden. Schon geringe Verschmutzungen lassen sich manchmal nicht durch Reinigen entfernen. Ein teilflächiges Schleifen und Versiegeln, Ölen, Wachsen o. Ä. führt in der Regel nicht zum Erfolg, häufig nur eine Neuverlegung.

Die Notwendigkeit der Verlegung einer dampfdiffusionsbegrenzenden Schicht auf neu betonierten Decken muss stets geprüft werden. In der Regel ist diese nicht erforderlich und entgegen den Wünschen der Parkett-Fachkreise auch keine anerkannte Regel der Technik. In besonderen Situationen kann eine Maßnahme erforderlich werden, was dann aber für alle Bodenbeläge und deren Klebstoffe gilt, die auf Feuchte reagieren.

Zwischen Sockelleisten und Fußboden bilden sich manchmal unterschiedliche Abstände aus. Sockelleisten können nur an einer Stelle auf die richtige Höhe gesetzt und dann weitgehend waagerecht verlegt werden. Sie passen sich nicht dem Untergrund an. Da der Holzfußboden jedoch durchaus kleine Ebenheitsabweichungen und eine Neigung aufweisen kann und darf, sind auch unterschiedliche Zwischenräume (Fugen) nicht sicher vermeidbar. Ein weiteres Passelement (Leiste, Füllstoff o. Ä.) zur Abdeckung sollte immer eingeplant werden.

Bodenleger müssen die Wandfeuchte im Rahmen der allgemeinen Prüfungspflicht messen, bevor Sockelleisten montiert werden. Da die Feuchte baustoffabhängig und auch das CM-Gerät möglicherweise nicht immer anwendbar ist, müssen Grenzwert und Messvorschrift beim Planer erfragt werden. Die Messungen sollten protokolliert werden und in Anwesenheit des Objektüberwachers erfolgen.

12.6 Fliesen aus Keramik und Naturwerkstein

Die Angebote in Baumärkten suggerieren, dass die Verlegung von Fliesen und Naturwerksteinbelägen von jedem durchschnittlichen Heimwerker zu bewerkstelligen sei. Und tatsächlich sind die Produkte und Hilfsmittel heute so ausgereift, dass das im Standardfall auch so ist. Zudem fällt bei Heimwerkern eine wesentliche Ursache für Schäden weg, nämlich der Zeitdruck. So sind es auch im Wesentlichen nur wenige Erscheinungsbilder, die Sachverständige häufiger beschäftigen. Dazu gehören u. a.: Fehleinschätzung des Untergrundes, Abrisse von Fugenfüllstoffen, Ausbildung von Höhendifferenzen zwischen Fliesen (Überzähne), Haftungsprobleme zwischen Mörtel und Fliese, Probleme aus dem Verzicht einer hohlraumfreien Verlegung in Außen- und Nassbereichen, aber auch in hochbeanspruchten Bereichen.

Die Fehleinschätzung von Untergründen bezieht sich weniger auf die Festigkeit, als auf den Feuchtegehalt frisch hergestellter Estriche. Seit Fliesen im Dünnbettverfahren, der Heimwerker sagt „Fliesenkleber“, auf Estrichen verlegt werden, musste das Verhalten des Estrichs in die Überlegungen einbezogen werden. Natürlich kannte man das Schwinden von Betonuntergründen und Zementestrichen als ein problematisches Verhalten. DIN 18157 legte daher schon 1979 fest, dass man Fliesen nicht vor Ablauf von 28 Tagen nach Estrichherstellung verlegen dürfe. Wie man auf 28 Tage kam, ist nicht nachvollziehbar, denn durch wissenschaftliche Untersuchungen wusste man, dass Schwinden sich nicht in festen Zeiträumen abspielt. Das CM-Verfahren zur Bestimmung der Restfeuchte gab es schon damals und auch die Forderung der Prüfung der Feuchte des Untergrundes in DIN 18352. Nur es prüfte niemand. Nicht selten verlegte man daher nach Ablauf der vier Wochen. Da der Estrich auch danach noch ein relevantes Schwinden aufwies, das oben bereits durch die starre Fliesenscheibe behindert wurde, verwölbte sich der Fußboden konvex. Die Raumecken senkten sich nach unten, der Fugenfüllstoff in der Randfuge riss ab. Sachverständige untersuchten damals den abgesenkten Bereich, stellten dort einen komprimierten Dämmstoff fest und waren fast einheitlich der Auffassung, man habe mit dem zu weichen Dämmstoff die Ursache gefunden. Ein Gerücht, das sich bis heute teils noch hartnäckig hält. Eine weitere Feststellung passte jedoch nicht zu dieser These: In der Flächenmitte wölbte sich der Fußboden nach oben, was nicht mit einer zu weichen Dämmschicht erklärt werden konnte. Manchmal gingen wegen der konvexen Verwölbung Türen nicht mehr auf und mussten in kurzen Abständen neu justiert werden. Das Gewölbe brach meistens nach Monaten und Jahren mit einer feinen Rissbildung ein. Typisch waren ansteigende Rissufer, eine Folge der Einknickung. Die Dämmstoffindustrie wehrte sich gegen die Vorwürfe, dass die Erklärung der wesentlichen Zusammenhänge von Schnell vom IBF Troisdorf darin gesehen wurde, der zeitliche Ablauf bei der Austrocknung von Estrichen zu sehen sei, was dann auch sehr genau untersucht wurde. Danach war für jeden interessierten Kollegen erkennbar, dass Schwinden mit der Restfeuchte korreliert (bei Standardestrichen ohne beschleunigende Zusätze) und daher feste Zeiträume bis zur Belegbarkeit nicht angegeben werden können. Nur das Messergebnis der Restfeuchte im Estrich entscheidet über den Termin. Jetzt konnte das Erscheinungsbild eindeutig beurteilt werden. Die Ursache der Verwölbung war eine zu frühe Fliesenverlegung. Die komprimierte Dämmschicht war die Folge der Pressung des Fußbodens, die in den Raumecken am größten war. 1995 erklärte dann ein Merkblatt des ZDB den Fliesenlegern, mit welchem Gerät sie messen sollen und ab welcher Restfeuchte verlegt werden darf. Seither haben Schäden mit dieser Ursache stetig zahlenmäßig abgenommen. Leider stand im ZDB-Merkblatt nicht, wo die Probe zur Feuchtebestimmung genommen werden sollte. Auch heute noch wird häufig zu weit oben im Querschnitt gemessen. Die kritische Feuchte sitzt jedoch in der unteren Hälfte und deren spätere Umverteilung und Austrocknung führt zur Verwölbung. Oftmals sieht bereits verlegte Fliesen und gleich im Nebenraum beanstandet der Parkettleger eine zu hohe Restfeuchte im Estrich. Das passt nicht zusammen und bestätigt, dass auch heute noch gelegentlich zu früh verlegt wird.

Abrisse im Fugendichtstoff belegen Fliesenleger gerne mit dem Begriff „Wartungsfuge". Sie wollen darauf hinweisen, dass diese Fuge nicht über die gesamte Lebensdauer frei von Schäden bleiben kann. Und das ist bedingt richtig, denn Trittschalldämmschichten komprimieren tatsächlich etwas im Laufe der Zeit (ca. 1 bis 2 mm) unter der Nutzlast und eine Fuge von 8 mm bei max. 15 % Dehnfähigkeit kommt dann an ihre Grenzen. Aber zunächst muss die Fuge so hergestellt werden, dass sie als fachgerecht bezeichnet werden kann, nämlich mit einem Hinterfüllstoff und einer Haftung an zwei Flanken. Die häufige Fugenverfüllung, die ohne Hinterfüllung und einer undefinierten Haftung wirklich nur zeitweilig ohne Abriss verfüllt, ist nicht fachgerecht. Man kann diese als preiswerte Variante verkaufen, wenn man zuvor auf die sehr eingeschränkte Tauglichkeit und Lebenserwartung hinweist. Ein Abriss wegen einer erkennbar zu frühen Fliesenverlegung kann nicht mit „Wartungsfuge" begründet werden.

Nicht jede Randabsenkung beruht auf einer zu frühen Fliesenverlegung. Es kann sich auch um die Rückbildung einer vorhergehenden Schüsselung des Estrichs handeln. Sehr wahrscheinlich ist das nicht, weil ein geschüsselter Estrich in der Regel Bedenken des Fliesenlegers hervorruft. Er hat zumindest bei größeren Fliesenformaten Probleme mit Schüsselungen. Völlig fehlen muss bei dieser Ursache z. B. die Hochwölbung in Flächenmitte. Auch Risse mit ansteigenden Rissufern sind nicht vorhanden. Leider legen Estrichleger auch Dämmschichten auf dünne Kabel, weil sie irrtümlich meinen, sie müssen bei einer Kabeldicke von 8 bis 10 mm keinen Ausgleich vornehmen. Das Kabel presst sich später im Laufe der Zeit unten in die Dämmschicht und der Fußboden senkt sich ab. Das geschieht belagunabhängig, also auch mit weichen Belägen. Die Absenkungen sind nicht typisch in den Ecken, sondern dort, wo sich die Dämmschicht nach unten bewegt hat, also auch entlang der Wände. Ebenso fehlen konvexe Verwölbungen der Flächenmitte. Die Zuordnung und Beurteilung von Absenkungen ist also nicht immer einfach.

Höhendifferenzen zwischen Fliesen und Platten, auch Überzähne genannt, sind meistens eine Folge einer unzureichenden Ebenheit des Untergrundes, manchmal auch die Folge der Fliesenbeschaffenheit. Verschiedene Interessenkreise haben versucht, Grenzwerte vorzuschlagen. Sie sprechen von zulässigen Grenzwerten. In der Regel soll das die Summe aus der handwerklichen Verlegetoleranz und der Stofftoleranz der Fliese/Platte sein. Die Grenzwerte in einem ZDB-Merkblatt gehen z. B. bei Verlegung im Mörtelbett (Dünnbett, Mittelbett, Dickbett) bei einem Format 10/10 von 1,2 bis zu 2,2 mm bei einem Format 60/60. Bei Naturwerksteinbelägen wird die Grenze bei 1,5 mm gesehen. Man hat sich hier wirklich Mühe gegeben, das Mögliche mit dem Notwendigen abzugleichen. Darüber steht jedoch die Forderung: Überzähne dürfen die Funktion und den Zweck nicht beeinträchtigen. Bevor man später über Überzähne streitet, sollte man über einen Ausgleich des Untergrundes nachdenken, der die Kosten nicht relevant erhöht. Und man sollte auf ein Material achten, das nur geringe Toleranzen aufweist.

Gerade Feinsteinzeug mit seiner niedrigen Wasseraufnahme benötigt die Polymere in einem Dünnbettmörtel, um überhaupt eine Haftung mit diesem eingehen zu können. Es ist daher sehr wichtig, die Fliesen noch in der offenen Zeit einzuschieben. Häufig sieht man bei hohlliegenden Fliesen keine Spuren einer Benetzung mit Mörtel, manchmal nur Anhaftungen im Bereich der oberen Zone des aufgekämmten Mörtels. Auch Dünn- und Mittelbettmörtel sind genau abgestimmte Produkte. Sie vertragen weder eine Überwässerung, noch ein erneutes Aufrühren mit Wasser, noch ein erneutes Durchkämmen nach Hautbildung. Der Zeitdruck darf nicht dazu führen, zu große Flächen mit Verlegemörtel vorzulegen. Auch das schnelle bloße Auflegen der Fliesen auf den Mörtel ist nicht fachgerecht und führt nicht zu dem gewünschten Benetzungsgrad.

Einen etwas kuriosen Fall gab es für ein Landgericht in Süddeutschland zu bearbeiten. Im Zuge der Sanierung eines Schulgebäudes, schlitzte man den Gussasphaltestrich (AS) auf Dämmschicht dort auf, wo neue Leichtbauwände gestellt werden sollten. Das tat man in großer Breite, um etwas flexibel zu sein. Nach der Wandmontage wurde der Gussasphaltestrich entlang der Wände streifenartig ergänzt und mit dem Bestandsestrich thermisch verbunden. In den Fluren wurde dann ein Feinsteinzeug im Dünnbett verlegt. Die Randfuge wurde elastisch verfüllt. Nach einigen Monaten der Nutzung stellte man fest, dass sich die Fliesen in großem Umfang vom Dünnbettmörtel gelöst hatten, aber nur im Bereich entlang der Wände, wo man streifenartig den neuen Estrich eingebaut hatte. Teils waren die hohlliegenden Fliesen auch gebrochen. Wegen der lokalen Übereinstimmung von abgelösten Fliesen und neuem Estrich war die Ursache bauseitig schnell mit dem neuen Estrich ausgemacht. Das Privatgutachten eines Baulabors bestätigte dann auch diese These. Das Labor stellte fest, dass der Estrich mit einem zu harten Bitumen hergestellt worden sei. Daher müsse sich der Belag ablösen. Ein Zusammenhang, der nicht zutraf. Zur Beurteilung wurden Bauteilöffnungen angelegt. Diese zeigten die tatsächliche Ursache. Dennoch stand die Frage des Estricheinflusses im Raum. Die Untersuchungen des neu eingebrachten Gussasphaltestrichs zeigten dann einen AS, der in allen Parametern dem Üblichen entsprach. Das Bindemittel war ein übliches HVB (Hochvakuumbitumen). Darüber hinaus war feststellbar, dass ein relativ dicker Dünnbettmörtel von ca. 8 mm Dicke vorhanden war, der teils Risse zeigte. Die obere Zone des AS zeigte teils ebenso dort Risse, wo der Dünnbettmörtel gerissen war. Hier hatte demnach das Schwinden des dicken Dünnbettmörtels zu Anrissen der oberen Estrichzone geführt. Das war aber nur eine Nebenfeststellung ohne einen kausalen Zusammenhang mit dem eigentlichen Schaden. Bedeutsam waren daher zwei Feststellungen. Der Fugenfüllstoff zwischen Fliese und aufgehender Wand war sehr fest und wies, verglichen mit Erfahrungswerten, eine sehr gute Haftung an der Fliese, aber auch an der Wand auf. Die zweite Feststellung war, dass alle hohlliegenden Fliesen sich glatt und ohne nennenswerte Spuren des Dünnbettmörtels an der Fliesenrückseite abgelöst hatten, wobei der aufgekämmte Dünnbettmörtel nur etwas breit gedrückt worden war. Die Schadensentstehung wird deutlich, wenn man sich vor Augen hält, wie Schüler die Flure nutzen, nämlich oft an die Wand gelehnt und weitere davor stehend.

Der Fußboden auf Dämmschicht verformt sich dann. Er wird seine Lage nach unten verändern, gerade im Randbereich. Die Randfuge als Bewegungsfuge sollte das zulassen. Wenn jedoch der Fugenfüllstoff sehr wenig Dehnung zulässt, aber zugleich sehr gut an Wand und Fliese haftet, werden auf den Rand der Fliese Zugkräfte übertragen. Haftet dann die Fliese so mäßig wie hier auf dem Dünnbettmörtel, löst diese sich vom Mörtel ab. Die Ursache lag allein an der Fliesenverlegung durch Zusammenwirken einer zu geringen Haftung der Fliese am Dünnbettmörtel mit einer sehr geringen Verformbarkeit des Fugenfüllstoffs bei guter Haftung an Fliese und Wand (Abb. 12.15).

In Außenbereichen müssen Fliesen zwingend hohlraumfrei, oder besser mit einem sehr hohen Grad an Hohlraumfreiheit, verlegt werden. Dazu wird Dünnbettmörtel sowohl auf den Untergrund, als auch auf die Fliesenrückseite aufgekämmt. Auch hier sind die offenen Zeiten des Mörtels zu beachten. Alternativ kann ein Fließbettmörtel verwendet werden, der ebenso zur angestrebten Hohlraumfreiheit führt. Dieser muss sehr genau nach Herstellerangaben angemischt werden, um zu funktionieren. Würde man auf eines dieser Verfahren verzichten, würde über die Fugen eingedrungenes Wasser sich in den Hohlräumen und Kanälen des einseitig aufgetragenen Dünnbettmörtels verteilen und möglicherweise auffrieren. Das führt zu Abplatzungen und Ablösungen von Fliesen.

Nicht nur im Außenbereich, sondern auch im wasserbelasteten Innenbereich sollte möglichst hohlraumfrei verlegt werden. In dem Fitness-Bereich eines Hotels wurde ein Naturwerkstein-Belag im Mittelbettmörtel verlegt. Die Auftragsweise des Mörtels in

Abb. 12.15 Der Dünnbettmörtel wurde nur flach gedrückt, haftete aber nicht mehr an der Fliese

Batzenform führte zu erheblichen Hohlräumen innerhalb der Mörtelschicht unter dem Belag. Wegen der sehr häufigen Wasserbeaufschlagung sammelte sich Wasser in den Hohlräumen. Unten war der Naturwerksteinbelag ständig feucht, während er oben zeitweilig abtrocknen konnte. Der Belag galt durchaus als wasseraufnahmefähig mit einem entsprechenden Quellverhalten. Der Belag verformte sich daher konkav (Schüsselung). Zunächst lösten sich die Randbereiche wegen der Verformungskräfte vom Mörtel, später auch teils die gesamte Platte. Das Wasseraufnahmevermögen der Unterseite kann, sofern erkennbar erforderlich, mittels einer Grundierung der Unterseite gemindert werden. Das führt zu einem verminderten Verformungsverhalten (Abb. 12.16).

In gewerblichen Küchen empfiehlt sich ebenso die hohlraumfreie Verlegung. Häufig wird unter Fliesen in den Zwischenräumen des aufgekämmten Dünnbettmörtels eine stinkende Brühe mit schwarzer Biomasse vorgefunden. Der zusätzliche positive Effekt einer hohlraumfreien Verlegung: Fliesenbeläge sind höher belastbar, weil die Lastabtragung günstiger ist. Eine Fliese hat zwar eine hohe Biegezugfestigkeit, wegen der geringen Dicke jedoch eine niedrige Bruchkraft. Das führt im Bereich von Hohlräumen des Dünnbettmörtels unter Last zu einem früheren Bruch.

Abb. 12.16 In den Hohlräumen des Mittelbettmörtels sammelte sich Wasser, das die Unterseite des Naturwerksteins quellen ließ. Die Platte verwölbte sich konkav. Auch hygienisch inakzeptabel

12.7 Terrazzoplatten (Betonwerksteinplatten)

Terrazzoplatten, früher als Betonwerksteinplatten bezeichnet, in verschiedenen Formaten und Dicken werden in der Regel im Mörtelbett im Verbund mit dem Untergrund verlegt. Die Abtragung der einwirkenden Lasten ist dann optimal. Das günstige Schwindverhalten des Verlegemörtels (etwa Mörtelgruppe III nach DIN 1053-1, was etwa einem CT – C10 entspricht), aber auch das Nachschwinden der Platten selbst (bei großen Formaten und frischer Herstellung), kann in den Plattenfugen allenfalls sehr feine Risse erzeugen, was unvermeidbar ist. Ein erneutes Einschlämmen von Fugenmörtel ist nur erforderlich, wenn die Funktion bei zu breiten Rissen beeinträchtigt wird.

Oft werden von Verlegern die Grundsätze einer Verbundverlegung, wie sie für Verbundestriche gelten nicht berücksichtigt. Kugelstrahlen, Haftbrücken u. Ä. sind eher selten in der Anwendung. Daher sind Hohllagen, die dann die Tragfähigkeit des Fußbodens reduzieren, entsprechend häufig vorzufinden.

Bei Verlegung auf Dämm- und Trennschicht sind zusätzliche Überlegungen notwendig, besonders bei gewerblichen Beanspruchungen mit hohen Flächen- und Einzellasten. DIN 18333 macht dazu keine Angaben mehr. Man sollte sich an den Angaben der DIN 18560-2 bzw. -4 orientieren. Derartige Konstruktionen sollten jedoch möglichst vermieden werden, denn die Lastverteilungsschicht muss ihrerseits die Belegreife aufweisen

Abb. 12.17 Rechteckformate sollten nicht im Verband verlegt werden. Der Riss in der Fuge setzt sich in der durchlaufenden Platte fort

bevor Terrazzoplatten verlegt werden dürfen, was bei hohen Schichtdicken viele Monate dauern kann. Im gewerblichen Bereich sollte möglichst im Verbund verlegt werden. Hält der Planer eine die Feuchte oder den Wasserdampf sperrende Maßnahme für erforderlich, sollte überlegt werden, ob das mit einer Schicht aus Epoxidharz realisiert werden kann. Wird diese deckend und fachgerecht so abgesandet, dass eine mineralische Fläche entsteht, kann hierauf mit einer Haftbrücke wieder im Verbund verlegt werden. Auch diese Variante ist nicht fehlertolerant und sollte nur in Ausnahmefällen umgesetzt werden.

Aus optischen Gründen sollen Terrazzoplatten mit Rechteckformaten häufig im Verband mit versetzten Fugen verlegt werden. Man muss wissen, dass die Schwindkräfte dann nur in Längsrichtung feine Schwindrisse in den Plattenfugen erzeugen können. In Querrichtung gibt es keine durchgehenden Fugen, sondern eine gut ausgesteifte Platte, weshalb nicht selten die Platten selbst reißen, trotz einer sehr hohen Biegezugfestigkeit von ca. 9 bis 10 N/mm^2. Hier wirken nämlich reine Zugkräfte und die Eigenzugfestigkeit der Platten beträgt nur einen Bruchteil der Biegezugfestigkeit. Es sollte also generell mit Kreuzfugen verlegt werden (Abb. 12.17).

Qualitätssicherung Estricharbeiten 13

Qualitätssicherung beginnt bei der Qualität der Ausschreibung und endet bei der stichprobenartigen Prüfung der fertigen Leistung. Eine Leistung sollte nur dort geprüft werden, wo es aus fachtechnischer Sicht Sinn macht. Zum Beispiel soll eine Bestätigungsprüfung der Festigkeit nur durchgeführt werden, wenn es konkrete Hinweise gibt, die Zweifel an der Festigkeit aufkommen lassen.

Ausschreibung und Ausführung müssen den anerkannten Regeln der Technik entsprechen. So erwartet es auch die VOB. Das wurde bisher fast widerspruchslos hingenommen, obwohl weder Juristen noch Sachverständige sicher sagen konnten und können, was zu diesen anerkannten Regeln der Technik gehört. Fragt man einen Sachverständigen, ob eine Leistung den anerkannten Regeln der Technik entspricht, so wird ein gewissenhafter Sachverständiger sich nicht allein auf DIN-Normen beziehen, sondern wird die Frage aus dem Bauch heraus nach seinen Erfahrungssätzen beantworten. Diese Erfahrungssätze stammen aus einer Vielzahl von Quellen, wozu sicherlich auch DIN-Normen gehören. Planer und Ausführende benötigen demnach neben den DIN-Normen und weiteren Erkenntnisquellen auch umfassende Erfahrungen.

Das Bundesverwaltungsgericht hat die folgende Definition (BVerwG BauR 1997, 290, 291):

> Anerkannte technische Regeln sind diejenigen Prinzipien und Lösungen, die in der Praxis erprobt und bewährt sind und sich bei der Mehrheit der Praktiker durchgesetzt haben.

Auch in dieser Definition bleibt das ein unbestimmter Rechtsbegriff. Nach welcher Zeit ist eine Lösung hinreichend erprobt und bewährt? Wer stellt die Mehrheit der Praktiker fest? In Rechtskreisen beginnt man daher (hoffentlich), sich von diesem Begriff zu verabschieden, z. B. Reichelt, Abschied vom technischen Standard anerkannte Regel der Technik, BauR 9/2007.

H. Timm et al., *Estriche, Parkett und Bodenbeläge*,
https://doi.org/10.1007/978-3-658-25847-4_13

Der BGH stellt bei der Definition eines Sachmangels nicht die anerkannten Regeln der Technik als Maßstab in den Vordergrund, sondern stellt fest, dass die vertraglichen Vereinbarungen der Parteien entscheidend sind, aber vom Zweck und der Funktion überlagert werden. Das ist für Techniker greifbarer und neue Entwicklungen werden nicht behindert. Dennoch gilt: Wer neue Produkte oder Lösungen, die sich noch nicht bewähren konnten, in seine Planung oder Ausführung einbezieht, muss zuvor den Auftraggeber umfassend über Vor- und Nachteile aufklären.

Die Normen des DIN und die Regelwerke der Fachverbände können als eine Art anerkannter Regel gelten, allerdings in beiden Fällen nicht allein durch ihre Veröffentlichung, sondern erst nach eingehender kritischer Auseinandersetzung mit den Inhalten. Normen des DIN sind keine Gesetze, sondern Vorschläge von Fachkreisen für privatrechtliche Vereinbarungen. Wer DIN-Normen oder andere Regelwerke vereinbart, darf den eigenen Verstand nicht ausschalten und muss davon überzeugt sein, dass diese eine mangelfreie Ausführung beschreiben. DIN-Normen entstehen auf Wunsch interessierter Fachkreise, die dann einen Normenausschuss bilden und in diesem Ausschuss natürlich ihre Interessen möglichst weitgehend durchsetzen wollen. Die Regelwerke der Fachverbände berücksichtigen nicht immer das notwendige Zusammenwirken der Gewerke. Oft genug erlebt man auf Tagungen von Fachverbänden: Man stellte mit einem gewissen Stolz ein neues Regelwerk vor und ließ keinen Zweifel daran, dass sich nun alle am Bau Beteiligten danach zu richten hätten. Tatsächlich stellt jede neue Regel nur eine weitere Erkenntnisquelle dar, die sich ebenso bewähren muss. Bei Normen und anderen Regelwerken muss generell überprüft werden, ob der Inhalt angewendet werden kann und zum geschuldeten Erfolg führt. Plant man streng nach Norm, kann die Planung mangelhaft sein, wenn das Werk nicht dem Zweck entspricht oder nicht funktioniert. Gleichwohl kann ein Werk sachmangelfrei sein, obwohl es nicht normenkonform ist. Möglicherweise ist in diesem Fall die Leistung dennoch mangelhaft, weil nicht vertragsgerecht.

Die Normen und Regelwerke für Estriche und Bodenbeläge sind inhaltlich teils umstritten, teils inkonsistent, teils nicht nachvollziehbar, aber dennoch überwiegend eine gute Planungs- und Beurteilungsgrundlage. In den einzelnen Kapiteln wurden besonders fragwürdigen Festlegungen aufgezeigt und kommentiert.

Ein Normungsverfahren ist eine langwierige Angelegenheit und technische Entwicklungen eilen diesem Verfahren oft voraus. Daher können neue Verfahren, bei Vorliegen hinreichend gesicherter Erkenntnisse, dem Stand der Technik entsprechen. Diese Produkte oder Konstruktionen haben sich natürlich dann noch nicht bewähren können. Davon und von möglichen Risiken muss der Auftraggeber Kenntnis haben.

Für Estrichbetriebe gilt seit April 2004 die Verpflichtung, für alle Estricharten und Festigkeitsklassen regelmäßige Prüfungen durchzuführen, wenn sie die Estriche als normenkonform bezeichnen wollen. Über diese Prüfungen sind Aufzeichnungen zu machen. Natürlich bleibt es einem Estrichbetrieb unbenommen, Estriche ohne diese Nachweise anzubieten. Nur dürfen diese Estriche nicht als normenkonform bezeichnet werden. Das wird jedoch Theorie bleiben, da Architekten mit Blick auf ihre Bauherren kaum auf die Normenkonformität verzichten dürften. Architekten sollten daher auch im

Rahmen der Qualitätssicherung nach diesen Nachweisen fragen. Auch Sachverständige werden die Nachweise einsehen wollen, wenn sie über die Normenkonformität eines Estrichs Beweis erheben sollen.

13.1 CE-Kennzeichnung

Wer Estrichmörtel und -massen im europäischen Raum in den Verkehr bringen will, wird um eine CE-Kennzeichnung nicht herum kommen. Durch das CE-Kennzeichen wird eine normenkonforme Herstellung im Sinne europäisch vereinheitlichter Normen bestätigt. Das CE-Kennzeichen erteilt sich der Hersteller für jede Estrichart und Festigkeit selbst, nachdem er eine Anzahl von Prüfungen durchgeführt und die Ergebnisse dokumentiert hat. Die CE-Kennzeichnungspflicht besteht nicht für Mörtel, der vor Ort aus einzeln zusammengemischten Baustoffen hergestellt werden (Baustellenmörtel). Alle Werksmischungen jedoch müssen das CE-Kennzeichen tragen.

Wer allerdings für seinen Baustellenmörtel die Normen-Konformität bestätigt, muss ebenso eine Anzahl von Prüfungen durchführen und dokumentieren, weshalb er dann auch das CE-Zeichen führen kann. Aber Vorsicht: Das geht nur, wenn die Ausgangsstoffe für den derart gekennzeichneten Estrich relativ konstant bleiben. Eine permanente Eingangskontrolle und möglicherweise eine Zurückweisung von Baustoffen, hier besonders von Gesteinskörnungen, wird die Folge sein. DIN 18560-1 setzt voraus, dass erfahrene Hersteller durch die Sichtprüfung Abweichungen erkennen, die zu relevanten Änderungen der Eigenschaften führen würden. Eine Erstprüfung soll daher natürlich nicht für jede Baustelle erforderlich sein. Dem ist zuzustimmen, weil auch DIN EN 13813 die Erstprüfung nicht für Baustellen, sondern für den deklarierten Estrich fordert. Aber kann man bei einer Gesteinskörnung wirklich durch Sichtprüfung den Unterschied zwischen einer Sieblinie B 8 und C 8 sicher erkennen? Die Erstprüfung muss also mit dem Prüfergebnis weit über dem deklarierten Wert liegen, damit alle Toleranzen der Sichtprüfung kompensiert werden.

13.2 Gütegemeinschaft

In diesem Bereich hat der Bundesverband Estrich und Belag Pionierarbeit geleistet. Er hat die Gütegemeinschaft Estrich und Belag vor mehr als 35 Jahren ins Leben gerufen, die das Gütezeichen RAL-RG 818 an die Mitglieder der Gütegemeinschaft verleiht. Für die Verleihung des Gütezeichens ist, neben einer reglementierten Eigenüberwachung, auch eine Fremdüberwachung nachzuweisen, die zurzeit bundesweit von dem verbandseigenen Institut für Baustoffprüfung und Fußbodenforschung IBF, Troisdorf, durchgeführt wird.

Die Fremdüberwachung beinhaltet:

- Prüfung und Beurteilung im Materialbereich,
- Prüfung und Beurteilung der Verlegearbeiten,
- Prüfung des Trittschallschutzes (Stichproben).

13.3 Pflichtprüfungen zur Normenkonformität von Estrichen

Zur Herstellung normenkonformer Estriche gehören

- Erstprüfung
- Produktionskontrolle

Erstprüfung Eine Erstprüfung nach DIN EN 13813 soll den Nachweis erbringen, dass mit den vorgesehenen Baustoffen die geforderten Eigenschaften erreicht werden. Die Prüfung entspricht etwa der bisherigen Eignungsprüfung, die aber in der alten Norm nur für höhere Festigkeitsklassen gefordert war, während die Erstprüfung jetzt für alle angebotenen Estriche durchgeführt werden muss. Diese Prüfungen werden also lange vor der Estrichverlegung durchgeführt. Um geringe Toleranzen in der Zusammensetzung oder der Baustoffbeschaffenheit aufnehmen zu können, sollten in der Erstprüfung immer höhere Werte erzielt werden.

Es gibt für die verschiedenen Estricharten zwingend vorgeschriebene Prüfungen. Weist der Estrich eine besondere Eigenschaft auf, die nicht zwingend nachgewiesen werden muss, kann sie optional geprüft und deklariert werden. Die Erstprüfung ist zu wiederholen, wenn sich an den Ausgangsstoffen oder am Herstellungsverfahren relevante Änderungen ergeben oder bei Differenzen zwischen Erstprüfung und Produktionskontrolle.

Estrichleger, die Heizestriche herstellen, wurden häufig erst bei Ausführung gezwungen, ein bestimmtes Zusatzmittel zu verwenden, mit dem sie jedoch nicht immer Erfahrungen hatten. Das würde zu nicht normenkonformen Estrichen führen, da mit diesem Zusatzmittel keine Erstprüfung durchgeführt wurde (Abb. 13.1).

Der Estrichunternehmer wird dann Bedenken vorbringen müssen, weil er die deklarierten Eigenschaften seines angebotenen Estrichs nicht mehr sicher gewährleisten kann. Wenn also bestimmte Zusätze oder Ausgangsstoffe bei der Herstellung seitens des Auftraggebers vorgeschrieben sind, muss dies der Auftragnehmer bereits bei Angebotsabgabe wissen. Er muss dann u. U. zunächst eine Erstprüfung durchführen und einkalkulieren. Wenn der Hersteller des Zusatzmittels diese Erstprüfung durchführt, darf der Estrichbetrieb von dieser Mischanweisung nicht abweichen. Die Mischanweisung muss ihm dann rechtzeitig vor Bestellung der Ausgangsstoffe übergeben werden. Die Mischanweisung muss die zulässigen Abweichungen der Ausgangsstoffe beschreiben (Tab. 13.1).

Abb. 13.1 Prismenform zur Herstellung der Prüfkörper $4 \times 4 \times 16\ cm^3$ für die Erstprüfung und die Produktionskontrolle von CT, CA und MA-Estrichen (Bitte nur Stahl- oder Kunststoffformen verwenden. In Polystyrol-Formen kann man nicht hinreichend fest verdichten!)

Tab. 13.1 Erstprüfung – Pflichtnachweise

Estrichart	Pflichtprüfung
CT	Druckfestigkeit C Biegezugfestigkeit F Verschleißwiderstand bei direkt genutzten Estrichen A
CA, CAF	Druckfestigkeit C Biegezugfestigkeit F pH-Wert minimal 7
MA	Druckfestigkeit C Biegezugfestigkeit F Oberflächenhärte bei direkt genutzten Estrichen SH
AS	Härte ICH, IC
SR	Verschleißwiderstand BCA o. gegen Rollbeanspruchung bei direkt genutzten Estrichen Haftzugfestigkeit B

Produktionskontrolle Die Produktionskontrolle hieß bisher Güteprüfung. Sie ist eine Eigenüberwachung auf Basis eines Qualitätshandbuches. Die Eigenüberwachung soll beinhalten:

- Regelmäßige Inspektionen, Kontrollen und Prüfungen des Roh- und Ausgangsmaterials und des Produktionsprozesses
- Regelmäßige Inspektionen, Kontrollen und Prüfungen des Endproduktes

Dazu gehören Aufzeichnungen über alle Kontrollen mit Datum, Prüfart, geprüfte Produkte, Testergebnisse usw.

Die Anzahl der Prüfungen wurde bislang nicht festgelegt. Da DIN EN 13813 jedoch die Normenkonformität von einer statistischen Auswertung oder von einer hinreichenden Anzahl von Einzelergebnissen abhängig macht, dürfte eine Prüfung pro Jahr und Estrich kein überzeugender Nachweis sein. Insoweit ist davon auszugehen, dass neben der einmaligen Erstprüfung, zumindest drei Produktionskontrollen je deklarierter Estrichart und Produktionsjahr notwendig sind.

DIN EN 13813 fordert auch die Überprüfung des Endproduktes. Darunter kann aber nicht eine Bestätigungsprüfung verstanden werden. Welcher Auftraggeber wäre schon begeistert, wenn nur wegen einer Routine-Prüfung sein neuer Estrich zerschnitten würde. Dennoch macht es unter dem Aspekt der Qualitätssicherung Sinn, gelegentlich eine Bestätigungsprüfung freiwillig durchzuführen. Man könnte z. B. den aus dem Pumpenschlauch geförderten Mörtel in einer Form von ca. $50 \times 50\ cm^2$ auf der gleichen Dämm- oder Trennschicht verlegen und gleichwertig abziehen, abreiben oder glätten. Diese Probe sollte dann zumindest für 14 Tage auf der Baustelle unter gleichen Bedingungen gelagert werden. Das dürfte eine hinreichende Aussage zur am Bau erreichten Festigkeit erlauben.

In das Kontrollsystem des Qualitätshandbuchs sollen einbezogen werden:

- Ausgangsmaterialien, möglichst mit relevanten EN, Zulassungen oder DIN
- Definition des Produktionsprozesses mit Prüfungen und Prüfausstattung
- Prüfungen am Estrichmörtel
- Alternative Prüfverfahren
- Prüfausrüstung mit Aufzeichnungen zur regelmäßigen Kalibrierung
- Rückverfolgbarkeit und Kontrolle hinsichtlich der Ausgangsmaterialien
- Lagerüberwachung und Lagerfähigkeit
- Hinweise zu nicht-normenkonformen Produkten

Berichte von benannten autorisierten Personen sollen enthalten:

- Kalibrierung oder Anerkennung der Laborausstattung
- Beurteilung und Prüfung der Ausgangsmaterialien
- Herstellungsprozess
- Weitere relevante Informationen
- Bis zum Produkt zurückverfolgbare Ergebnisse

Die Bezeichnungen für das Produkt sollen sich an DIN EN 13813 bzw. DIN 18560 orientieren.

Anmerkung: Für Hersteller baustellengemischter Estriche ist allergrößte Vorsicht geboten, wenn die Normenkonformität Teil der vereinbarten Beschaffenheit ist. Das wird die Regel sein! Es sollten nur Betriebe anbieten und ausführen, die die vorgenannten Regeln wirklich umsetzen. In der Tendenz werden seit dem Entfall der Meister-Pflicht vermehrt kleine Ein-Kolonnen-Betriebe als Subunternehmer für die größeren Betriebe arbeiten. Sie bekommen das Material gestellt und sind von den Prüfungen weitgehend entbunden. Der Betrieb, der Subunternehmer beschäftigt, muss jedoch nicht nur die gelieferten Ausgangsstoffe prüfen, sondern auch den Herstellungsprozess seines

Subunternehmers. Der Subunternehmer muss daher verpflichtet werden, das Qualitätshandbuch zu berücksichtigen und keine eigenen Ausgangsstoffe zu verwenden. Ebenso darf er nicht vom vorgeschriebenen Herstellungsverfahren abweichen. An die Fachbauleiter werden derart hohe Anforderungen gestellt, dass spezielle Schulungen unumgänglich sind. Man kann und wird darüber streiten, ob ein solches Qualitätssicherungssystem sinnvoll ist. Zumindest für den Standardestrich C 25 bzw. F 4 ist dies überzogen und überflüssig, weil bei diesem Estrich hinreichende Erfahrungen vorausgesetzt werden können.

13.4 Bestätigungsprüfung von Estrichen

Die Bestätigungsprüfung wird nur in Sonderfällen ausgeführt. Hier werden Proben aus dem fertigen Estrich herausgearbeitet und geprüft. Die Werte in der Bestätigungsprüfung dürfen unter den Werten der Produktionskontrollprüfung (Güteprüfung) liegen! Selbst Sachverständige und Prüfstellen berücksichtigen diesen Umstand häufig nicht. In der Erst- und Produktionskontrollprüfung wird der Estrich in Formen optimal verdichtet und dann definierten klimatischen Verhältnissen ausgesetzt. Am Bau wird der Estrich anders verdichtet, einer anderen Oberflächenbearbeitung unterzogen und undefinierten klimatischen Einflüssen ausgesetzt. Diesen Umständen wird durch eine Reduzierung der Festigkeitswerte um 20 bis 40 %, je nach Estrich- und Verlegeart, in der Bestätigungsprüfung Rechnung getragen. Die Soll-Werte wurden in DIN 18560 festgelegt.

Die Bestätigungsprüfung wird ausgeführt, wenn berechtigte Zweifel an der Güte des Estrichs bestehen oder wenn die Tragfähigkeit von Estrichen auf Dämm- und Trennschichten nachträglich beurteilt werden soll. Sie kann auch ausgeführt werden, wenn der Auftragnehmer es trotz Vereinbarung versäumt hat, die notwendigen Prüfungen nach Qualitätshandbuch durchzuführen. Sie ist ebenso für das Estrichunternehmen sinnvoll, wenn neue Estricharten, neue Einbautechniken oder andere Abweichungen vom Standard überprüft werden sollen (auch ein Aspekt der Qualitätssicherung nach DIN EN 13813). Mineralische Estriche müssen für die Bestätigungsprüfung in der Regel ein Alter von mind. 28 Tagen aufweisen. Was und wie geprüft wird, beschreiben die Normen DIN EN 13892 und DIN 18560.

Man sollte sehr wählerisch bei der Auswahl der Prüfstelle sein. So wurde kürzlich eine Baustelle stillgelegt, weil ein Labor eine ausgesprochen niedrige Biegezugfestigkeit bei einem Calciumsulfat-Fließestrich CAF feststellte. Der Bauherr befürchtete den bevorstehenden Rückbau in allen Geschossen. In einem gerichtlichen Eilverfahren wurde ein Sachverständiger beauftragt. Dieser stellte fest, dass der CAF noch eine hohe Restfeuchte aufwies. Das Labor hatte die Proben vor der Prüfung nicht getrocknet. Gipsestriche haben in feuchtem Zustand in der Regel deutlich niedrigere Festigkeitswerte. Das Labor prüfte dem Fachgebiet nach wohl vorwiegend Beton. Die vom Sachverständigen entnommenen Proben wurden natürlich getrocknet und die Werte lagen um den Faktor 2 höher, ebenso die Werte eines weiteren privat beauftragten Sachverständigen.

In einem anderen Fall gab ein Labor bei einem einige Monate alten CAF-Estrich normaler Dicke Feuchtegehalte um 3 Masse-% an. Das war schon ungewöhnlich, denn eine nachträgliche Durchfeuchtung konnte ausgeschlossen werden. Auf Nachfrage wurde dann bestätigt, dass man (versehentlich) bei 105 °C getrocknet hatte. Damit war der hohe Wert erklärt. CAF wird generell nur bei 42 °C getrocknet, sonst erfasst man das gesamte gebundene Wasser.

Ein Kollege fiel vor einigen Jahren auf einen Laborbericht herein. Das Labor hatte nicht den Unterschied zwischen CM-% und Masse-% berücksichtigt. Man hatte im Zementestrich Feuchtegehalte um 3 Masse-% ermittelt und daraus abgeleitet, dass der Bodenleger den Belag zu früh verlegt hatte, weil die Belegreife doch erst ab 2 Masse-% gegeben sei. Der Kollege übernahm das ungeprüft. Tatsächlich gab es vor Ort keine Schäden, die auf einen Feuchteeinfluss hindeuteten. Aber wichtiger: 3 Masse-% entsprechen ungefähr 1,5 CM-%. Der Estrich war belegreif. Der Kollege hätte die Laborbewertung keinesfalls ungeprüft übernehmen dürfen.

Auch muss man sich die Ergebnisse einer Prüfserie ansehen. Ist ein Einzelwert der Druck- oder Biegezugfestigkeit einer Probe deutlich verschieden, meistens erheblich zu niedrig, muss es einen Grund dafür geben. Man darf diesen Wert nicht in die Mittelwert-Bildung einbeziehen. Ein gutes Labor gibt Hinweise, warum dieser Wert abweicht. Manchmal ist es nur ein Rechenfehler, manchmal nur eine lokale Hohlraumanhäufung, die dann gesondert zu bewerten wäre.

Labore sind selten geeignet, die Ergebnisse zu bewerten und einzuordnen. Es muss stets die Aufgabe des Sachverständigen bleiben, den Laborbericht zu prüfen und die Ergebnisse im Gutachten korrekt einzuordnen. Dazu gehört auch ein zielführender Prüfauftrag. Nicht selten werden an Estrichen völlig unsinnige und überflüssige Prüfungen durchgeführt. Immer wieder wird an Estrichen auf Dämm- und Trennschicht die Druckfestigkeit geprüft, obwohl es weder Prüfgrundsätze noch Sollwerte gibt. Auch ist es äußerst selten, dass man aus einem im Labor geprüften Mischungsverhältnis Bindemittel zu Gesteinskörnung irgendwelche Erkenntnisse ziehen kann. Die möglichen Analysefehler sind viel zu groß. Zudem gibt es keine Sollwerte für Mischungsverhältnisse. Auch die Feststellung des Wasser/Zementwertes grenzt eher an Esoterik. Zumindest benötigt man diesen Wert nicht. Sinnvoll allerdings ist die Ermittlung der Rohdichte parallel zur Festigkeitsprüfung. Daraus kann man schon ableiten, wie der Estrich verdichtet wurde. Aber wichtiger: Niedrige Rohdichten mit hohen Festigkeitswerten passen ebenso wenig zusammen, wie niedrige Festigkeitswerte zu hohen Rohdichten. Das muss auffallen und zumindest hinterfragt werden.

13.5 Baubegleitende Qualitätssicherung

Eine baubegleitende Qualitätssicherung hat nicht den Sinn, dem Estrichleger Fehler nachzuweisen. Sie hat ausschließlich unter dem Aspekt der Qualitätssicherung ihre Berechtigung. Die Überwachung muss von dem Bauleiter des Auftraggebers, von dem

Fachbauleiter des Auftragnehmers und in Sonderfällen von einem Sachverständigen durchgeführt werden. Visuelle Überwachungen werden im Zweifel durch technische Prüfungen ergänzt.

Hinsichtlich der Estricharbeiten muss die baubegleitende Qualitätssicherung bereits bei der Kontrolle der Vorgewerke beginnen. Zwar hat der Estrichunternehmer eine Prüfungspflicht, aber was nützt es, wenn man möglicherweise zu diesem Zeitpunkt an der Vorleistung nichts mehr ändern kann. Beispiele:

- Stimmt die Höhenlage der Decke?
- Stimmen die Höhen von anderen Anschlussbereichen, wie Fahrstühlen, Treppen usw.?
- Wurden Rohre auf der Decke so verlegt, dass der geforderte Ausgleich technisch auch ausführbar ist?
- Wurde die Bauwerksabdichtung vor den Rohren, Kabeln u. Ä. verlegt?
- Verlegt der Heizungsbauer die Dämmschicht bei Heizestrichen fachgerecht und hat er den Untergrund überprüft? Dazu ist der Estrichleger dann nämlich nicht mehr verpflichtet! Hat der Heizungsbauer einen Randstreifen mit ausreichender Dicke und Höhe verlegt?

Alle Punkte, die der Bauleiter des Estrichunternehmers beanstanden könnte, die also wesentlich für die Leistung „Estrich“ sind, sollten frühzeitig überprüft und ggf. nachgebessert werden. Sonst entstehen häufig Bauverzögerungen, da der Auftragnehmer die Vorleistung erst unmittelbar vor Ausführung prüft und auch erst dann ggf. Bedenken vorträgt.

Während der Estricharbeiten schließen sich dann z. B. die folgenden Prüfungen an:

- Wird die Dämmschicht dicht gestoßen verlegt?
- Liegt die Dämmschicht hohlraumfrei auf?
- Entsprechen die Baustoffe und -teile dem Vertrag?
- Weist der Randdämmstreifen die geforderte Höhe und Dicke auf, und ist er hinreichend zwischen Dämmschicht und Wand eingeklemmt und nicht hochgerutscht?
- Steht der Randdämmstreifen relativ gleichmäßig über dem verlegten Estrich heraus?

Man kann diese Aufzählung über viele Seiten fortsetzen. Hinweise zu wichtigen Punkten, die visuell geprüft werden können, finden sich auch in den einzelnen Kapiteln dieses Buches. Ein Bauleiter mit einer Ausbildung als Meister, Bautechniker oder Bauingenieur sollte hier nicht überfordert sein. Es geht nicht darum, die Fachbauleitung zu ersetzen, sondern im Eigeninteresse einfache visuelle Feststellungen zu treffen.

Folgender Fall: Gemäß Vertrag war ein zweischichtiger Hartstoffestrich aus einer Übergangsschicht CT – C 35 und einer 10 mm dicken Hartstoffschicht auszuführen. Die Untersuchungen ergaben, dass in die Oberfläche eines Zementestrichs nur Hartkorn eingestreut und eingearbeitet wurde. Die Schichtdicke war wegen der geringen Menge an

Hartkorn nicht messbar. Eine derartige Abweichung vom Auftrag hätte jedem Bauleiter bzw. Architekten sofort während der Verlegearbeiten wegen der abweichenden Verlegetechnik und Materialien auffallen müssen.

Nach der Estrichverlegung wird der Estrichunternehmer der Bauleitung schriftliche Hinweise geben, was mit dem Estrich nicht passieren darf, damit er die geforderten Eigenschaften erreicht. Es kann von dem Estrichunternehmer nicht erwartet werden, dass er ganztägig seinen Estrich bewacht und unzumutbare Beeinträchtigungen unterbindet. Das wäre praxisfremd. Die örtliche Bauleitung hat die anderen Gewerke so zu koordinieren, dass der Estrich seinen Eigenheiten entsprechend hinreichend geschützt wird.

Besonders im Winterbau führen eine zu starke Beheizung und eine Luftbewegung mit der trockenen Außenluft oder durch Warmluft-Gebläse immer wieder zu Aufschüsselungen von Zementestrichen auf Dämm- oder Trennschicht. Ebenso häufig sieht man Stapel von Gips-Platten auf einem wenige Tage alten Estrich liegen, aber auch Fliesenpakete und Sandhaufen des Fliesenlegers.

In einem anderen Fall wurde ein Zementestrich auf die Verkehrslasten eines Autohauses ausgelegt. Während des Ausbaus wurden fahrbare Montagebühnen von ca. 2 t Gewicht auf 4 kleinen Rädern eingesetzt. Ecken und Randbereiche des Estrichs brachen unter dieser nicht bestimmungsgemäßen Last ab. Das hätte die Bauleitung unterbinden müssen.

Wie mit dem Estrich durch andere Gewerke und klimatische Einflüsse umgegangen wird, liegt nicht im Einflussbereich des Estrichunternehmers. Wenn eine Bauleitung z. B. zulässt, dass in Folien verpackte Dämmstoffe anderer Gewerke oder Stapel von Gips-Platten auf dem Estrich über Wochen gelagert werden, darf sich die Bauleitung nicht wundern, wenn der Estrich nicht in der geplanten Zeit austrocknet.

Technik und Recht

14

14.1 Was ist ein Mangel?

Warum bauen wir? Warum werden Estriche und Bodenbeläge verlegt? Aus Sicht der Auftragnehmer soll damit ein Gewinn erwirtschaftet werden. Der Auftraggeber will, dass die beauftragte Leistung seinen Erwartungen entspricht. Nur dann wird er den Werklohn zahlen und nur dann kann der Auftragnehmer den ohne jeden Zweifel erforderlichen Gewinn erwirtschaften. Wir verlegen also Estriche und Bodenbeläge allein, um die Erwartungshaltung eines Auftraggebers in vollem Umfang zu befriedigen. Der Auftraggeber wird die ausgeführte Leistung genau prüfen und mit seiner Erwartungshaltung vergleichen, nicht etwa mit dem unüberschaubaren Sammelsurium an Normen und anderen Regelwerken. Er wird bei störenden Abweichungen, die ihn verunsichern, einen Mangel konstatieren und rügen. Der Auftragnehmer wird dann in der Regel mit für ihn günstigen Fachkommentaren, Regelwerken und gutachterlichen Stellungnahmen kontern. Der Streit auf außergerichtlicher Ebene hat begonnen. Wer entscheidet nun, ob ein Mangel vorliegt?

Außergerichtlich überlässt man die Antwort gerne einem Sachverständigen. Kann der das? Darf der das? Jein! Der Mangelbegriff ist rein rechtlicher Natur. Ob ein Mangel vorliegt, ist durch Auslegung des Vertrags zu entscheiden. Je genauer nun die Leistung im Vertrag beschrieben ist, je einfacher kann die Frage nach der Mangelhaftigkeit beantwortet werden. Wenn zwischen den Parteien also unstrittig ist, was geschuldet wird, kann der Sachverständige ziemlich sicher diese Frage beantworten. Er vergleicht einfach das Soll mit dem Ist. Jede Abweichung vom Soll ist per se ein Mangel. Und jeder Mangel begründet einen Nacherfüllungsanspruch des Auftraggebers, selbst wenn der Mangel nur mittels Neuherstellung zu beseitigen ist.

H. Timm et al., *Estriche, Parkett und Bodenbeläge*,
https://doi.org/10.1007/978-3-658-25847-4_14

Schwieriger wird es, wenn das Leistungs-Soll zwischen den Parteien umstritten oder weitgehend unbestimmt ist. Dann muss das Soll zunächst ermittelt werden. Der außergerichtliche Sachverständige wird das Soll, das nach seiner Sicht Grundlage ist, im Gutachten beschreiben und dann erneut Soll und Ist vergleichen. Nicht selten bleibt die Sache strittig und man bemüht das zuständige Gericht. Das Gericht muss nunmehr dem vom Gericht beauftragten Sachverständigen vorgeben, wovon dieser auszugehen hat. Das sind die Anknüpfungstatsachen. Der Sachverständige ist dann nur befugt, Abweichungen von diesem vorgegebenen Soll zu beschreiben. Er soll den Begriff „Mangel" nicht verwenden. Hilfsweise darf er durchaus schreiben, dass er Feststellungen allein aus technischer Sicht als Mangel einstuft. Die technische und die rechtliche Sicht bei der Beurteilung müssen nicht deckungsgleich sein. Die rechtliche Beurteilung hat jedoch stets Priorität! Sehr viele Sachverständige haben das bis heute nicht begriffen. Sie geben dem Gericht quasi den Ausgang des Rechtsstreits vor, nicht selten gleich ungefragt mit Vorschlägen für einen wirtschaftlichen Ausgleich (Minderung) oder sie stellen gleich die Unangemessenheit einer Nacherfüllung fest. Diese Kollegen dürfen sich nicht wundern, wenn sie wegen Befangenheit aus dem Verfahren ausgeschlossen werden. Sachverständige sind keine Richter! Das Baurecht ist so komplex, dass Sachverständige sich nicht anmaßen sollten, Recht zu sprechen. Sie beantworten nur die Fragen aus technischer Sicht, die man ihnen stellt. Gleichwohl stellen sie nicht selten fest, das Gerichte den Beweisbeschluss, also die vom Sachverständigen zu beantwortenden Fragen, unabsichtlich so formulieren, dass Sachverständige leicht in diese Falle gehen könnten. Aber es liegt an den Sachverständigen, das zu erkennen und zu umschiffen. Den Parteianwälten darf man nicht verübeln, wenn sie formale Fehler eines Sachverständigen ausnutzen.

Es kann also schwierig sein, den Vertrag auszulegen bzw. das Leistungs-Soll zu definieren. Aber Fakt ist: Jede Abweichung vom Soll ist ein Mangel.

Was aber ist, wenn die Leistung zwar einen Mangel aufweist, aber erkennbar ohne jede Einschränkung gebrauchstauglich ist? Kompensiert das den Mangel oder ist die Leistung dann von vornherein mangelfrei? Jein! Wenn das Leistungs-Soll so auszulegen ist, dass bestimmte Eigenschaften explizit gewünscht waren oder man aus der Erwartungshaltung des Auftragnehmers besondere Eigenschaften hätte ableiten müssen, bleibt es bei einem Mangel mit Nacherfüllungsanspruch. Wenn das Leistungs-Soll nur den Standard beschreibt und keine Besonderheiten erkennen lässt, kann durchaus auf die Gebrauchstauglichkeit abgestellt werden. Möglicherweise tritt dann an die Stelle der Nacherfüllung eine Minderung. Auch das werden Sachverständige nicht entscheiden können. Außergerichtlich kann das Gutachten dann nur ein Vorschlag sein, gerichtlich muss das Gericht vorgeben, wovon der Sachverständige ausgehen soll.

Sind aber unübliche handwerkliche und materialbezogene Toleranzen, wie diese in Normen oder anderen Regelwerken beschrieben werden, häufig auch trotzig als „hinzunehmende Unregelmäßigkeiten" bezeichnet, keine Mängel, also tatsächlich hinzunehmen? Jein! Bei einer Leistungsbeschreibung, die nur Standardausführungen enthält und keine besonderen Erwartungshaltungen erkennen lässt, kann das tatsächlich so sein. Wer nur Standard bestellt, wird auch die Toleranzen hinnehmen müssen. Es bleibt dem Auftraggeber schließlich überlassen, die gewünschte Leistung umfassend in allen Einzelheiten zu beschreiben. Aber hier lauern eine Anzahl von Gefahren für den Auftragnehmer. Man kann nicht alle beispielhaft aufzählen, aber wenn sich z. B. aus dem Einbauort mögliche Erwartungshaltungen des Auftraggebers ableiten lassen, dann kann der eigentliche Text der Leistungsbeschreibung durchaus nur Standard enthalten, aber dennoch kann ein Werk unter Einhaltung üblicher Toleranzen dann mangelhaft sein. Die Erwartungshaltung ist nämlich zu berücksichtigen und diese muss nicht zwingend schriftlich formuliert werden. Kritisch sieht es auch bei Endverbrauchern als Auftraggeber aus. Wer z. B. einen hochwertigen großformatigen Naturwerksteinbelag verlegen lässt, wird sichtbare Höhenunterschiede zwischen den Platten nur hinnehmen müssen, wenn er zuvor auf diese mögliche Unregelmäßigkeit hingewiesen wurde. Ihn im Nachhinein mit Normen und Merkblättern auf handwerksübliche Toleranzen hinzuweisen, dürfte keinen Erfolg haben. Selbst Fachkreise verstehen diese Inhalte manchmal nicht. Hinweispflichten sind zielführend vor Ausführung zu berücksichtigen.

14.2 Sachverständige

Gutachten werden nicht nur benötigt, um einen gerichtsanhängigen Streit zu entscheiden, sondern sehr häufig um einen Streit zu schlichten und zu verhindern. Man sollte es eigentlich voraussetzen, aber eine Schlichtung stellt hohe Anforderungen an die persönliche Eignung des Sachverständigen. Der geringste Anschein der Parteilichkeit kann das Ziel der Schlichtung verhindern. Noch gibt es in Deutschland den öffentlich bestellten und vereidigten Sachverständigen, der seine besondere Sachkunde und seine persönliche Eignung nachgewiesen haben sollte. Aber auch Sachverständige ohne Bestellung und Vereidigung erstellen Gutachten. Bei der Suche nach einem Sachverständigen helfen die Listen der HWK und der IHK ebenso wie die Listen der Fachverbände (BEB, BVPF, usw.). Man sollte für den Bereich Estriche, Parkett und Bodenbeläge nicht auf Generalisten zurückgreifen, sondern auf Spezialisten. Zumindest sollte man sich nicht scheuen den Sachverständigen zu fragen, ob er wirklich über eine besondere Erfahrung auf diesem Gebiet verfügt. Wer überwiegend Fassaden beurteilt, wird z. B. mit der Beurteilung von Spitznähten in einem Elastomerbelag überfordert sein, aber den Auftrag annehmen, wenn er gerade Auftragslücken hat.

Wer den Gedanken mit sich trägt, Sachverständiger zu werden, muss natürlich von seiner besonderen fachlichen Qualifikation überzeugt sein, die in der Regel von den Kammern zumindest im Ansatz geprüft wird. Das ist der leichtere Teil dieser Tätigkeit. Es geht ja nicht darum, bereits alles zu wissen. Auch nach über 30-jähriger Tätigkeit als Berufssachverständiger gibt es Erscheinungsbilder, die völlig neu sind. Es geht darum, analytisch zu denken, lernfähig und –willig zu sein und keinen einzigen Fall als Routine anzusehen. Das ist ein Teil der persönlichen Qualifikation. Noch wichtiger sind andere Fähigkeiten, z. B. ausnahmslos objektiv und neutral zu bleiben, auch wenn ein guter Bekannter als Partei betroffen ist. Man muss auch kritisch im Dialog mit Kollegen sein, denn man haftet selbst für sein Gutachten, nicht der raterteilende Kollege. Einige Gutachten führen Firmen endgültig in die Insolvenz. Auch das muss man aushalten. Während Anwälte sich voll und ganz für eine Partei einsetzen dürfen und müssen, steht ein Sachverständiger als „einsamer Wolf" generell im Fokus der Kritik. Ob die Kritik nun sachlich oder polemisch angereichert kommt, man muss das durchstehen. Das Gericht beobachtet schon, ob und wie man darauf reagiert. Hat man jedoch erkannt, dass man einen Fehler gemacht hat und die Kritik berechtigt ist, gibt es nur eine Reaktion: Unmittelbar den Fehler einräumen und korrigieren! Auch das muss man durchstehen. Bevor also jemand seinen Antrag bei einer Kammer auf Bestellung und Vereidigung stellt, sollte er lange Gespräche mit erfahrenen Kollegen führen, besonders über die eher unangenehmen Seiten der Tätigkeit, die hohe Anforderungen an die persönliche Qualifikation stellen.

Sachverständige werden bei gerichtlichen Aufträgen nach dem JVEG Justiz-Vergütungs- und Entschädigungsgesetz völlig unzureichend entschädigt. Sachverständige sind verpflichtet den gerichtlichen Auftrag auszuführen und zugleich Honorareinbußen hinzunehmen. Die antragstellende oder beweisbelastete Partei muss einen entsprechenden Vorschuss bei der Gerichtskasse einzahlen. Der Sachverständige erhält seine Entschädigung in der Regel erst, wenn er sein Gutachten dem Gericht übergeben hat. Auf begründeten Antrag kann er vom Gericht einen Vorschuss anfordern, z. B. bei hohen Auslagen für Labore.

Bei Privatgutachten kann das Honorar frei vereinbart werden. Es dürfte ca. das 1,5 bis 3-fache der Entschädigung nach JVEG betragen. Bei Privatgutachten ist der Sachverständige berechtigt, einen angemessenen Vorschuss anzufordern, bevor er seine Tätigkeit aufnimmt.

Da Sachverständige für ihre Gutachten haften, aber selten vermögend sind, sollten nur Sachverständige mit einer Berufshaftpflichtversicherung beauftragt werden.

Empfehlenswert ist, sich zunächst rechtlich beraten zu lassen. Dabei sollte man Fachanwälte für Bau- und Architektenrecht oder Anwälte mit dem Schwerpunkt Baurecht bevorzugen. Baurecht ist ein komplexes Spezialgebiet, das nicht jeder Anwalt beherrschen kann.

Privatgutachten

Als Privatgutachten, auch Parteigutachten genannt, werden alle Gutachten bezeichnet, die nicht von einem Gericht beauftragt werden. Möglicherweise ist eine Partei nicht sicher, ob tatsächlich ein Sachmangel vorliegt. Dann kann es sinnvoll sein, zur Beantwortung dieser Frage zunächst ein Privatgutachten einzuholen. Der damit beauftragte Sachverständige darf dann jedoch das Gerichtsgutachten nicht erstellen. Wird er vom Gericht benannt, muss er seine privatgutachterliche Tätigkeit offenlegen. Privatgutachten müssen von den Gerichten berücksichtigt und bewertet werden. Der privat beauftragte Sachverständige kann vom Gericht als sachverständiger Zeuge vernommen werden. Als Zeuge darf er jedoch nur seine Feststellungen bezeugen. Er darf keine Beurteilung abgeben.

Was viele nicht wissen: Der privat von einer Partei beauftragte Sachverständige haftet in der Regel auch gegenüber Dritten, also gegenüber den weiteren Beteiligten, besonders wenn diese sich erkennbar seiner Beurteilung unterwerfen wollen. Das ist nachvollziehbar, denn unabhängig von der Person des Auftraggebers muss der Sachverständige objektiv und neutral bleiben.

Es kann auch sein, dass die Parteien sich mit dem Ziel einer außergerichtlichen Einigung auf einen Sachverständigen einigen. Das wäre dann bei einer entsprechenden Vereinbarung ein Schiedsgutachten, dem sich die Parteien unterwerfen. Das Ergebnis kann vor einem Gericht überprüft werden, wobei es in der Regel zu keiner neuen Beweisaufnahme kommt.

Private Bauherren sind oft der Auffassung, dass der Vertragspartner, dem eine mangelhafte Leistung vorgeworfen wird, an das Privatgutachten gebunden sei. Das mag bei Unfallschäden so sein, weil die Abwicklung über Versicherungen erfolgt. Im Bauwesen ist das keinesfalls so. Nicht selten gibt es im Streitfall von jeder Partei ein Privatgutachten. Landet der Fall dann vor Gericht, wird das Gericht selbst einen weiteren Sachverständigen beauftragen.

Mediation

Mediationsverfahren allein durch einen Sachverständigen durchzuführen, ist hinsichtlich der Rechtsfragen risikoreich. Aber zur Klärung technischer Sachverhalte und Erläuterung von Sachmangelfolgen kann ein Sachverständiger sehr gut bei dem Versuch einer außergerichtlichen Einigung helfen. Die Anwälte der Parteien sollten aber zugegen sein.

Schiedsgerichtsverfahren

Ein Schiedsgericht entscheidet wie ein ordentliches Gericht. Es setzt sich nach zu vereinbarenden Regeln zusammen. Bei ordentlichen Schiedsgerichtsverfahren ist der Obmann des Schiedsgerichts jeweils ein Richter. Die Parteien benennen dann jeweils einen Sachverständigen als weitere Mitglieder des Schiedsgerichts. Das Verfahren ist relativ teuer, aber der Streit wird dafür sehr schnell entschieden. Bei kleinen Streitwerten lohnt dieses Verfahren nicht.

Gerichtliche Gutachten

Sachverständige sind verpflichtet gerichtliche Gutachten zu erstatten. Ein Wunsch nach Entpflichtung muss sehr nachvollziehbar begründet werden.

Droht ein Beweis verloren zu gehen und ist man zugleich davon überzeugt, dass ein Mangel vorliegt, dürfte es zweckmäßig sein, bei dem zuständigen Gericht die Durchführung eines selbstständigen Beweisverfahrens zu beantragen. Das Gericht wird dann einen Sachverständigen benennen und beauftragen. Dieser sollte sehr schnell die Parteien zu einem Ortstermin einladen, um die Beweise zu sichern. Das Gutachten darf nur die Fragen beantworten, die im Beweisbeschluss gestellt sind. Selbst wenn der Sachverständige erkennt, dass das strittige Werk zeitnah aus anderen Gründen untergehen wird, darf er sich dazu nicht äußern, wenn der Beweisbeschluss nicht danach fragt. Das ist rechtlich nachvollziehbar, aus technischer und prozessökonomischer Sicht keinesfalls. Mit Abgabe des Gutachtens ist das Verfahren zunächst abgeschlossen. Die Parteien können mit diesem Gutachten versuchen, eine außergerichtliche Einigung herbeizuführen. Dazu kann man auch die Anhörung des Sachverständigen zur Erläuterung seines Gutachtens vor dem Gericht beantragen. Gelingt die Einigung nicht, beginnt nach Einreichung der Klageschrift das Hauptverfahren. Das Gutachten wird dann Prozessgutachten. Hat das Gericht Zweifel an der Verwertbarkeit oder Richtigkeit des Gutachtens, wird es ein weiteres Gutachten einholen.

Auch ohne das Gutachten eines selbstständigen Beweisverfahrens, wird das Gericht einen Sachverständigen zur Klärung technischer Sachverhalte in einem Prozess beauftragen. Entscheidungen werden generell auf Basis dieser Gutachten gefällt. Daher sollte man als Partei auch einer Beauftragung widersprechen, wenn man von der fachlichen Eignung des Sachverständigen nicht überzeugt ist. Es ist nach Erfahrung äußerst schwer, Sachverständige im laufenden Verfahren zu ersetzen.

Sachverständige müssen vor Annahme eines gerichtlichen Auftrags Geschäftsbeziehungen, auch die privater Aufträge für Gutachten und eine mögliche Verwandtschaft mit einer Partei offenlegen. Zur Entpflichtung genügt bereits der Anschein der Befangenheit. Was viele Sachverständige nicht wissen: Sie dürfen in der gesamten Zeit des laufenden Verfahrens, also möglicherweise über viele Jahre hinweg, keine Aufträge für ein Privatgutachten in einer anderen Sache von einer der Parteien annehmen. Wenn das Gerichtsgutachten dadurch unverwertbar wird, droht ein Honorarverlust bzw. eine Honorarrückforderung. Da Sachverständige vom Ausgang des Verfahrens seitens der Gerichte nicht unterrichtet werden, kann man leicht in diese juristische Falle tappen. Als Sachverständiger fragt man sich sowieso, wozu man einen Eid geleistet hat, wenn dennoch immer wieder die Frage nach einer Befangenheit im Raum steht. Befangenheitsanträge nehmen zu. Das ist nie persönlich gemeint, sondern ein legitimes Mittel um unerwünschte Sachverständige auszuschließen. Aber auch die Sachverständigen selbst sorgen mit Unbedacht für den Erfolg derartiger Anträge, wie weiter oben darlegt. So gab es einen Kollegen, der sich bei der gerichtlichen Erläuterung seines Gutachtens vor dem LG Lübeck von den Fragen der Prozessanwälte bedrängt fühlte. Mit Blick auf einen der Anwälte, schoss es aus ihm heraus: „Ihre Partei ist doch dafür bekannt, dass sie nur Pfusch abliefert!" Die Anträge auf Ablehnung wegen Befangenheit wurden natürlich von beiden Parteien unmittelbar gestellt und auch der Vorsitzende Richter schaute nur noch entsetzt zur Decke.

Eine andere Variante: Ein Unternehmer, selbst Sachverständiger, führte bei drei verschiedenen Landgerichten in verschiedenen Sachen mit verschiedenen Anwälten einen Rechtsstreit. In allen Fällen wurde dann ein anderer Sachverständiger bestellt. Nun sollte der Unternehmer und Kollege Monate zuvor vom gerichtlichen Sachverständigen anlässlich einer Fortbildungsveranstaltung fachlich scharf kritisiert und als Negativbeispiel dargestellt worden sein. Nun wurden bei den drei Gerichten Anträge auf Ablehnung wegen Befangenheit gestellt, weil dieser wegen der Kritik angeblich nicht mehr zur objektiven

Gutachtenerstellung fähig sei. Zumindest der Anschein der Befangenheit sei gegeben. Das LG Lübeck und das LG Flensburg folgten diesen Anträgen und entpflichteten den Sachverständigen. Das AG Eckernförde sah jedoch keinen Grund für eine Befangenheit, wogegen Beschwerde eingelegt wurde. Das LG Kiel musste über die Beschwerde entscheiden und schloss sich der Auffassung des AG Eckernförde an. Es begründete sehr sorgfältig, warum der Ablehnungsantrag keinen Erfolg haben konnte. Man erkennt die Inkonsistenz gerichtlicher Entscheidungen und das nicht nur bei Befangenheitsanträgen.

Sachverständige müssen sehr häufig im Rahmen der notwendigen Untersuchungen von den Parteien Bauteilöffnungen oder die Entnahme von Proben fordern. Sachverständige sollten (müssen) diese Öffnungen nicht selbst vornehmen. Die beweisbelastete Partei muss vielmehr die Öffnungen nach den Angaben des Sachverständigen ausführen und kann dazu Hilfsunternehmer beauftragen. Einige Gerichte sind der Auffassung, der Sachverständige sei zur Bauteilöffnung verpflichtet und könne dazu Hilfsunternehmer heranziehen. Bevor ein Sachverständiger sich auf eine derartige Anordnung einlässt, sollte er ein Bauteilöffnungsgutachten erstellen, in dem er das Gericht und die Parteien auf die Risiken hinweist. Er sollte auch prüfen, ob seine Versicherung entstehende Schäden absichert. Die Mehrheit der Gerichte dürfte jedoch die Pflicht zur Bauteilöffnung verneinen. Gezwungen werden kann man auch von einem Richter nicht, aber es droht der Auftragsentzug.

Auch die Wiederherstellung ist nicht Aufgabe des Sachverständigen, allenfalls die provisorische Sicherung gegen Unfallgefahren. Der Sachverständige würde bei der Wiederherstellung wie ein Unternehmer handeln und haften. Daher kann diese Tätigkeit auch nicht versichert werden. Auch hier haben einige Richter eine weltfremde Vorstellung und versuchen die Wiederherstellung per Anordnung durchzusetzen. Das verstößt gegen Grundrechte und sollte von jedem Sachverständigen mit allem Nachdruck zurückgewiesen werden. Wenn Richter meinen, Sachverständige könnten Hilfsunternehmer zur Wiederherstellung heranziehen, ist auch das zu kurz gedacht. Die unversicherbare Haftung bliebe und ein Rückgriff auf den Unternehmer bei mangelhafter Wiederherstellung würde u. U. in einen neuen Bauprozess, jetzt zwischen dem Sachverständigen und dem Hilfsunternehmer, münden. Diese Kosten und Risiken deckt das Gericht jedoch nicht ab und die Parteien sind auch nicht zur Übernahme dieser Kosten verpflichtet. Im Falle der Insolvenz des Hilfsunternehmers steht der Sachverständige völlig allein mit der Forderung. Wenn ein Sachverständiger die Risiken eines Unternehmers hätte tragen wollen und auch dessen Gewinn, wäre er Unternehmer geworden. Hinzu kommt, dass viele Sachverständige als Berufssachverständige Freiberufler sind. Sie hätten bei einer unternehmerischen gewerblichen Tätigkeit Probleme mit dem Finanzamt. Sachverständige sind Helfer aufseiten des Gerichts. Richter sollten Sachverständige nicht diesem Druck per Anordnung aussetzen. Sachverständige sollten keine Hemmungen haben und sich mit allen Rechtsmitteln zur Wehr setzen. Die Sachverständigentätigkeit ist eine analytische oder forensische Tätigkeit, jedoch keine Bauleistung.

Abschließend ein Satz von Dr. Bayerlein, Vors. Richter am OLG München a. D.

Es gehört zu den Stärken des Gutachtens, die Schwächen offenzulegen.

Sachverständige wollen immer alle gestellten Fragen präzise, absolut korrekt und unumstößlich beantworten. Sie sehen die Erwartungshaltung der Auftraggeber. Aber Sachverständige waren in der Regel nie bei der Ausführung dabei. Sie untersuchen, hinterfragen und analysieren erst sehr viel später. Ganz oft ist das Ergebnis eben nicht eindeutig, sondern hat nur eine gewisse Wahrscheinlichkeit. Das muss man seinem Auftraggeber sagen. Wenn das Gericht den Eindruck hat, der Sachverständige sei absolut sicher, basiert das Urteil auf diesem Eindruck. Erweist sich das Gutachten und damit das Urteil als falsch, hat das möglicherweise haftungsrechtliche Folgen für den Sachverständigen. Sachverständige sollten also sehr eindeutig sagen, wo sie sicher und wo sie unsicher sind, wo das Gutachten stark und wo es schwach ist. Das ist nicht peinlich, sondern ehrlich und rechtlich unabdingbar. Das Gericht will dann häufig wissen, wie wahrscheinlich oder unwahrscheinlich eine bestimmte Ursache für den Mangel von kausaler Bedeutung ist. Derartige Fragen sollten schon beantwortet wenngleich man dabei an das Zitat des französischen Philosophen Descartes: ***„Was wir für wahrscheinlich halten, ist wahrscheinlich falsch.“***

Normen

Die folgende Aufstellung von wichtigen Normen und Merkblättern erhebt keinen Anspruch auf Vollständigkeit. In das Literaturverzeichnis habe ich empfehlenswerte Bücher und Fachartikel aufgenommen, die weiter in das Thema und seine Randgebiete einführen. Hinsichtlich der Inhalte habe ich teils durchaus abweichende Meinungen.

DIN-Normen mit Ausgabedatum und Kurzbezeichnung

DIN EN ISO 16283-1	2014-06	Messung der Schalldämmung in Gebäuden und von Bauteilen am Bau
DIN EN 206	2017-01	Beton – Festlegung, Eigenschaften, Herstellung und Konformität
DIN EN ISO 717-2	2006–11	Akustik – Bewertung der Trittschalldämmung
DIN 1100	2004–05	Hartstoffe für zementgebundene Hartstoffestriche
DIN 4109-1	2018-01	Schallschutz im Hochbau – Teil 1: Mindestanforderungen
DIN EN ISO 12354-2	2017-11	Bauakustik – Berechnung der akustischen Eigenschaften von Gebäuden aus den Bauteileigenschaften – Teil 2: Trittschalldämmung zwischen Räumen
DIN EN 16236	2018-11	Bewertung und Überprüfung der Leistungsbeständigkeit (AVCP) von Gesteinskörnungen – Typprüfung und werkseigene Produktionskontrolle
DIN EN 12697	2018-12	Asphalt – Prüfverfahren, div. Teile
DIN EN 13139	2015-07	Gesteinskörnungen für Mörtel
DIN EN 13318	2000–12	Estrichmörtel und Estriche – Begriffe
DIN EN 13454-2	2007–11	Calciumsulfat-Binder
DIN EN 13813	2003–01	Estrichmörtel und -massen
DIN EN 13892-1 bis -8	2003–02	Prüfverfahren f. Estrichmörtel
DIN EN 13986	2015-06	Holzwerkstoffe zur Verwendung im Bauwesen

H. Timm et al., *Estriche, Parkett und Bodenbeläge*,
https://doi.org/10.1007/978-3-658-25847-4

DIN EN 14016	2004–04	Bindemittel für Magnesiaestriche
DIN 15185-1	1991–08	Lagersystem, Anforderungen an Boden
DIN 18157-1	1979–07	Ausführung keramischer Bekleidungen
DIN 18195	2017-07	Abdichtung von Bauwerken
DIN 18531- DIN18535	2017-07	Abdichtungen von …
DIN 18202	2013-04	Toleranzen im Hochbau
DIN 18333	2016-09	Betonwerksteinarbeiten VOB/C
DIN 18352	2016-09	Fliesen- und Plattenarbeiten VOB/C
DIN 18353	2016-09	Estricharbeiten VOB/C
DIN 18354	2016-09	Gussasphaltarbeiten VOB/C
DIN 18356	2016-09	Parkett- und Holzpflasterarbeiten VOB/C
DIN 18365	2016-09	Bodenbelagarbeiten VOB/C
DIN 18367	2016-09	Holzpflasterarbeiten VOB/C
DIN 18560-1	2015-11	Estriche im Bauwesen, Allgemeines
DIN 18560-2	2009-09	Estriche im Bauwesen, auf Dämmschicht
DIN 18560-3	2006-03	Estriche im Bauwesen, Verbundestriche
DIN 18560-4	2012–06	Estriche im Bauwesen, auf Trennschicht
DIN 18560-7	2004–04	Estriche im Bauwesen, Hochbeanspruchbare Estriche

Infos zu den jeweils neuesten Ausgaben und Bezug: Beuth-Verlag, Berlin (www.beuth.de)

Merkblätter

Zentralverband des Deutschen Baugewerbes ZDB

1. Außenbeläge – Fliesen und Platten außerhalb von Gebäuden, Juli 2008
2. Beläge auf Calciumsulfatestrich, Oktober 2005
3. Beläge auf Gussasphaltestrich – Fliesen und Platten, Juni 2007
4. Beläge auf Zementestrich – Fliesen und Platten, Juni 2007
5. Hoch belastete Beläge, Oktober 2005
6. Toleranzen im Hochbau nach DIN 18202, Mai 2015
7. Höhendifferenzen in keramischen, Betonwerkstein- und Naturwerksteinbekleidungen und Belägen, Oktober 2005
8. Bewegungsfugen in Bekleidungen und Belägen aus Fliesen und Platten, September 1995
9. Reinigen, Schützen, Pflegen – Fliesen und Platten, Juni 2007
10. Verbundabdichtungen, August 2012

Bundesverband Estrich und Belag e. V., BEB

11. Fertigteilestriche auf Calciumsulfat- und Zementbasis, 2008
12. Abdichtungsstoffe im Verbund mit Bodenbelägen, 2010
13. Ausführung von Bodenabläufen ohne Gefälle, 2012
14. CM-Messung, 2011
15. Betonböden für Hallenflächen, 2000
16. Rinnen – Ergänzung zum Hinweisblatt „Betonböden", 2008
17. Risse in zementgebundenen Industrieböden, 2003
18. Oberflächenzug- und Haftzugfestigkeit von Fußböden, 2004
19. Technische Information zur Auslegung zur Mehrdickenabrechnung der VOB/C ATV DIN 18353 Estricharbeiten, 1996
20. Hinweise für die Verlegung von Estrichen in der kalten Jahreszeit, 2007
21. Hinweise zur Verlegung von „dicken Zement-Verbundestrichen", 2008
22. Hinweise zur Auswahl von Zementen für die Estrichherstellung, 2002
23. Hinweise für Estriche im Freien, Zementestriche auf Balkonen und Terrassen, 1999
24. Hinweise für Fugen in Estrichen, Teil 2: Fugen in Estrichen und Heizestrichen auf Ternn- und Dämmschichten, 2010
25. Rohre, Kabel und Kabelkanäle auf Rohdecken, 2003
26. Ausgleichschichten aus Leichtmörtel, 2005
27. Beurteilen und Vorbereiten von Untergründen; Verlegen von elastischen und textilen Bodenbelägen, Schichtstoffelementen (Laminat), Parkett und Holzpflaster; Beheizte und unbeheizte Fußbodenkonstruktionen, 2008
28. Bauklimatische Voraussetzungen zur Trocknung von Estrichen, 2009
29. Bewertung der Optik von Magnesiaestrichen, 2009
30. Abdichtungen nach DIN 18195 – Teile 4 und 5, 2002
31. Abdichtungen nach DIN 18195 – Teile 8, 9 und 10, 2004
32. Arbeitsblatt KH-0/U: Industrieböden aus Reaktionsharz – Prüfung des Untergrunds, 2001
33. Arbeitsblatt KH-0/S: Industrieböden aus Reaktionsharz – Stoffe, 2002
34. Arbeitsblatt KH-2: Industrieböden aus Reaktionsharz – Versiegelung, 2004
35. Arbeitsblatt KH-4 EL: Industrieböden aus Reaktionsharz – Elektr. leitfähige Fußbodenbeläge, 2005
36. Arbeitsblatt KH-5: Industrieböden aus Reaktionsharz – Estrich, 2008
37. Verlegung von Mineralwolle-Trittschalldämmplatten, 2004
38. Verlegung von EPS-Trittschalldämmplatten, 2003

Berufsgenossenschaften BGZ und Gesetzliche Unfallversicherung GUV

39. Merkblatt für Fußböden in Arbeitsräumen und Arbeitsbereichen mit Rutschgefahr BGR 181, 2003, Fachausschuss „Bauliche Einrichtungen" der BGZ
40. Merkblatt Bodenbeläge für nassbelastete Barfußbereiche GUV-I 8527, 2010

Verband Deutscher Betoningenieure e. V. VDB

41. Leitfaden für den Einbau von zementgebundenem Fließestrich, Oktober 2000
42. Industrieböden aus Beton für Frei- und Hallenflächen, November 2004

Deutscher Beton- und Bautechnik-Verein e. V.

43. Parkhäuser und Tiefgaragen, 2. Aufl. September 2010
44. Reduktion der Bewehrungsüberdeckung bei vorhandener Beschichtung bei Parkhaus-Neubauten, DBV Heft Nr. 9

Industrieverband Klebstoffe e. V. – Techn. Kommission Bauklebstoffe

45. TKB-1 Kleben von Parkett
46. TKB-3 Kleben von Elastomer-Belägen
47. TKB-4 Kleben von Linoleum-Belägen
48. TKB-5 Kleben von Kork-Bodenbelägen
49. TKB-6 Spachtelzahnungen
50. TKB-7 Kleben von PVC-Belägen
51. TKB-8 Beurteilen und Vorbereiten von Untergründen
52. TKB-9 Technische Beschreibung und Verarbeitung von Bodenspachtelmassen
53. TKB-10 Bodenbelags- und Parkettarbeiten auf Fertigteilestrichen – Holzwerkstoff- und Gipsfaserplatten
54. TKB-11 Verlegen von selbstliegenden SL-Teppich-Fliesen
55. TKB-12 Kleben von Bodenbelägen mit Trockenklebstoffen
56. TKB-13 Kleben von textilen Bodenbelägen
57. TKB-14 Schnellzementestrich und Zementestriche mit Estrichzusatzmittel
58. TKB-15 Verlegen von Design- und Multilayer-Bodenbelägen
59. TKB-16 Anerkannte Regeln der Technik bei der CM-Messung
60. TKB-17 Auswirkungen des Raumklimas auf Bodenbeläge und Verlegewerkstoffe während der Verlegung und der Nutzung
61. TKB-18 KRL-Methode
62. Die neuesten Ausgaben können unter www.klebstoffe.com heruntergeladen werden.

Gütegemeinschaft Großflächenverlegung Betonwerkstein e. V.

63. Techn. Merkblatt 1.0 Großflächige, hochbelastbare Bodenbeläge aus Betonwerkstein, 2003

Bundesverband Flächenheizungen und Flächenkühlungen e. V.

64. Einsatz von Bodenbelägen auf Flächenheizungen und – kühlungen – Anforderungen und Hinweise, 2015
65. Schnittstellenkoordination bei beheizten Fußbodenkonstruktionen, 2011
66. Schnittstellenkoordination bei Flächenheizungs- und Flächenkühlungssystemen in bestehenden Gebäuden, 2018
67. Beheizte Fußbodenkonstruktionen im Sporthallenbau, 2015

Bundesverband der Deutschen Zementindustrie e. V.

68. Zement-Merkblatt Betontechnik B1 9.2017, Zemente und ihre Herstellung
69. Zement-Merkblatt Betontechnik B9 1.2018, Expositionsklassen von Beton und besondere Eigenschaften

Arbeitsgemeinschaft Qualitätssicherung – Rüttelbeläge

70. Richtlinien für die Herstellung keramischer Bodenbeläge im Rüttelverfahren, 2015

Literaturauswahl

Baustoffe, Bindemittel

71. Bertoldi: Bindemittel – Grundlagen und Anwendungen, Expert-Verlag Renningen, 2001
72. Stark/Wicht: Zement und Kalk – Der Baustoff als Werkstoff, Birkhäuser-Verlag Basel, 2000
73. Wirth/Roth: Handbuch Bauschadstoffe, Verlag für Wirtschaft und Verwaltung Hubert Wingen Essen, 1996

Estrich, Terrazzo, geschliffene Estriche

74. Aurnhammer: Schäden an Estrichen, Fraunhofer IRB Verlag, 3. Aufl. 2008
75. Bertrams-Voßkamp/Ihle/Pesch/Pickel: Betonwerkstein Handbuch – Hinweise für Planung und Ausführung, Verlag Bau + Technik Düsseldorf, 4. Auflage 2001
76. Bundesfachgruppe Estrich und Belag im ZDB u. a.: Handbuch für das Estrich- und Belaggewerbe: Technik, Verlagsgesellschaft Rudolf Müller, Köln, 3. Auflage 2005
77. Bundesfachgruppe Betonwerkstein, Fertigteile, Terrazzo und Naturstein – BFTN

78. Bundesverband Systemböden: Hohlraumböden im Bauwesen, 1995
79. Engelfried: Schäden an polymeren Beschichtungen, IRB Verlag Stuttgart, 2001
80. Erning: Austrocknungsverhalten von Zementestrichen unter der Verwendung von Zusatzmitteln mit beschleunigender Wirkung – Anspruch und Wirklichkeit, Fußbodenbau Magazin 109, 2002
81. Gritschke: Steinholz – optimales Sanierungsprodukt?, Fußbodentechnik, 2/2001
82. Kunert: Schnellzement ist nicht gleich Schnellzement, Estrichtechnik, 1/1998
83. Lorenz/Schmidt: Aufschüsseln auf Trennschicht verlegter Zementestriche, Estrichtechnik 1/1998
84. Merkblatt geschliffene, zementgebundene Bodensysteme, 2008
85. Niedner: Kunstharzestrich, Fußbodentechnik 5/2001
86. Schicht, Dr.: Lichtmikroskopische Dünnschliffuntersuchungen als Möglichkeit zur Qualitätsbeurteilung von eingebauten Fließestrichen, Estrichtechnik 93, 5/1999
87. Schicht, Dr.: Spätrissbildung bei Calciumsulfatestrichen, Vortragsskript Fußbodenforum Akademie Quo Vadis, Chemnitz, 12/1998
88. Schmelmer/Schneider: Trockenunterböden, Fußbodentechnik, 5/2001
89. Schmidt: Untersuchungen zum Austrocknungsverhalten von Calciumsulfatfließestrich, Estrichtechnik 104, Datum unbekannt
90. Schnell: Das Trocknungsverhalten von Estrichen, Estrichtechnik 1995
91. Seidler (Hrsg.): Industrieböden – Internationale Kolloquien 1987 bis 2003, IRB Verlag Stuttgart, 2003
92. Unger, Dr.: Fußbodenatlas (jetzt 2 Bände), Quo-Vado AG, Chemnitz, 7. Auflage 2011
93. Walter: Sind Aufschüsselungen eines neu verlegten Zementestrichs Mängel?, Estrichtechnik 7/2000
94. Walter: Bodenkanal-Systeme, Fußbodenbau Magazin 107, 2002
95. Wiegrink: Modellierung des Austrocknungsverhaltens von Calciumsulfat-Fließestrichen und der resultierenden Spannungen und Verformungen, Dissertation zur Erlangung eines Grades Dr.-Ing. an der TU München, 2002
96. Zeitschrift: Estrichtechnik & Fussbodenbau, Holzmann Medien

Betonfußböden

97. Grübl/Weigler/Karl: Beton – Arten, Herstellung und Eigenschaften, Verlag Ernst & Sohn Berlin, 2001
98. Industrieböden aus Beton, Universität Karlsruhe (TH), Universitätsverlag Karlsruhe, 2007
99. Lohmeyer/Ebeling: Betonböden für Produktions- und Lagerhallen, Verlag Bau + Technik Düsseldorf, 2012

100. Seidler (Hrsg.): Industrieböden – Internationale Kolloquien 1987 bis 2003, IRB Verlag Stuttgart, 2003

Bauphysik

101. Lohmeyer/Post/Bergmann: Praktische Bauphysik, Vieweg +Teubner, 6. Aufl. 2008
102. Willems, Schild, Dinter: Handbuch Bauphysik Teil 1 und 2, Vieweg, 2006

Bauwerksabdichtung – Dampfdiffusion

103. Oswald, Hrsg.: Bauwerksabdichtungen, Aachener Bausachverständigentage 2007, Vieweg, 2008
104. Pisarsky, Dr.: WU-Konstruktionen für hochwertig genutzte Räume, Vortragsskript, DBV Regionaltagung Hamburg 2008
105. Rapp: Wiederauffeuchtung von Estrichen und Schäden an Fußböden durch Feuchteströme aus der Trocknung von Betondecken, Estrichtechnik, V/97
106. Schumacher: Balkone und Dachterrassen – Anforderungen, Schadensbeispiele und Sanierungsvorschläge, Vortragsskript Nordische Bausachverständigen-Tage Wismar 2001, VBN (heute VBD)
107. Wetzel: Abdichtungen erdberührter Bauteile – DIN 18195, Bauphysik-Kalender 2008, Bauwerksabdichtung, Ernst & Sohn, 2008
108. Wetzel: Abdichtungen erdberührter Bauteile nach DIN 18195, Vortragsskript Seminarreihe Fußbodentechnik, Technik + Baurecht Cornelia Timm, Kaltenkirchen, 2009
109. Wetzel: Abdichtungen in Innenräumen, Vortragsskript Seminarreihe Fußbodentechnik, Technik + Baurecht Cornelia Timm, Kaltenkirchen, 2009

Bodenbeläge

110. Bäder: Fachwissen Fliesentechnik, Verlagsgesellschaft Rudolf Müller Köln, 2. Aufl. 2005
111. CTA Chemisch-Technische Arbeitsgemeinschaft: Technischer Ratgeber für Parkett-, Holz- und Korkoberflächenschutz, 3. Auflage 2001
112. Fliesen & Platten (Hrsg.): Fliesen kompakt, Rudolf Müller, 2011
113. Hill: Naturstein im Innenausbau, Rudolf Müller, 2003
114. Institut für Bauforschung e. V.: Schäden an Bodenbelägen, Rudolf Müller, 2007
115. Kaulen/Strehle/Kille: Kommentar und Erläuterungen VOB DIN 18365-Bodenbelagarbeiten, Holzmann Medien, 2009

116. Kille/Lehmann: RZ Bodenprofi (50 Folgen aus der RZ Raum und Ausstattung) in einem Buch, Winkler Medien Verlag, 2004 bis 2008
117. Kommentar zur DIN 18365 Bodenbelagsarbeiten, Arbeitskreis Bodenbeläge im Bundesverband Estrich und Belag e. V. BEB, SN-Fachpresse Hamburg, 2. Aufl. 2010
118. Kugler: Holzspanplatten als Untergrund für Bodenbelagsarbeiten, Fußbodentechnik, 4/2001
119. Kuschel: Bauaufsichtliche Zulassung für Parkett, Gutachten zur Rechtslage in Deutschland, Books on Demand, 2011
120. Lesinski: Die Tücken alter Steinholzestriche, Fußbodentechnik, 2/2001
121. Rapp/Sudhoff/Pittich: Schäden an Holzfußböden, Fraunhofer IRB Verlag, 2. Aufl. 2011
122. Remmert/Heller/Spang: Fachbuch für Bodenleger, SN-Verlag Hamburg, 2003
123. Remmert/Heller/Spang/Bauer/Brehm: Fachbuch für Parkettleger, SN-Fachpresse, 3. Auflage 2006
124. Rolof: Fußbodenschäden im Bild, Fraunhofer IRB Verlag, 2010
125. Schadensfälle aus der Parkettlegerpraxis, Fraunhofer IRB Verlag, 2012

Sonstiges

126. Bayerlein, Dr.: Die rechtliche Bedeutung von technischen Regeln, Vortragsskript IfS, 2009
127. Ertl: Toleranzen im Hochbau – Kommentar zur DIN 18202, Verlagsgesellschaft Rudolf Müller Köln, 2006
128. Ganten/Kindereit (Hrsg.): Typische Baumängel, NJW Praxis, C.H.Beck, 2010
129. Lehmann, Dr., Moebus: Bauteilöffnungen durch gerichtliche Sachverständige aus anwaltlicher und richterlicher Perspektive, Vortragsskript, VBD 2009
130. Lübbe: Mathematik für Bauberufe, Vieweg + Teubner, 2009
131. Öttl-Präkelt/Leustenring/Präkelt: Balkone und Terrassen, Rudolf Müller, 5. Auflage 2006
132. Uschold: Einstufung und Bewertung der digitalen Fotografie für die gutachterliche Tätigkeit, Institut für Sachverständigenwesen Köln, 2002
133. Reichelt: Abschied vom technischen Standard anerkannte Regel der Technik, BauR 9/2007
134. Röhrich: Das Gutachten des Sachverständigen, Fraunhofer IRB Verlag, 2006

Stichwortverzeichnis

H. Timm et al., *Estriche, Parkett und Bodenbeläge*,
https://doi.org/10.1007/978-3-658-25847-4

Printed in the United States
By Bookmasters